建筑工程专业识图

JIANZHU GONGCHENG ZHUANYE SHITU

主　编/陆飞虎

副主编/陆飞凤　吴兴华　吴万英　陈　涛　陶玲霞

参　编/段淑娅　赵慧颖　吕庆红　王　萌　方从严
徐凤纯　珠　宝　何　流

主　审/何夕平　周元清　吕良玉

合肥工業大學出版社

图书在版编目(CIP)数据

建筑工程专业识图/陆飞虎主编．—合肥：合肥工业大学出版社，2017.8(2021.3 重印)
ISBN 978-7-5650-3495-4

Ⅰ.①建… Ⅱ.①陆… Ⅲ.①建筑制图—识图—高等职业教育—教材 Ⅳ.①TU204.21

中国版本图书馆 CIP 数据核字(2017)第 188969 号

建筑工程专业识图

陆飞虎 主 编　　　　责任编辑 张择瑞

出 版	合肥工业大学出版社	版 次	2017 年 8 月第 1 版
地 址	合肥市屯溪路 193 号	印 次	2021 年 3 月第 3 次印刷
邮 编	230009	开 本	880 毫米×1230 毫米 1/8
电 话	理工编辑部：0551-62903204	印 张	13
	市场营销部：0551-62903198	字 数	350 千字
网 址	www.hfutpress.com.cn	印 刷	安徽联众印刷有限公司
E-mail	hfutpress@163.com	发 行	全国新华书店

ISBN 978-7-5650-3495-4　　　　定价：46.00 元

前　言

建筑工程专业识图是土建类专业的核心课程，在整个课程体系中起着连接专业理论与实践认知的桥梁纽带作用，本教材主要以案例的形式讲解建筑、结构、给排水、电气等专业的识图知识。教材在编写过程中，综合考虑了现行职业教育教学的特点，基于教学过程对接岗位技能，以建筑工程专业图纸的识读技能培养为主线、职业岗位活动为导向，进行"教学内容模块化、教学过程项目化"的设计，突出实现"知识目标、技能目标和素质目标"的课程设计理念。课程结构充分采用"以学生为主体、教师为先导、项目任务为载体"组织教学活动，通过任务驱动、项目导向以及"教、学、做、考核"于一体，培养学生具备建筑工程施工、建筑工程造价、建筑工程监理等专业化业务的基本职业能力，为提高学生现场的识图能力奠定基础。

本教材采用国家最新规范、规程和标准，按照建筑工程施工图设计顺序和施工现场识读施工图的工作过程，编写内容注重"以应用为目的，以必需够用为度"，侧重技能传授，强化实践内容，由浅入深、以图为主、循序渐进地进行，主要包括专业识图基本知识、《混凝土结构施工图平面整体表示方法制图规则和构造详图》等系列图集、工程实例图纸等内容，既相互独立，又相互衔接，增强了学生自主学习、主动学习的积极性。本教材可作为本科、高职、中职院校土建类专业课程教材，也可作为各类成人高校、社会培训机构岗位培训教材和工程人员自学用书。

本书由安徽建工技师学院陆飞虎担任主编；副主编为安徽建工技师学院陆飞凤，贵州职业技术学院建筑工程学院吴兴华、吴万英，马鞍山和县建设工程质量监督站高级工程师陈涛，安徽建工技师学院陶玲霞；参编人员有：安徽建工技师学院段淑娅、赵慧颖、吕庆红、王萌，芜湖职业技术学院方从严，淮北职业技术学院徐凤纯，滁州职业技术学院珠宝，安徽职业技术学院铁道学院(合肥铁路学校)何流等老师；安徽建筑大学何夕平，安徽建工技师学院周元清、吕良玉对全书进行了统稿和审核。本书在编写过程中参考了相关文献、资料，在此向这些文献、资料和书籍的作者表示感谢。

由于编者水平有限，书中难免存在不足之处，敬请广大读者批评指正。

编　者

2021 年 3 月

目　　录

第一章　建筑识图基础

一、房屋的组成及其作用

如图 1.1 所示为一栋建筑的轴测示意图。可以看出，建筑是由许多构配件组成的。组成建筑结构的元件叫构件，如基础、墙、柱、梁、楼板、楼梯等；具有某种特定功能的组装件叫配件，如门、窗等。

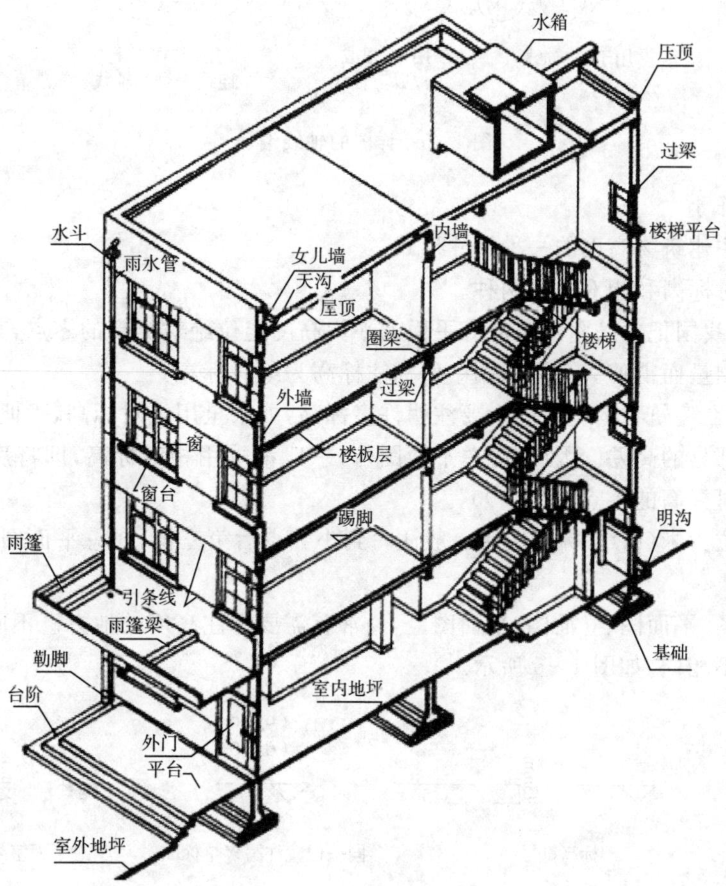

图 1-1　房屋的组成

从图中可以清楚地观察到一栋建筑的组成：基础（梁）、回填土（不是房屋的一部分）、墙（内外墙）、地面、楼面、屋面隔热层、女儿墙、檐口线，楼梯雨篷、休息平台、安全板、梯间窗，户门（房门）、梁、柱、窗户（窗台板、窗扇）和其他细部构件（阳台、勒脚、散水、排水沟、防潮层、雨水管）。

近几年来，在工程实践中已经开始应用大量的装配式建筑。装配式建筑就是将工厂制造的构件，如外墙板、内墙板、叠合板、阳台、空调板、楼梯、预制梁、预制柱等，运到工地装配而成的建筑。如图 1-2 所示。

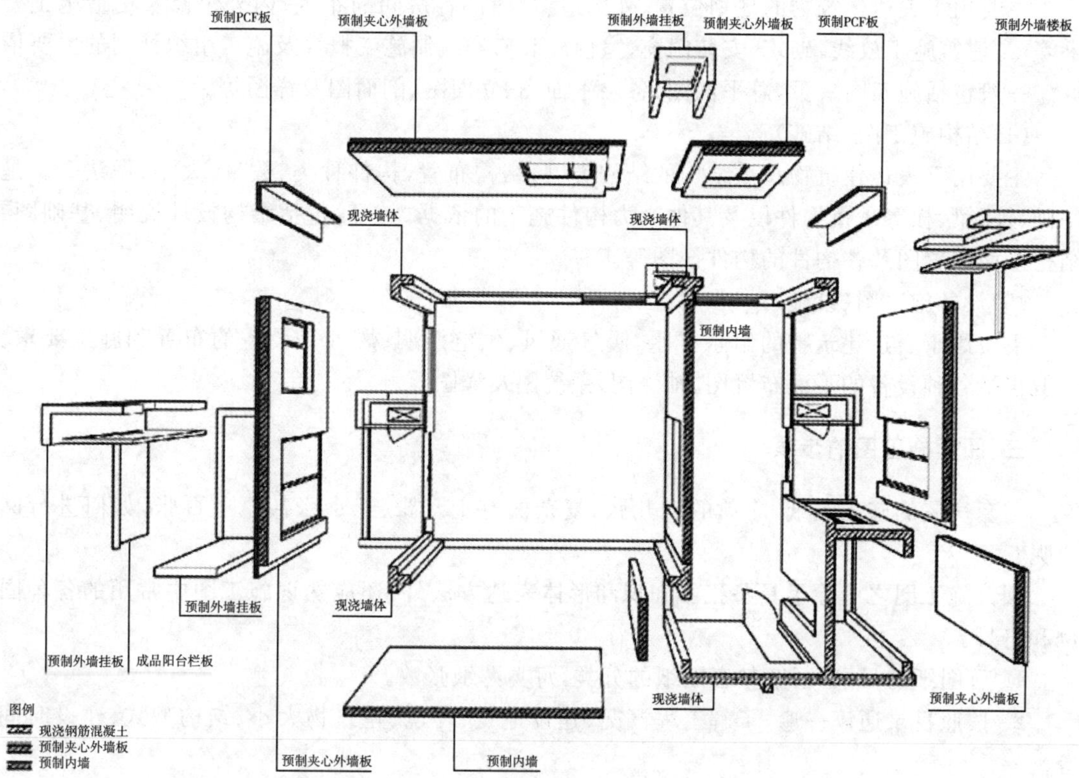

图 1-2　装配式建筑示意图

二、施工图的产生及其分类

房屋建造需两个阶段：设计、施工。

房屋建筑图（施工图）的设计也需两个阶段：初步设计、施工图设计（对一些复杂工程，还应增加技术设计（扩大初步设计）阶段，为调节各工种的矛盾和绘制施工图作准备）。

1. 初步设计阶段

初步设计称为方案设计。设计人员根据建设单位的要求，通过调查研究、收集资料、反复构思，进行初步设计，做出方案图。分为以下三个工作阶段：

(1)设计前的准备；

(2)方案设计；

(3)绘制初步设计图。

方案完成后，应报有关部门审评。

2. 施工图设计阶段——注意是将已经批准的初步设计图，按照施工的要求给予具体化，提供完整的、准确地反映建筑物整体以及各细部构造和结构的图样，以及有关技术资料。

一套完整的施工图，应包括：

(1)图纸目录

(2)设计总说明

(3)建筑施工图(建施)

主要用于表达建筑物的规划位置、外部造型、内部各房间的布置、内外装修及构造施工要求等，是建筑施工放线、砌筑、安装门窗、室内外装修和编制施工概算及施工组织计划的主要依据。一般包括施工图首页、总平面图、各层平面图、立面图、剖面图及详图等。

(4)结构施工图(结施)

主要用于表达建筑物承重结构的结构类型，结构布置，构件种类、数量、大小、做法等。是基础、柱、梁、板等承重构件以及其他受力构件施工的依据。一般包括结构设计说明、基础图、结构平面布置图及各构件的构件详图等。

(5)设备施工图(设施)

主要用于表达建筑物的给水排水、暖气通风、供电照明、燃气等设备的布置和施工要求。一般包括各种设备的平面布置图、轴测图、系统图及详图等。

三、阅读施工图的步骤

一套房屋的施工图纸，简单的有几张，复杂的有十几张、几十张甚至上百张，如何进行阅读呢？

阅读施工图之前除了具备投影知识和形体表达方法外，还应熟识施工图中常用的各种图例和符号。

1. 看图纸的目录，了解整套图纸的分类，每类图纸张数。

2. 按照目录通读一遍，了解工程概况(建设地点、环境、建筑物大小、结构型式、建设时间等)。

3. 根据负责内容，仔细阅读相关类别的图纸。阅读时，应按照先整体后局部，先文字后图样，先图形后尺寸的原则进行。

(一)定位轴线

用来确定主要承重结构和构件(承重墙、梁、柱、屋架、基础等)的位置，以便施工时定位放线和查阅图纸。

1. 国标规定定位轴线的绘制

线型：细单点长划线；

轴线编号的圆：细实线，直径 8mm；

编号(以平面图为例)：水平方向，从左向右依次用阿拉伯数字编写。

竖直方向，从下向上依次用大写拉丁字母编写。如图 1-3 所示。

(注：不能用 I、O、Z，以免与数字 1、0、2 混淆。)

2. 标注位置

图样对称时，一般标注在图样的下方和左侧；图样不对称时，以下方和左侧为主，上方和右方也要标注。

3. 辅助轴线的标注

对应次要承重构件，不用单独划为一个编号，可以用分轴线表示。

表示方法：用分数进行编号，以前一轴线编号为分母，阿拉伯数字(1、2、3)为分子依次编写。如图 1-4 所示。

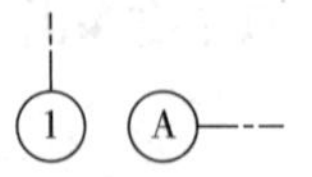

图 1-3　定位轴线的编号

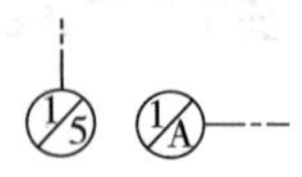

图 1-4　分轴线符号

4. 详图中的轴线编号

一个详图适用于几根轴线时，应同时注明各有关轴线的编号，如图 1-5 所示。通用详图的定位轴线，只画圆，不注写轴线编号。

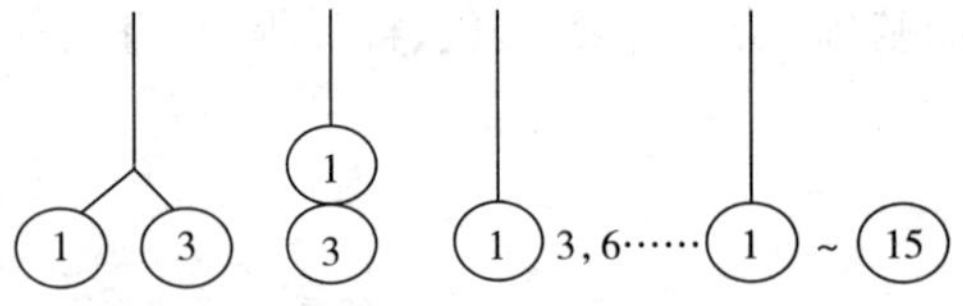

图 1-5　详图的轴线编号

(二)标高符号

标高是标注建筑物高度的一种尺寸形式。

标高有绝对标高和相对标高两种。

绝对标高：我国把青岛附近黄海海平面的平均高度定位绝对标高的零点，其他各地标高都是以它为基准测量而得的。总平面图中所标注标高为绝对标高。

相对标高：在建筑物的施工图上要注明许多标高，如果全用绝对标高，不但数字繁琐，而且不容易得出各部分的高差。因此，除总平面图外，一般都采用相对标高，即将房屋底层室内地坪高度定为相对标高的零点"±0.000"。

标高的单位为米(m)。标高数字一般注写到小数点后第三位，在总平面图中，可注写到小数点后两位。

在总平面图、平面图、立面图、剖面图上，经常有需要标注高度的地方。不同图样上的标高符号的绘制各不相同，如图 1-6 所示。

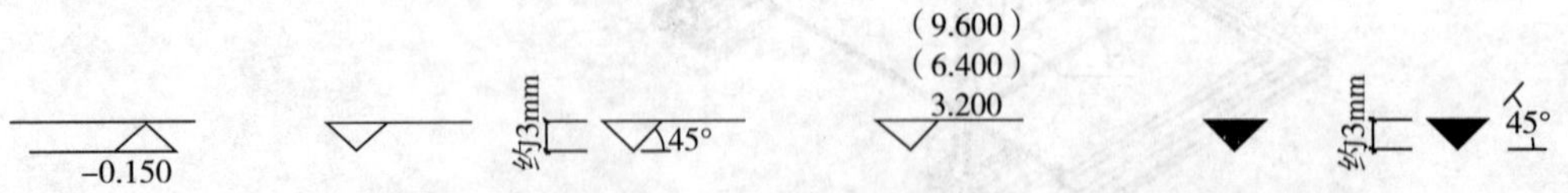

图 1-6　标高符号

标高符号为等腰直角三角形，应按照图 1-6 所示形式以细实线绘制。总平面图中和底层平面图中的室外地坪标高用涂黑的三角形表示。

当不同标高位置的施工图样完全相同时，可使用一张图纸，只需在一个标高符号上标注整个标高数字。

如标高数字前有“－”号，表示该完成面低于零点标高。

（三）索引符号和详图符号

在图样中的某一局部或构件未表达清楚，只需另见详图以得到更详细的尺寸及构造做法时，为了方便施工时查阅图样，用索引符号可以清楚地表示出详图的编号，详图的位置和详图所在图纸的编号。按国标要求，标注方法如下：

当索引符号用于索引剖面详图时，应在被剖切的部位绘制剖切位置线，引出线所在一侧应为投射方向。如图1－7所示。

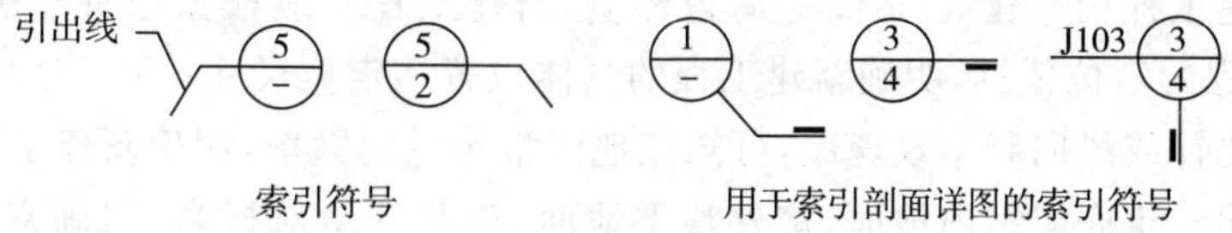

图1－7　索引符号

编号方法：上半圆用阿拉伯数字表示详图的编号；下半圆用阿拉伯数字表示详图所在图纸的图纸号。若详图与被索引的图样在同一张图纸上，则在下半圆中间画一水平细实线；如详图为标准图集上的详图，应在索引符号水平直径的延长线上加注标准图集的编号。如图1－8所示。

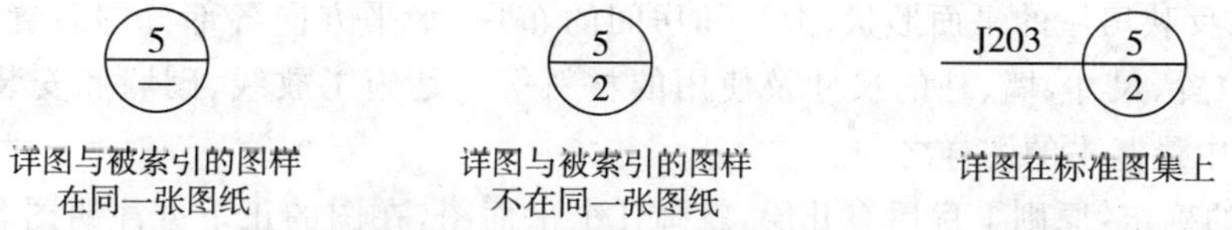

图1－8　详图索引符号的含义

详图符号——表示详图的位置和编号。

绘制方法：粗实线，直径14mm。

编号方法：当详图与被索引的图样不在同一张图纸上时，过圆心画一水平细实线。上半圆用阿拉伯数字表示详图的编号，下半圆用阿拉伯数字表示被索引图纸的图纸号。

当详图与被索引的图样在同一张图纸上时，圆内不画水平细实线，圆内用阿拉伯数字表示详图的编号。如图1－9所示。

图1－9　详图符号

（四）指北针

指北针用于表示房屋的朝向，指针尖所指方向为北方。指北针的圆用细实线绘制，直径为24mm，指针尾部的宽度为3mm，如图1－10所示。需要用较大的直径绘制指北针时，指针尾部的宽度宜为直径的1/8。

图1－10　指北针

（五）图名与比例

图名一般注写在图样下方居中的位置。图样的比例应为图形与实物相对应的线性尺寸之比。比例宜注写在图名的右侧，比例的字高应比图名的字高小一号或两号。图名下用粗实线绘制底线，底线应与字取平。如图1－11所示。

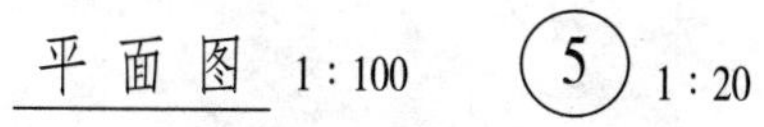

图1－11　图名与比例

第二章　建筑施工图识图

一、施工总说明

施工总说明主要是对施工图上未能详细注写的用料和做法等要求做出具体的文字说明。

(一)设计依据:立项,规划许可证

(二)建筑规模

占地面积——建筑物底层外墙皮以内所有面积之和;

建筑面积——建筑物外墙皮以内各层面积之和。

(三)标高

相对标高——以建筑物底层室内地面为零的标高;

绝对标高——以青岛黄海平均平面的高度为零点的标高。

(四)装修做法:地面、楼面、墙面等的装修做法。

(五)施工要求

1. 严格执行施工验收规范中的规定;

2. 对图纸中不详之处的补充说明。

施工总说明一般放在一套施工图的首页。

二、总平面图

(一)形成及用途

形成:将拟建工程四周一定范围内的新建、拟建、原有和拆除的建筑物、构筑物连同其周围的地形地貌(道路、绿化、土坡、池塘等),用水平投影方法和行营的图例所画出的图样,为总平面图(总平面布置图)。

用途:可以反映出上述建筑的形状、位置、朝向以及与周围环境的关系,它是进行新建筑物施工定位、土方设计、施工总平面图设计的重要依据。

(二)图示内容

1. 图名、比例。

2. 使用国标规定的图例,表明各建筑物和构筑物的平面形状、名称和层数,以及周围地形地物和绿化等的布置情况。

3. 新建建筑(隐蔽工程用虚线)的定位(可以用坐标网或相互关系尺寸表示)。

4. 注明新建房屋底层室内地面和室外整平地面的绝对标高。

5. 指北针或风玫瑰图。

6. 补充图例,对于国标中缺乏规定或不常用的图例,必须在图中绘制清楚,并注明其名称。

(三)线型

1. 新建建筑——粗实线

2. 原有建筑——细实线

3. 计划预留地——中虚线

4. 拆除建筑——细实线加叉号

(四)总平面图的阅读

1. 查看图名、比例、图例及有关文字说明,了解用地功能和工程性质;

2. 查看总体布局,了解用地范围内建筑物和构筑物(新建、原有、拟建、拆除)、道路、场地和绿化等布置情况;

3. 查看新建工程,明确建筑类型、平面规模、层数;

4. 查看新建工程相邻建筑、道路等周边环境,新建工程一般根据原有建筑或者道路来定位,查找新建工程的定位依据,明确新建工程的具体位置和定位尺寸;

5. 查看指北针或风向频率玫瑰图,可知该地区常年风向频率,明确新建工程朝向;

6. 查看新建建筑底层室内地面、室外整平地面、道路的绝对标高,明确室内外地面高差,了解道路控制标高和坡度。

三、建筑平面图

(一)形成及作用

1. 形成:假想用一水平的剖切面沿门窗洞口位置将房屋切开,将剖切面以上的部分移去,对剖切面以下部分所作出的水平剖面图,为建筑平面图(简称平面图)。

2. 用途:反映房屋的平面形状、大小和房间的布局,水平方向各部分的布置和组合关系,门窗洞口的位置、尺寸,墙、柱的尺寸及使用的材料等。是施工放线、砌墙和安装门窗等的依据,是施工图中最基本的图样之一。

3. 数量的确定:原则上房屋有几层,就画几个平面图,在图的正下方注明图名。除此之外还应有一个屋顶平面图(简单房屋也可没有)。当房屋的中间各层房间的数量、大小、布置均相同时,可用一个"标准层平面图"表示。

断面材料的表示:比例大于 1∶50 时,画出材料图例和抹灰层的厚度。比例小于等于 1∶100时,可以不画抹灰层的厚度,材料图例可采用简化画法(钢筋混凝土涂黑)。

(二)建筑平面图中常用的建筑配件图例

建筑平面图中部分建筑配件图例见表 2-1 所列。

表 2-1　建筑平面图中部分建筑配件图例

名称	图例			说明
楼梯	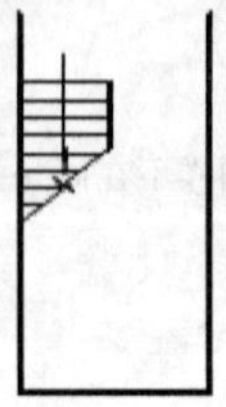	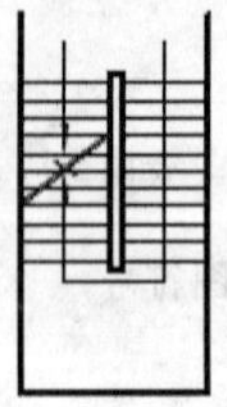	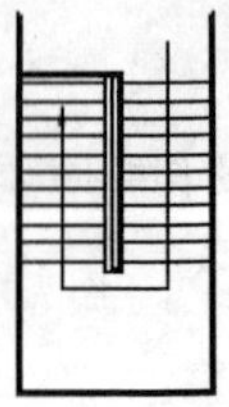	1. 左图为底层楼梯平面图,中图为中间层楼梯平面图,右图为顶层楼梯平面图 2. 楼梯的形式及踏步级数按实际情况绘制

（续表）

名称	图　例	说　明
检查孔	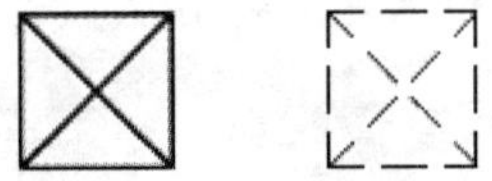	左图为可见检查孔，右图为不可见检查孔
孔洞	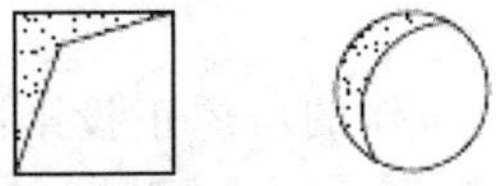	
坑槽	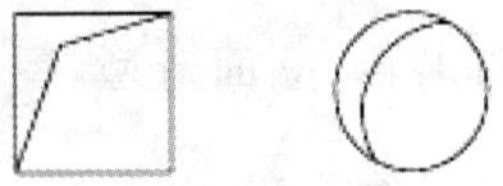	
墙预留孔	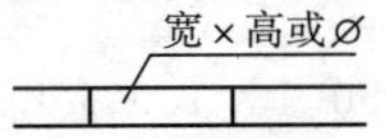	
墙预留槽	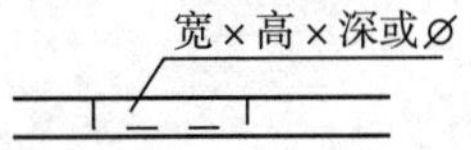	
烟道		
通风道		
空门洞	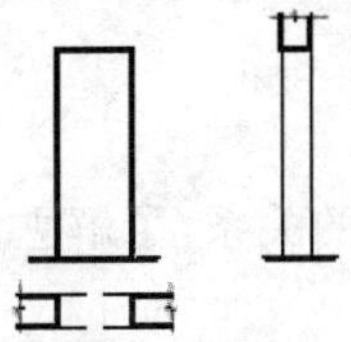	
单扇门（包括平开门和平面弹簧门）	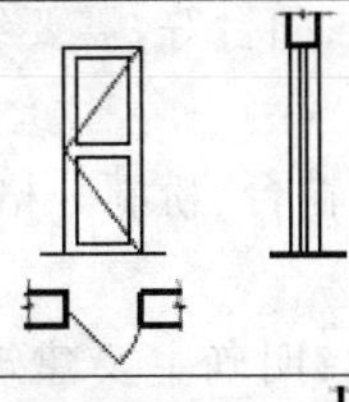	1. 门名称代号用 M 表示 2. 剖面图左为外，右为内；平面图下为外，上为内 3. 立面图上开启方向线交角的一侧为安装合面的一侧，实线为外开，虚线为内开
双扇门（包括平开门或单面弹簧门）	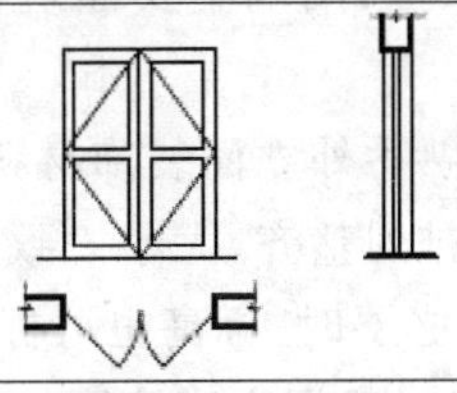	
单扇双面弹簧门	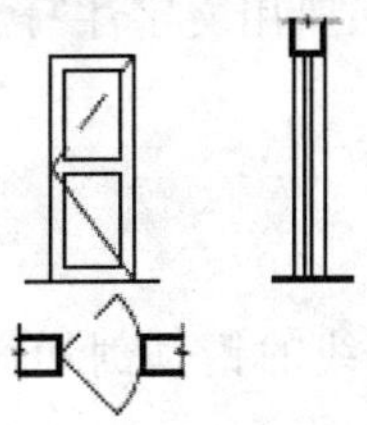	同上

（续表）

名称	图　例	说　明
双扇双面弹簧门	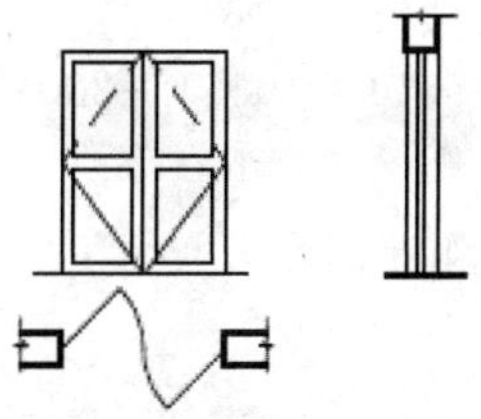	同上
单扇固定窗	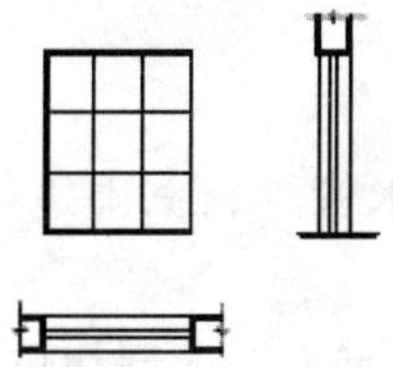	1. 窗的名称代号用 C 表示 2. 剖面图左为外，右为内；平面图下为外，上为内 3. 立面图上开启方向线交角的一侧为安装合页的一侧，实线为外开，虚线为内开 4. 立面形式应按照实际情况绘制
单层外开上悬窗	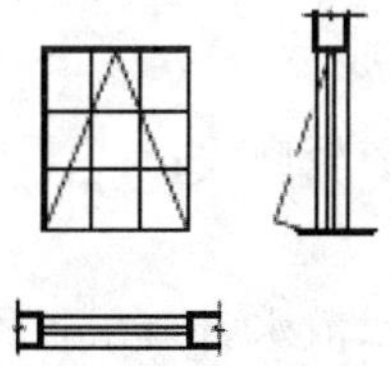	
单层中悬窗	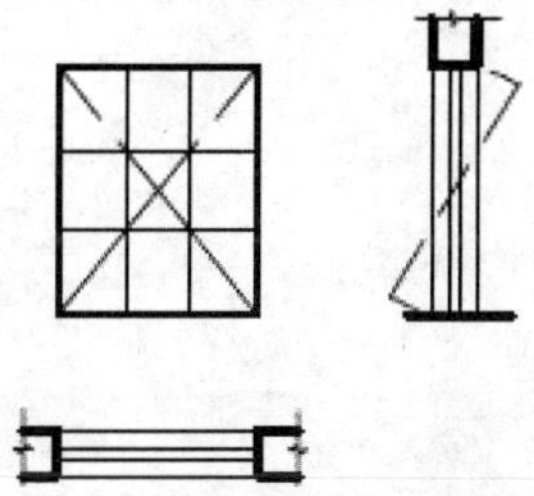	同上
单层外开平开窗	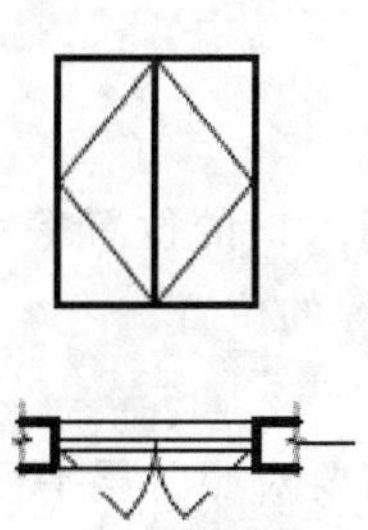	同上
单层内开平开窗	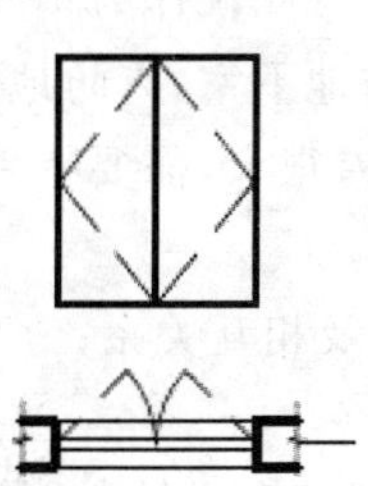	同上

(三)图示内容

建筑平面图内应包括剖切到的和投影方向可见的建筑构造、构配件以及必要的尺寸、标高等。

1. 图名、比例,平面图常用的比例为 1∶50、1∶100、1∶200;

2. 纵横定位轴线及其编号;

3. 各房间的组合、分隔和名称,墙、柱的断面形状及尺寸;

4. 门窗图例和编号;

5. 楼梯梯段的形状、梯段的走向和级数;

6. 平面图中应标注的尺寸和标高;

7. 详图索引符号;

8. 其他构件如花池、室外台阶、散水、雨水管、阳台、雨篷等的位置、形状和尺寸,以及厕所、盥洗室和厨房等固定设施的布置等;

9. 在底层平面图中应画出剖切符号,表明剖面图的剖切位置、剖视方向及编号,以及表示房屋朝向的指北针。

(四)线型

1. 粗实线:被剖切平面剖到的墙、柱的断面轮廓线;

2. 中实线:门的开启线、尺寸起止符号;

3. 细实线:未剖到的构件轮廓线(如:台阶、散水、窗台、各种用具设施)尺寸线;

4. 单点长划线:定位轴线。

(五)其他各层平面图和屋顶平面图

1. 标准层平面图

标准层与底层平面图的区别:

(1)房间布置;

(2)墙体厚度(柱的断面);

(3)建筑材料;

(4)门与窗。

2. 屋顶平面图

屋顶排水情况,如排水分区、天沟、屋面坡度雨水口的位置等;突出屋面的物体,如电梯机房、楼梯间、水箱、天窗、烟囱、检修孔、屋面变形缝等的位置。

3. 地下室平面图

当建筑物有地下室时,地下室平面图的识读需要对照首层平面图,了解地下室与上部建筑在建筑功能、垂直交通等方面的对应关系。地下室可能仅作为车库使用,或者作为底层平面功能空间向下的延伸,如展厅、商场等,也可能是人防地下室,人防地下室一般分平时车库和战时人防地下室两种功能。这两种功能的平面布局相差很大,需要特别注意识读清楚。

(六)平面图的阅读

1. 查阅建筑物的朝向、形状,主要房间的布置及相互关系;

2. 复核建筑物各部分的尺寸;

3. 查阅建筑物墙体采用的建筑材料,查阅时要结合设计说明阅读;

4. 查阅各部分的标高,房间、楼梯间、卫生间和室外地面标高;

5. 核对门窗尺寸及数量;

6. 查阅附属设施的平面位置;

7. 阅读文字说明,查阅对施工及材料的要求。

四、建筑立面图

(一)形成及作用

1. 形成:在与房屋立面平行的投影面上所作的房屋正投影图,称为建筑立面图,简称立面图。

2. 用途:直接表现立面的艺术处理、外部装修、立面造型,屋顶、门、窗、雨篷、阳台、台阶、勒脚的位置和形式。

(二)图示内容

1. 图名、比例:立面图常用的比例为 1∶50、1∶100、1∶200,通常采用与平面图相同的比例;

2. 立面图两端的定位轴线及其编号;

3. 外貌:房屋在室外地坪线以上的外貌形式,了解门、窗的形状和位置及其开启方式,了解屋顶、雨篷、阳台、台阶、勒脚等构配件的位置和形式;

4. 用文字或图例说明外墙面、阳台、雨篷、窗台、勒脚和墙面分格线等的装修材料、色彩和做法;

5. 外墙各主要部分的标高,如室外地面、台阶、阳台、门窗顶、檐口、屋顶等处完成面的标高,以及必须标注的局部尺寸。

(三)立面图的阅读

1. 对应平面图阅读,查阅立面图与平面图的关系,了解立面图的观察方位。

2. 了解建筑物的外部形状。

3. 查看各立面上的建筑构件,如门窗、檐口、阳台等,需要结合建筑平面图对照识读,熟悉建筑构件的形状及布置情况。

4. 查阅外墙面各细部的装修做法,如门廊、窗台、粉刷分格线、檐口等,需要结合建筑详图识读,才能明确构造做法。

5. 查阅建筑图各部分的标高及相应的尺寸;明确主要建筑构件的标高情况,了解建筑物的总高度。

6. 查阅建筑各外立面的装饰要求说明,熟悉外立面装饰材料、色彩等做法。

7. 标高一般标注在图形外,并做到符号排列整齐,大小一致。若房屋立面左右对称时,一般标注在左侧,不对称时左右两侧均应标注,必要时,标高也可标注在图中。

8. 房屋外墙面的装修材料、色彩及做法,一般用文字注写加以说明。

五、建筑剖面图

(一)形成及作用

1. 形成:假想用一个或多个垂直于外墙轴线的铅垂剖切面将房屋剖开,所得的投影图称为建筑剖面图,简称剖面图,是建筑的垂直剖面图。

2. 用途:用来表示房屋内部的结构形式、构造方式、分层情况、各部位的联系及其高度、材料、做法等，在施工过程中，建筑剖面图是进行分层，砌筑内墙，铺设楼板、屋面板以及楼梯等工作的重要依据。建筑平、立、剖面图相互配合，表示建筑全局，是施工图中不可缺少的重要图样之一。

3. 剖切原则：应根据图样的用途和设计深度，在平面图上选择能反映构造特征及具有代表性或有变化的部位剖切。剖切面一般选在过门窗洞口、楼梯间、房屋构造复杂与典型的部位；对于多层建筑，一般选在楼梯间、层高不同、层数不同的部位。

剖切面一般横向，即平行于侧面；必要时也可纵向，即平行于正面。

4. 数量：依据房屋复杂程度和施工情况具体确定。

（二）图示内容

建筑剖面图内应包括剖切到的和投影方向可见的建筑构造、构配件以及必要的尺寸和标高等。

1. 图名：要与平面图的剖切编号相一致；比例：一般与平面图、立面图采用相同的比例，但为了将图示内容表达得更清楚，也可采用较大的比例，如 1∶50。

2. 各定位轴线墙、柱，沿墙、柱从下向上依次介绍被剖切到的各构配件，如室内外地面、各层楼面、屋顶、内外墙及其门窗、梁、楼梯梯段、阳台等，一般不表达地面以下的基础。

3. 未剖切到的可见构配件，如看到的墙面及其轮廓、梁、柱、阳台以及看到的楼梯梯段和各种装饰等。

4. 表示房屋高度方向的尺寸和标高。尺寸主要标注室内外各部分的高度尺寸，包括室内外地坪至建筑最高点的总高度、各层层高、门窗洞口高度及其他必要的尺寸。标高主要标注室内外地面、各层楼面、地下层地面与楼梯休息平台、阳台、檐口或女儿墙顶面、高出屋面的楼梯间顶面、电梯间顶面等处的标高。

5. 详图的索引符号。

（三）剖面图的阅读

(1)结合底层平面图阅读，对应平面图和剖面图的相互关系，建立建筑内部的空间概念；

(2)结合建筑平面图，进一步了解各楼层结构关系、建筑空间关系、功能关系；

(3)查阅各部位的高度，明确建筑物总高度、层数、各层层高、室内外高差；

(4)结合建筑设计和材料做法表阅读，查阅地面、楼面、墙面、顶棚的装修做法；

(5)结合屋顶平面图阅读，了解屋面坡度、屋面防水、女儿墙泛水、屋面保温、隔热等的做法。

六、建筑详图

（一）概述

1. 建筑详图：在施工图纸中，对房屋的细部或构配件用较大的比例（1∶20、1∶10、1∶5 等）将其形状、大小、材料和做法等，按正投影的方法，详细准确地绘制出的图样，称为建筑详图。详图也称为大样图或节点图。

2. 建筑详图是对建筑平、立、剖面图的补充，是建筑局部放大的图样。详图的数量视需要而定，详图的表示方法视细部构造的复杂程度而定。同时，详图必须绘出详图符号，应与被索引的图样上的索引符号相对应。

3. 详图的主要特点是用能清晰表达所绘节点或构配件的较大比例绘制，尺寸标注齐全，文字说明详尽。

4. 建筑详图的画法和绘制步骤，与建筑平面图、立面图、剖面图的画法基本相同，仅是它们的一个局部而已。

（二）图示要求

1. 详图索引符号

2. 多层构造说明

用引出线指向被说明的位置，引出线一端通过被引出的各构造层，在另一端画若干条与其垂直的横线，文字说明注写在该横线的上方或端部。说明的顺序由上到下，并与被说明的层次一致。

引出线应以细实线绘制，宜采用水平方向的直线，与水平方向成 30°、45°、60°、90°的直线，或经上述角度再折为水平线。如图 2-12 所示。

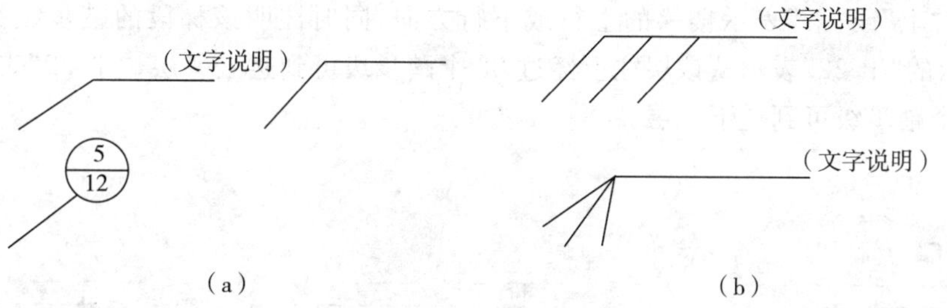

图 2-12　引出说明

多层构造或多层管道共用引出线，应通过被引出的各层。如图 2-13 所示。

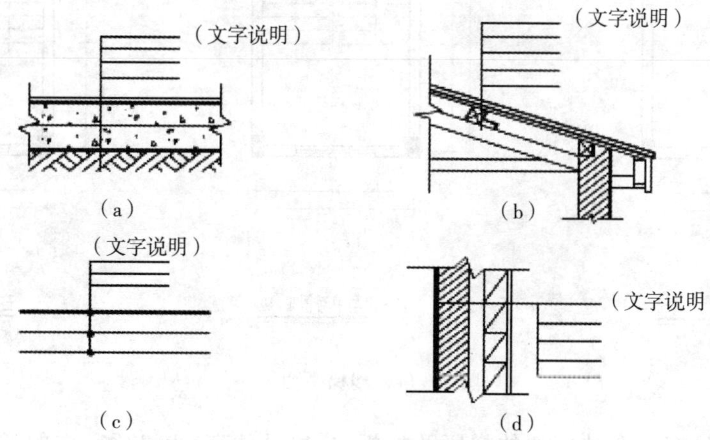

图 2-13　多层构造引出说明

（三）楼梯详图

楼梯是联系房屋上下楼层交通的主要设施，由楼梯段、平台和栏杆（或栏板）组成。梯段包括踏步和梯斜梁，平台包括平台板和平台梁，踏步的水平面称为踏面，竖直面称为踢面。

楼梯详图主要表示楼梯的类型、结构形式、各部位的尺寸及做法，是楼梯施工放样的主要依据。一般包括楼梯平面图、楼梯剖面图及踏步、栏杆详图等。其中楼梯平面图和剖面图的比例要一致，常用 1∶50。

楼梯详图的线性及表达方法与相应的建筑平面图和建筑剖面图相同。

下面介绍楼梯详图所表达的内容和图示要求。

1. 楼梯平面图：是用一假想的水平剖切面沿窗台上方剖切，将剖切面以上的部分移去，对剖切面以下部分的楼梯间的水平正投影图。它表明梯段的水平长度和宽度、各级踏面的宽度、休息平台的宽度和栏杆（或栏板）扶手的位置等的平面情况。每层都应有一个平面图，对三层以上的建筑，若中间各层的楼梯形式、构造完全相同，可绘制一个标准层，但标准层平面图上应以括号的形式加注省略各层相应部位的标高。

剖切平面位置除顶层在栏杆（或栏板）扶手以上外，其余各层均在该层上行第一跑楼梯平台下。各层被剖切的梯段，剖切处应按国标规定，在平面图中用一根 45°折断线表示。并用箭头配合文字“上”或“下”表示楼梯的上行或下行方向，同时注明该梯段的踏步级数。如图 2-14 中所表示的“上 22”表示从该层往上经过 22 个踏步级可到达上一层，“下 22”表示从该层往下经过 22 个踏步级可到达下一层。

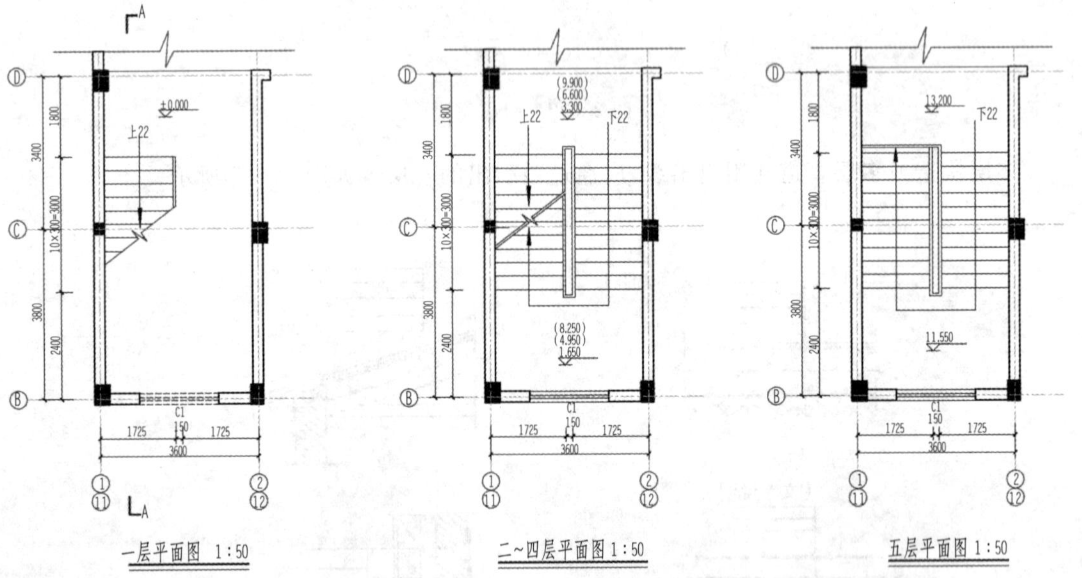

图 2-14 楼梯平面图

底层平面图只有一个被剖切的梯段及栏板，梯段处注有“上 22”字样的长箭头。顶层平面图没有剖切到梯段及栏板，因此可以看到两段完整的梯段及栏杆投影，图中还表明顶层护栏的位置，梯段处只有一个注有“下 22”的长箭头。中间层平面图既有被剖切到的上行梯段（注有“上 22”字样的长箭头），也有被剖切到的下行梯段（注有“下 22”字样的长箭头），休息平台及平台往下走的梯段，被剖切到的上行梯段和剖开后看到的下行梯段之间以 45°折断线为界。

各层楼梯平面图中应标注楼梯间的轴线及其编号，底层平面图中还应标注楼梯剖面图的剖切位置及剖视方向。

楼梯平面图中的尺寸标注，应标注出楼梯轴线间尺寸、梯段的定位及宽度、踏步宽度、休息平台的宽度和栏杆（或栏板）扶手的位置以及平面图上应标注的其他尺寸。如图 2-14 中轴线间尺寸为 3600 表示楼梯间的开间；休息平台宽度 2400，梯段宽度为 1725（含扶手宽 60），梯井宽 150；图中 10×300＝3000 表示踏面数×踏面宽＝梯段长度。

在楼梯平面图中画出的踏步数总比踏步级数少一个，因为总有一个踏步借助了楼地面或休息平台面。

楼梯平面图中的标高，一般应注明地面、各层楼面及休息平台的标高，如图中的±0.000、3.300、1.650 等。

2. 楼梯剖面图：用一假想的铅垂剖切面沿梯段长度方向，通常通过第一跑梯段和门窗洞口，将楼梯间剖开，向未剖到的梯段方向投影，所得到的剖面图既为楼梯剖面图。楼梯剖面图能清晰完整地反映楼层、梯段、平台、栏杆等构造及其之间的关系。

在楼梯剖面图中，若中间各层的楼梯构造完全相同时，楼梯剖面图可以只画出底层、中间层（标准层）和顶层的剖面，中间以折断线断开，但应在中间层以括号的形式加注省略各层相应部位的标高。习惯上，若楼梯间的屋顶无特殊之处，一般可以折断不画。若被栏板遮挡而不可见时，其踏步可用虚线表示，也可不画，但应标注该梯段的踏步级数和高度尺寸。

如图 2-15 所示楼梯剖面图，表示了梯段的数量、踏步级数、休息平台的位置、楼梯类型及其结构形式。图中所示的楼梯为一个现浇钢筋混凝土双跑楼梯。楼梯剖面图中应标注出楼梯间的轴线及其编号，以及踏步、栏杆、扶手等详图的索引符号。楼梯剖面图中的标高，主要标注地面、各层楼面及休息平台等处的标高，如图2-16所示。

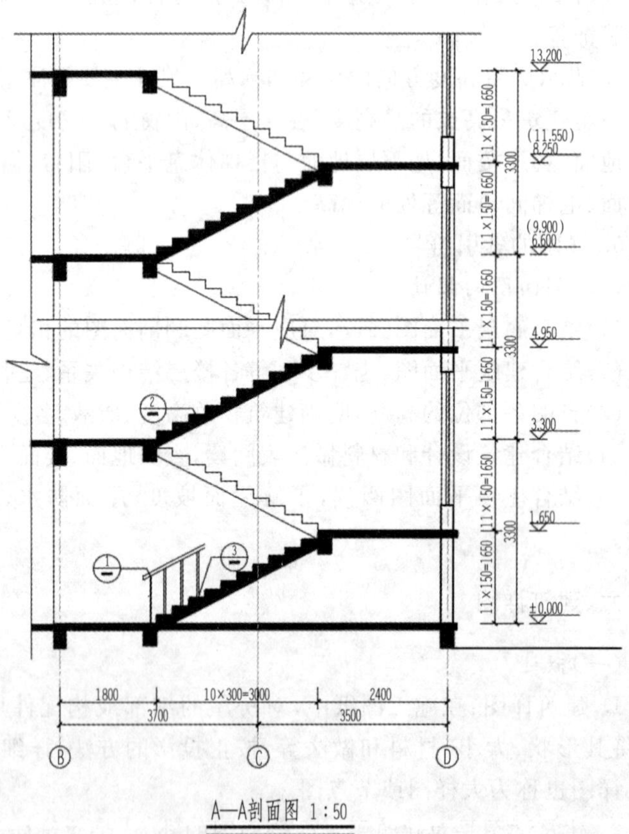

图 2-15 楼梯剖面图

楼梯剖面图中的尺寸标注主要有轴线间尺寸、梯段、踏步、平台等尺寸。梯段高度方向尺寸用踏步级数×踢面高＝梯段高度（11×150＝1650）的方式标注，栏杆的高度尺寸为 900，是指从踏面中间到扶手顶面的垂直高度为 900mm。

3. 楼梯节点详图：对于楼梯踏步、栏板、扶手等细部，可有更大的比例，另画出详图，如图 2-16 表示它们的形式、大小、材料及构造等情况（索引符号和详图符号对应）。

4. 阅读楼梯详图的方法和步骤

(1)查明轴线编号，了解楼梯在建筑中的平面位置和上下方向；

(2)查明楼梯各部位的尺寸；

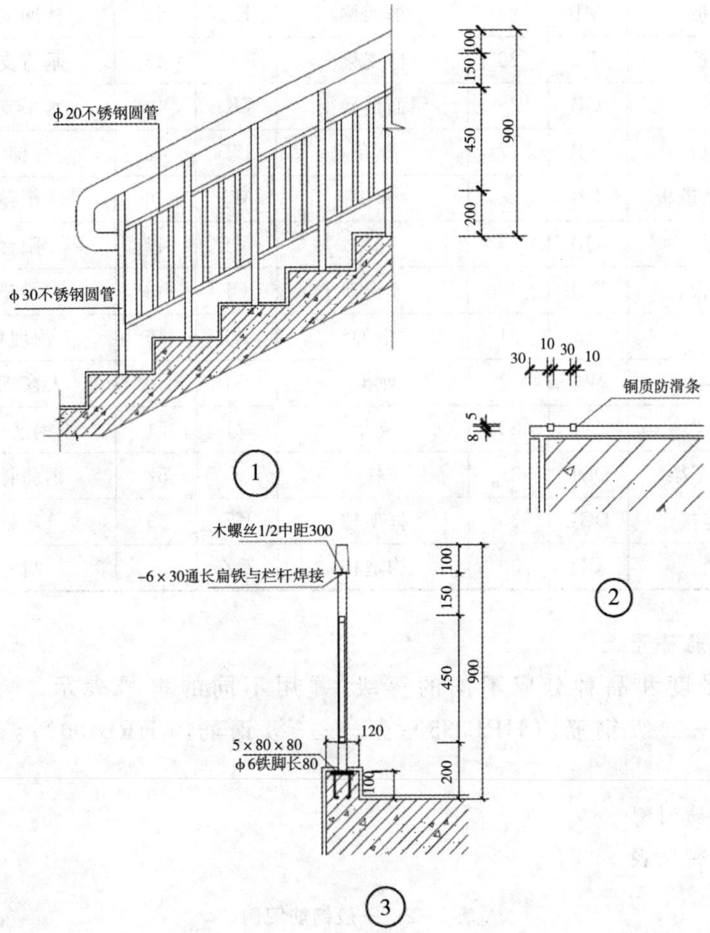

图 2-16　楼梯节点详图

(3)阅读楼梯各部位的高度；

(4)弄清栏杆、扶手所用的建筑材料及连接做法；

(5)结合建筑设计说明，查明踏步、栏杆、扶手的装修方法。

5. 楼梯详图的画法

(1)平面图的画法

① 确定轴线（开间、进深）、平台宽度、梯段长度、梯井宽度；

② 画墙宽；

③ 根据阶数，用等分法将梯段长分成 $n-1$ 份，画出踏面的投影；

④ 画栏板、扶手、窗洞口的位置；

⑤ 检查、整理（箭头、折断线等）；

⑥ 加深图线；

⑦ 尺寸标注、标高标注、剖切符号（底层平面中）；

⑧ 图名、比例。

(2)剖面图的画法

① 定轴线、找室内外地坪、休息平台、楼面板的位置，找墙宽，确定梯段的起始位置；

② 画踏步的投影（网格法、斜线法）；

③ 画细部构件，如窗台、窗高、梁、板、栏杆、扶手、楼板厚、防潮层、散水等；

④ 检查、加深图线；

⑤ 标准尺寸、标高、详图索引符号；

⑥ 补充图名、比例。

第三章　结构施工图识图

第一部分　概述

房屋结构施工图表达房屋的各种构件形状、布置、大小、材料及内部构造的图样，作为施工放线，挖基坑，安装模板，绑扎钢筋，浇筑混凝土，安装梁、板、柱等构件以及编制施工预算、施工组织、计划等的依据。

一、结构施工图的内容

（一）结构设计说明

结构设计说明是全局性的文字说明，它包括：选用材料的类型、规格、强度等级，地基情况，施工注意事项，选用标准图集等。

（二）结构平面布置图

结构平面布置图是表示房屋中各承重构件总体平面布置的图样。它包括：

(1)基础平面图；

(2)楼层结构布置平面图；

(3)屋盖结构平面图。

（三）构件详图

构件详图包括：

1. 梁、柱、板及基础结构详图；

2. 楼梯结构详图；

3. 屋架结构详图。

（四）其他详图，如天窗、雨篷、过梁等。

二、结构施工图中的有关规定

房屋建筑是由多种材料组成的结合体，目前房屋结构中采用较普遍的是混合结构和钢筋混凝土结构。国家《建筑结构制图标准》对结构施工图的绘制有明确的规定，现将有关规定介绍如下：

（一）常用构件代号

常用构件代号用各构件名称的汉语拼音的第一个字母表示，详见表 3－1。

表 3－1　常用构件代号

序号	名称	代号	序号	名称	代号	序号	名称	代号
1	板	B	19	圈梁	QL	37	承台	CT
2	屋面板	WB	20	过梁	GL	38	设备基础	SJ

（续表）

序号	名称	代号	序号	名称	代号	序号	名称	代号
3	空心板	KB	21	过系梁	LL	39	桩	ZH
4	槽形板	CB	22	基础梁	JL	40	挡土墙	DQ
5	折板	ZB	23	楼梯梁	TL	41	地沟	DG
6	密肋板	MB	24	框架梁	KL	42	柱间支撑	ZC
7	楼梯板	TB	25	框支梁	KZL	43	垂直支撑	CC
8	盖板	GB	26	屋面框架梁	WKL	44	水平支撑	SC
9	挡雨板	YB	27	檩条	LT	45	梯	T
10	吊车安全道板	DB	28	屋架	WJ	46	雨篷	YP
11	墙板	QB	29	托架	TJ	47	阳台	YT
12	天沟板	TGB	30	天窗架	CJ	48	梁垫	LD
13	梁	L	31	框架	KJ	49	预埋件	M
14	屋面梁	WL	32	刚架	GJ	50	天窗端壁	TD
15	吊车梁	DL	33	支架	ZJ	51	钢筋网	W
16	单轨吊车梁	DDL	34	柱	Z	52	钢筋骨架	G
17	轨道连接	DGL	35	框架柱	KZ	53	基础	J
18	车挡	CD	36	构造柱	GZ	54	暗柱	AZ

（二）常用钢筋符号

钢筋按其强度和品种分成不同的等级，并用不同的符号表示。Φ——一级钢筋，(HPB300)；Φ——二级钢筋，(HRB335)；Φ——三级钢筋，(HRB400)；Φ——四级钢筋，(HRB500)。

（三）一般钢筋图例

常用钢筋图例见表 3－2。

表 3－2　一般钢筋图例

名称	图例	说明
钢筋横断面		
无弯钩的钢筋端部	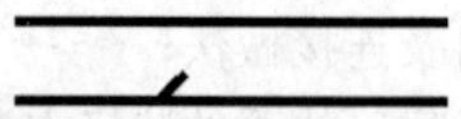	下图表示长、短钢筋投影重叠时，短钢筋的端部用 45°斜划线表示
带半圆形弯钩的钢筋端部		
带直钩的钢筋端部		
带丝扣的钢筋端部		
无弯钩的钢筋搭接		
带半圆弯钩的钢筋搭接		
带直钩的钢筋搭接		

（续表）

名称	图例	说明
花篮螺丝钢筋接头		
机械连接的钢筋接头		用文字说明机械连接的方式

（四）钢筋的名称

配置在混凝土中的钢筋，按其作用和位置可分为以下几种，如图 3－3 所示。

1. 受力筋
2. 箍筋
3. 架立筋
4. 分布筋
5. 构造筋

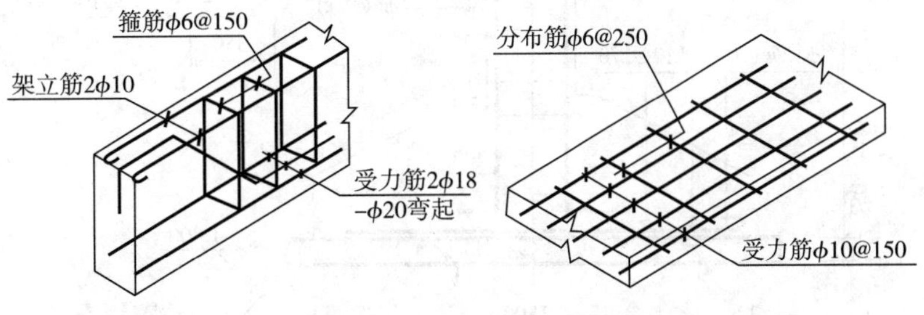

（a）梁内配筋　　（b）板内配筋

图 3－3　构件中钢筋的名称

（五）保护层

钢筋外缘到构件表面的距离称为钢筋的保护层。其作用是保护钢筋免受锈蚀，提高钢筋与混凝土的黏结力。

（六）钢筋的标注

钢筋的直径、根数及相邻钢筋中心距在图样上一般采用引出线方式标注，其标注形式有下面两种：

1. 标注钢筋的根数和直径

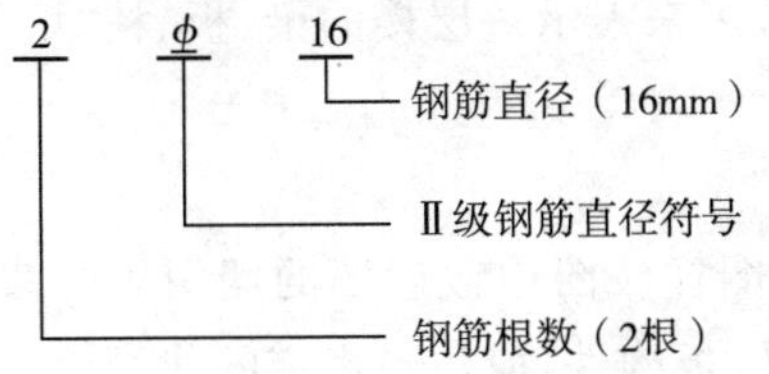

2. 标注钢筋的直径和相邻钢筋中心距

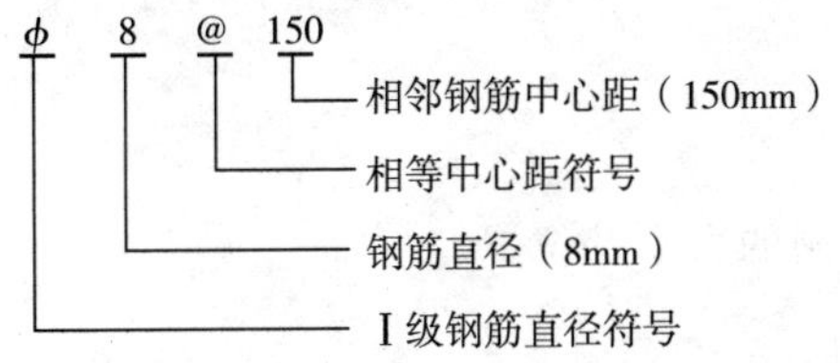

（七）钢筋混凝土构件图示方法

为了清楚地表明构件内部的钢筋，可假设混凝土为透明体，这样构件中的钢筋在施工图中便可看见。钢筋在结构图中其长度方向用单根粗实线表示，断面钢筋用圆黑点表示，构件的外形轮廓线用中实线绘制。

三、基础图

基础图主要是表示建筑物在相对标高±0.000 以下基础结构的图纸，一般包括基础平面图和基础详图。它是施工时在场坪标高上放灰线、开挖基槽、砌筑基础的依据。

（一）基础平面布置图

1. 形成

假想用一个水平面沿房屋的室内地面与基础之间把整幢房屋剖开，移开上层房屋和基坑回填土后画出的水平剖面图。

2. 表示方法

在基础平面图中，只画出基础墙、柱及基础底面的轮廓线，基础的细部轮廓（如大放脚）可省略不画。凡被剖切到的基础墙、柱轮廓线应画成中实线，基础底面的轮廓线应画成细实线。基础平面图中采用的比例及材料图例与建筑平面图相同。基础平面图应注出与建筑平面图相一致的定位轴线编号和轴线尺寸。当基础墙上留有管洞时，应用虚线表示其位置，具体做法及尺寸另用详图表示。当基础中设基础梁和地圈梁时，用粗单点长画线表示其中心线的位置。

3. 读图

(1)图中的比例、基础墙的轴线及轴线编号；

(2)图中的尺寸标注；

(3)标注详图的剖切位置。

4. 示例

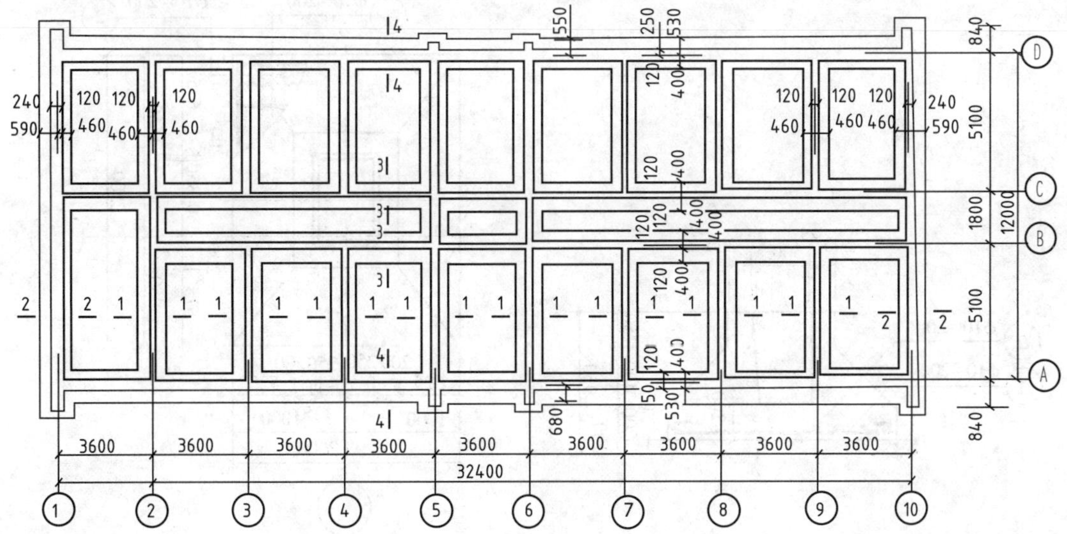

基础平面图1:100

图 3－4　基础平面图

(二)基础断面详图

1. 形成

基础详图即为基础的垂直断面图。

2. 读图

基础详图的内容有：轴线及轴线编号，基础墙厚度，大放脚每步的高度和宽度，垫层宽度及高度，基础底面线，室内外地面线，防潮层的位置及做法，钢筋的直径和间距及主要部位的标高。

3. 示例

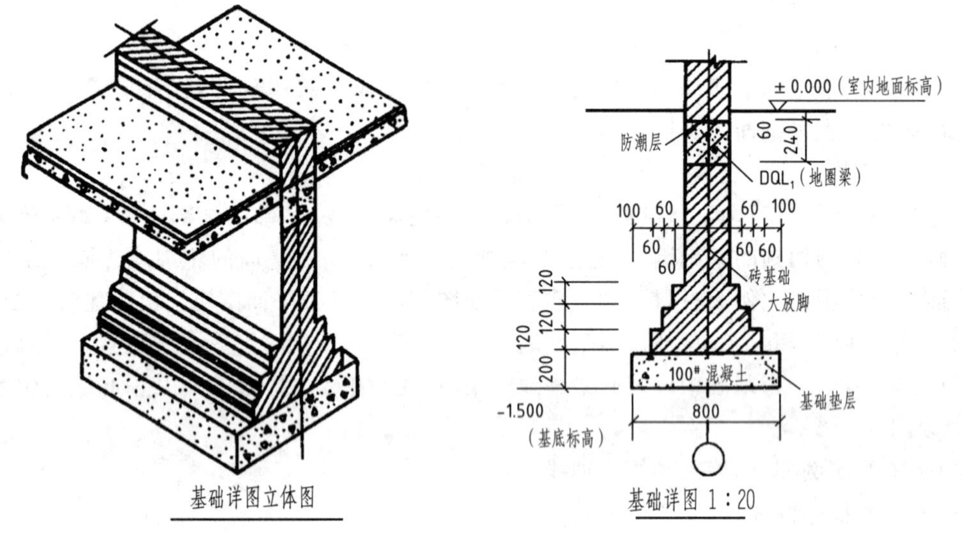

图 3-5　条形基础断面详图

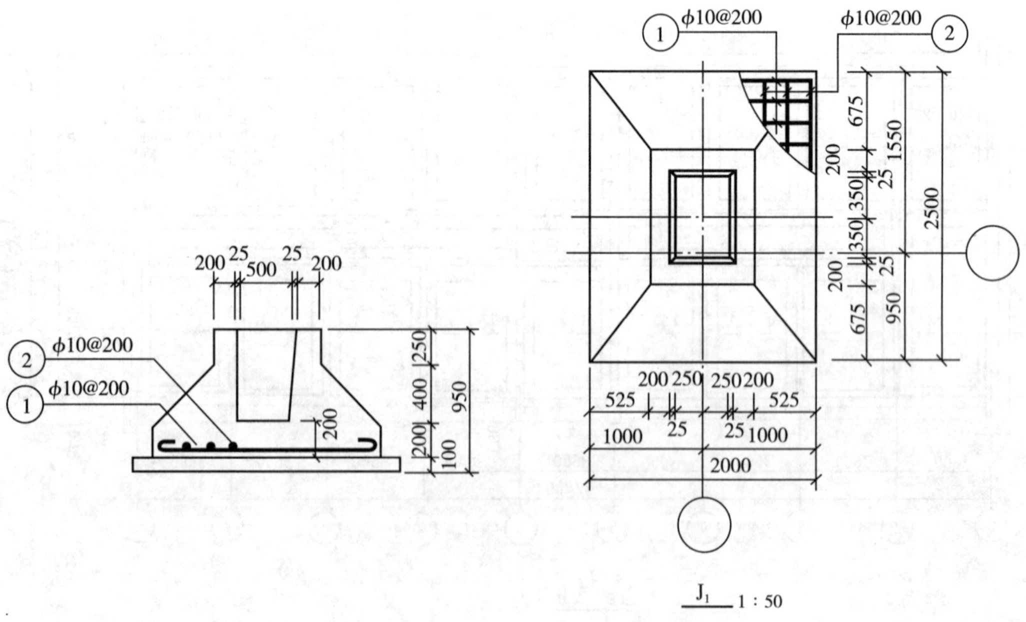

图 3-6　独立基础详图

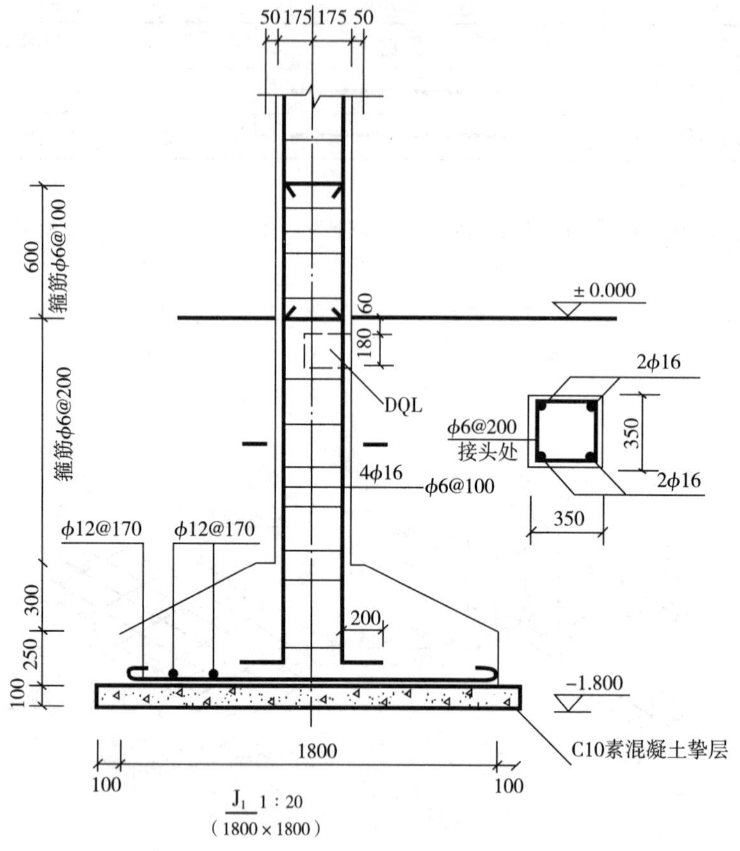

图 3-7　柱基础详图

四、楼层结构平面图

结构平面图是表示建筑物室外地面以上各层平面承重构件（如梁、板、柱、墙、门窗过梁、圈梁等）布置的图样，一般包括楼层结构平面图和屋顶结构平面图。

(一)形成

假想沿楼板面将房屋水平剖切后所作的水平投影图，用来表示每层楼的梁、板、柱、墙等的平面布置，称为楼层结构平面图。

(二)内容

表示建筑物室外地面以上各层承重构件平面布置的图样。图中被遮挡的墙用虚线表示，外轮廓线用中实线表示，梁用粗点划线表示。楼层上的梁、板构件，应注上规定的代号。

(三)读图

1. 图名、比例。

2. 与建筑平面图相一致的定位轴线及编号。

3. 墙、柱、梁、板等构件的位置及代号和编号。

4. 预制板的跨度方向、数量、型号或编号和预留洞的大小及位置。

5. 轴线尺寸及构件的定位尺寸。

6. 详图索引符号及剖切符号。

7. 文字说明。

(四)楼层结构平面图示例

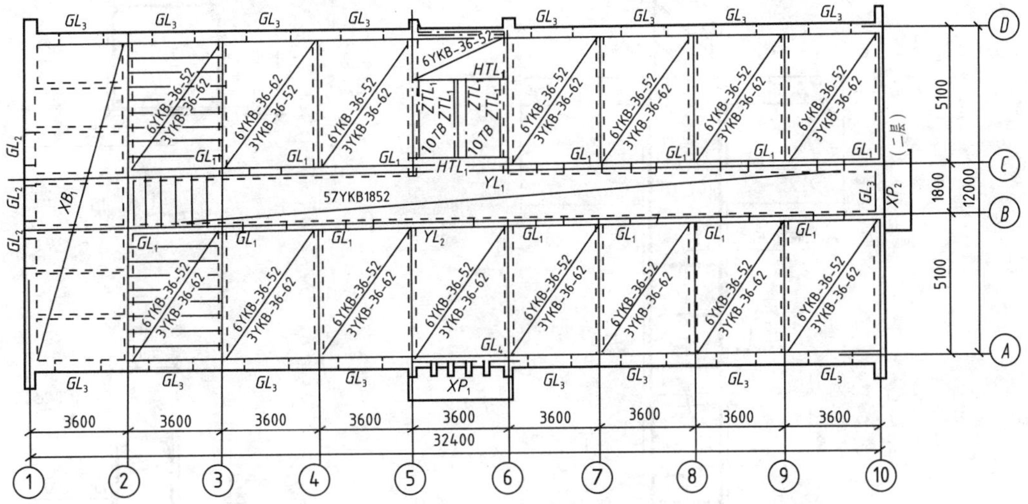

二、三、四层结构平面布置图 1:100

图 3-8 楼层结构平面图

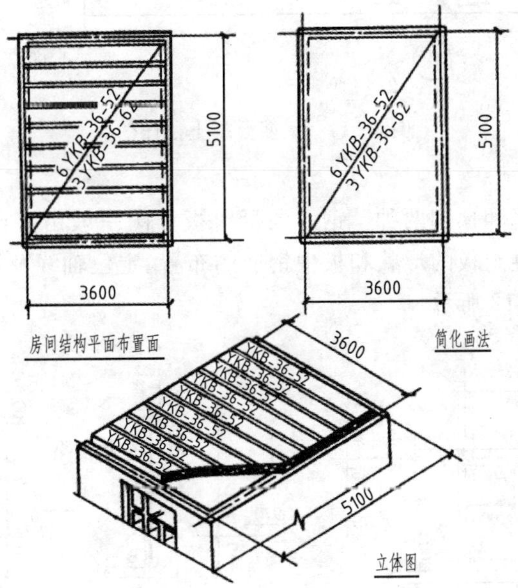

图 3-9 房屋结构平面布置图

空心板代号见表 3-3。

其内容说明为:

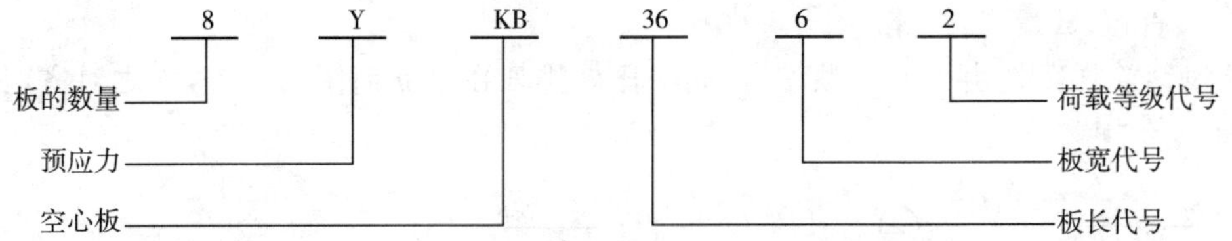

表 3-3 空心板代号意义

板长代号	板的标志长度(mm)	板宽代号	板的标志宽度(mm)	荷载等级代号	荷载允许设计值
24	2400	5	500	1	4.0kN/m²
27	2700	6	600		
30	3000	7	700	2	7.0kN/m²
…	…	9	900		
42	4200	12	1200	3	10.0kN/m²

五、钢筋混凝土构件详图种类及表示方法

(一)钢筋混凝土构件详图种类

1. 模板图

模板图也称外形图,它主要表明钢筋混凝土构件的外形,预埋铁件、预留钢筋、预留孔洞的位置,各部位尺寸和标高、构件以及定位轴线的位置关系等。

2. 配筋图

配筋图包括立面图、断面图和钢筋详图,主要表示构件内部各种钢筋的位置、直径、形状和数量等。

3. 钢筋表

为便于编制预算,统计钢筋用料,对配筋较复杂的钢筋混凝土构件应列出钢筋表,以计算钢筋用量(表 3-4)。

表 3-4 钢筋表

构件名称	构件数	钢筋编号	钢筋规格	简图	长度(mm)	每件支数	总支数	累计质量(kg)
L1	1	1	ø12		3640	2	2	7.41
		2	ø12		4204	1	1	4.45
		3	ø6		3490	2	2	1.55
		4	ø6		650	18	18	2.60

(二)钢筋混凝土构件详图表示方法

1. 采用正投影并视构件混凝土为透明体,以重点表示钢筋的配置情况。

2. 断面图的数量应根据钢筋的配置而定,凡是钢筋排列有变化的地方,都应画出其断面图。

3. 为防止混淆,方便看图,构件中的钢筋都要统一编号,在立面图和断面图中要注出一致的钢筋编号、直径、数量、间距等。

4. 单根钢筋详图按由上而下顺序，用同一比例排列在梁立面图的下方，与之对齐，如图3－10所示。

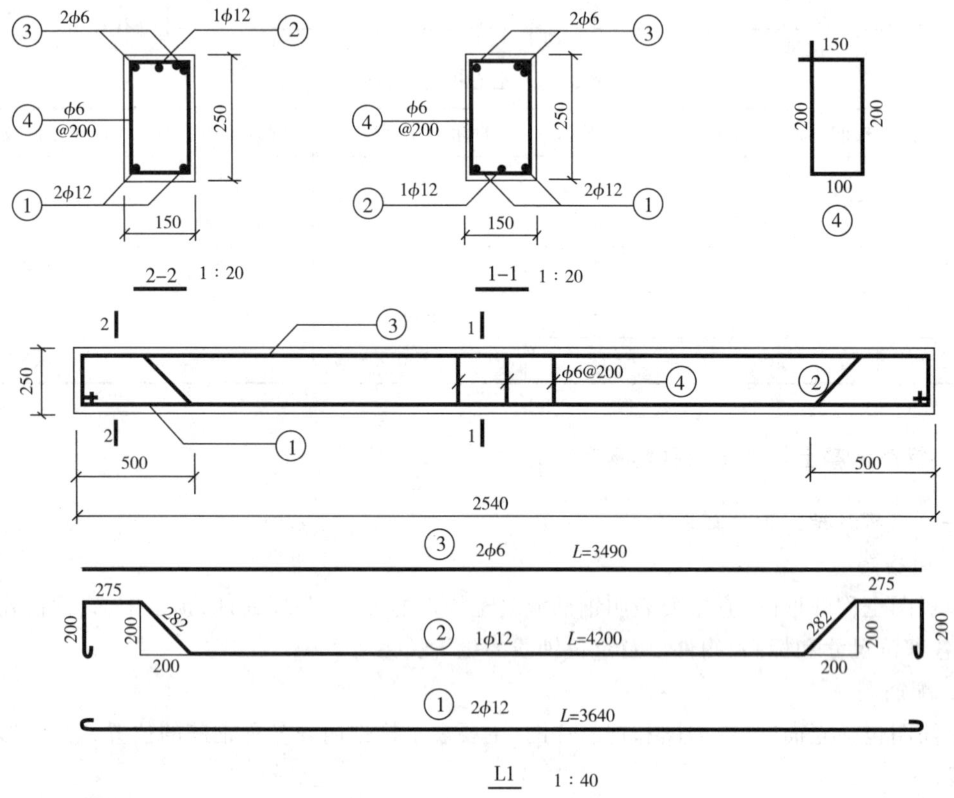

图3－10 钢筋混凝土梁结构详图

(三)钢筋混凝土构件详图的内容

1. 构件名称或代号、比例。

2. 构件的定位轴线及其编号。

3. 构件的形状、尺寸和预埋件代号及布置。

4. 构件内部钢筋的布置。

5. 构件的外形尺寸、钢筋规格、构造尺寸以及构件底面标高。

6. 施工说明。

(四)钢筋混凝土构件详图的识读

1. 钢筋混凝土梁

梁是房屋结构中的主要承重构件，常见的有过梁、圈梁、楼板梁、框架梁、楼梯梁、雨篷梁等。梁的结构详图由配筋图和钢筋表组成，上述图3－10以某图中L1梁为例，说明梁的结构详图内容。

2. 钢筋混凝土柱

钢筋混凝土柱构件详图与钢筋混凝土梁基本相同，对于比较复杂的钢筋混凝土柱，除画出构件的立面图和断面图外，还需画出模板图。

现以某图中现浇钢筋混凝土柱的立面图和断面图为例，说明钢筋混凝土柱的图示内容。

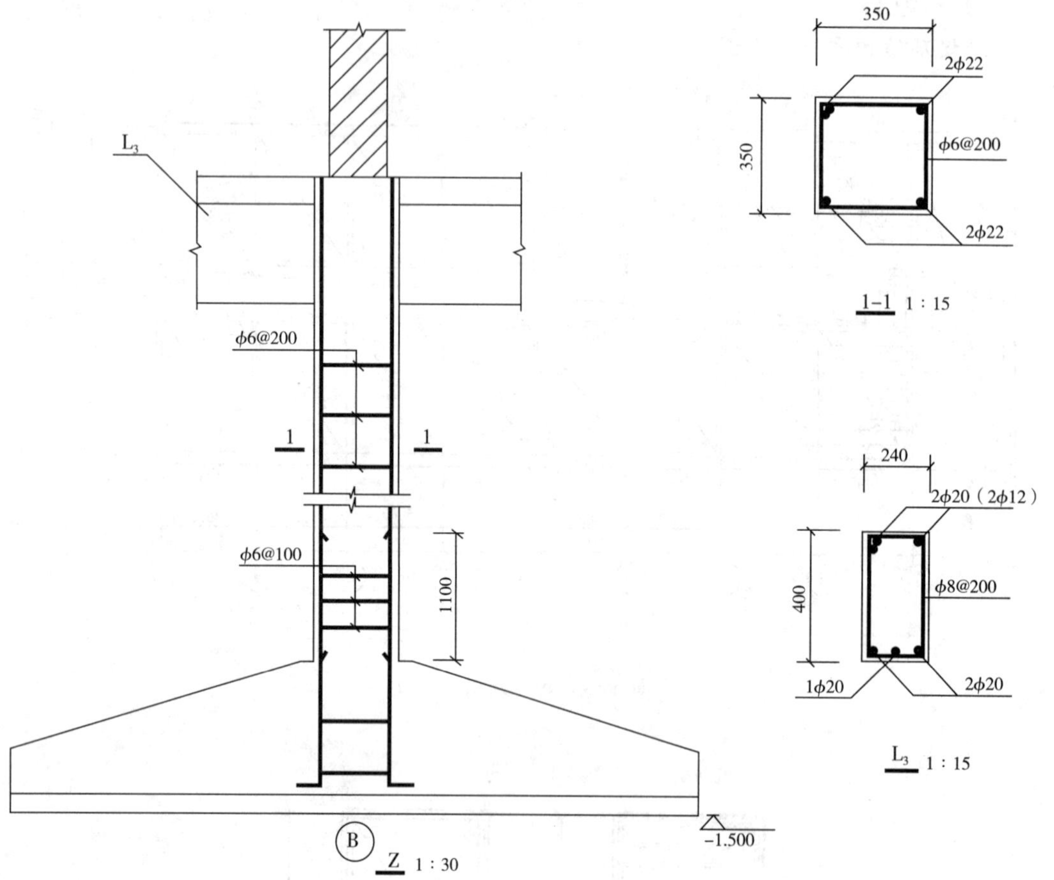

图3－11 钢筋混凝土柱详图

3. 钢筋混凝土板

钢筋混凝土板分现浇和预制两种。钢筋混凝土板详图一般由平面图和节点断面图组成。平面图主要表示钢筋混凝土板的形状和板中钢筋的布置、定位轴线及尺寸、断面图的剖切位置等。雨篷大样图如图3－12所示。

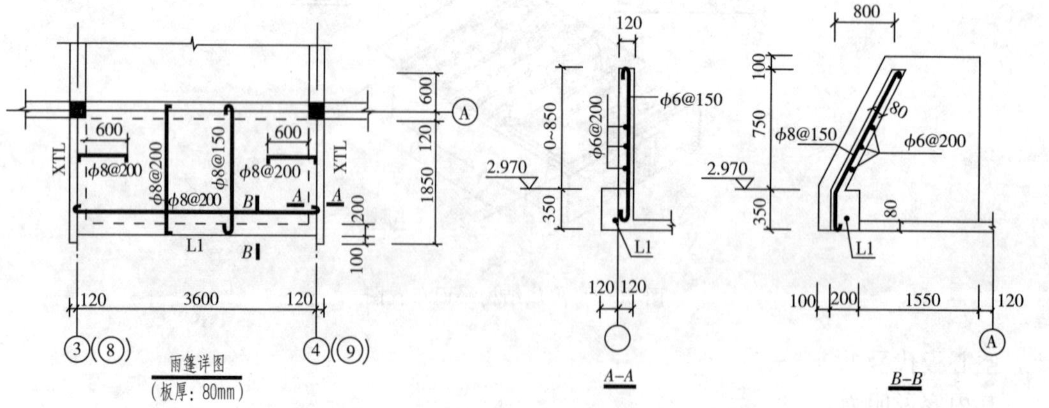

图3－12 雨篷大样图

第二部分　平法施工识图规则

建筑结构施工图平面整体设计方法(平法),对我国传统混凝土结构施工图的设计表示方法作了重大改革,既简化了施工图,又统一了表示方法,以确保设计与施工质量。

本部分内容是依据国家建筑标准设计图集《混凝土结构施工图平面整体表示方法制图规则和构造详图》(16G101－1～3)、《G101系列图集常见问题答疑图解》(17G101－11)、《混凝土结构施工钢筋排布规则与构造详图》(18G901－1～3)等图集与规范的要求编写的。

一、平法制图的一般规定

1. 按平法设计绘制的施工图,一般是由各类结构构件的平法施工图和标准构造详图两大部分构成。但对于复杂的房屋建筑,尚需要增加模板、开洞和预埋等平面图。只有在特殊情况下,才需要增加剖面配筋图。

2. 按平法设计绘制结构施工图时,必须根据具体工程设计,按照各类构件的平法制图规则,在按结构层绘制的平面布置图上直接表示各构件的尺寸、配筋和所选用的标准构造详图。

3. 在平法施工图上表示各构件尺寸和配筋的方式,分为平面注写方式、列表注写方式和截面注写方式等三种方式。

4. 在平法施工图上,应将所有构件进行编号,编号中含有类型代号和序号等。其中,类型代号应与标准构造详图上所注类型代号一致,使两者结合构成完整的结构设计图。

5. 在平法施工图上,应注明各结构层楼地面标高、结构层高及相应的结构层号等。

6. 为了确保施工人员准确无误地按平法施工图进行施工,在具体工程的结构设计总说明中必须注明所选用平法标准图的图集号,以免图集升版后在施工中用错版本。

第一节　框架柱的制图规则

柱平法施工图是在结构柱平面布置图上,采用列表注写方式或截面注写方式对柱的信息表达。

一、柱的编号规定

在平法柱施工图中,各种柱均按照表3－5的规定编号。柱编号不仅可以区别不同的柱,还将作为信息纽带在柱平法施工图与相应标准构造详图之间建立起明确的联系,使在平法施工图中表达的设计内容与相应的标准构造详图合并构成完整的柱结构设计。

表3－5　柱编号

柱类型	代号	序号	特征
框架柱	KZ	XX	柱根部嵌固在基础或地下结构上,并与框架梁刚性连接构成框架。
框支柱	KZZ	XX	柱根部嵌固在基础或地下结构上,并与框支梁刚性连接构成框支结构。框支结构以上转换为剪力墙结构。
芯柱	XZ	XX	设置在框架柱、框支柱、剪力墙柱核心部位的暗柱。
梁上柱	LZ	XX	支承在梁上的柱。
剪力墙上柱	QZ	XX	支承剪力墙顶部的柱。

二、列表注写方式

列表注写方式,系在柱平面布置图上(一般只需要采用适当比例绘制一张柱平面布置图,包括框架柱、框支柱、梁上柱和剪力墙上柱),分别在同一编号的柱中选择一个(有时需要选择几个)截面标注几何参数代号;在柱表中注写柱号、柱段起止标高、几何尺寸(含柱截面对轴线的偏心情况)与配筋的具体数值,并配以各种柱截面形状及其箍筋类型的方式,来表达柱平法施工图。如图3－13所示。

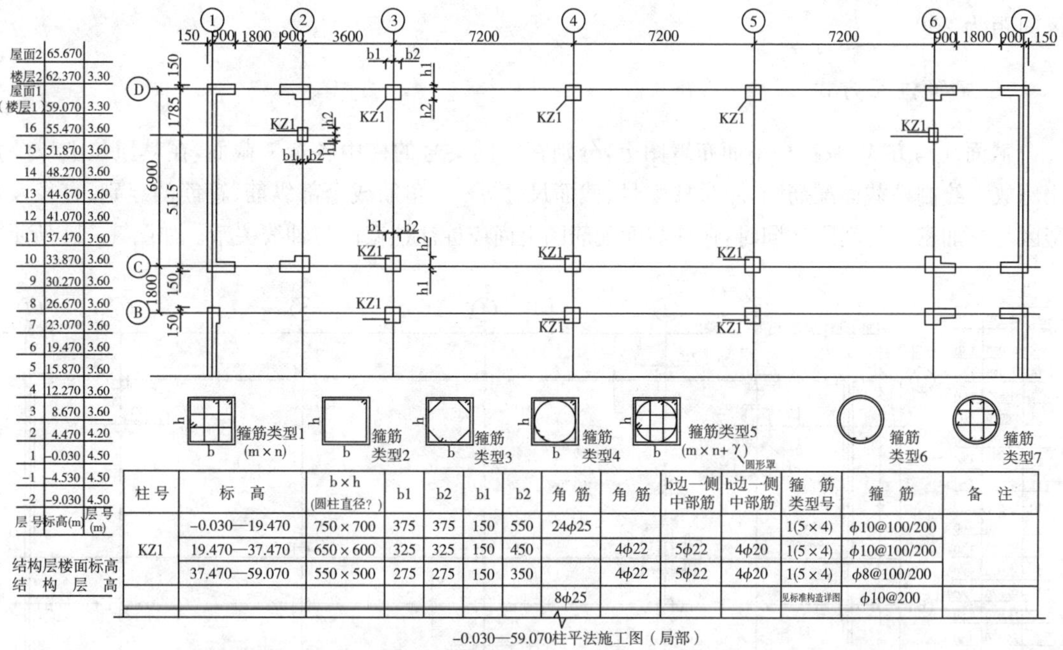

层号	标高(m)	层高(m)
屋面2	65.670	
楼层2	62.370	3.30
屋面1(楼层1)	59.070	3.30
16	55.470	3.60
15	51.870	3.60
14	48.270	3.60
13	44.670	3.60
12	41.070	3.60
11	37.470	3.60
10	33.870	3.60
9	30.270	3.60
8	26.670	3.60
7	23.070	3.60
6	19.470	3.60
5	15.870	3.60
4	12.270	3.60
3	8.670	3.60
2	4.470	4.20
1	-0.030	4.50
-1	-4.530	4.50
-2	-9.030	4.50

结构层楼面标高
结构层高

柱号	标高	b×h(圆柱直径?)	b1	b2	b1	b2	角筋	角筋	b边一侧中部筋	h边一侧中部筋	箍筋类型号	箍筋	备注
KZ1	-0.030—19.470	750×700	375	375	150	550	24ϕ25				1(5×4)	ϕ10@100/200	
	19.470—37.470	650×600	325	325	150	450		4ϕ22	5ϕ22	4ϕ20	1(5×4)	ϕ10@100/200	
	37.470—59.070	550×500	275	275	150	350		4ϕ22	5ϕ22	4ϕ20	1(5×4)	ϕ8@100/200	
							8ϕ25				见标准构造详图	ϕ10@200	

－0.030—59.070柱平法施工图(局部)

图3－13　柱表平法施工图

柱表注写内容:

1. 注写柱编号,柱编号由类型代号和序号组成,应符合表3－5的柱编号规定。

2. 注写各段柱的起止标高,自柱根部往上以变截面位置或截面未变但配筋改变处为界分段注写。框架柱和框支柱的根部标高系指基础顶面标高;芯柱的根部标高系指根据结构实际需要而定的起始位置标高;梁上柱的根部标高系指梁顶面标高;剪力墙上柱的根部标高分两种:当柱纵筋锚固在墙顶部时,其根部标高为墙顶面标高;当柱与剪力墙重叠一层时,其根部标高为墙顶面往下一层的结构楼层面标高。

3. 对于矩形柱,注写柱截面尺寸 $b\times h$ 及与轴线关系的几何参数代号 $b1$、$b2$ 和 $h1$、$h2$ 的具体数值,须对应与各段柱分别注写。对于圆柱,表中 $b\times h$ 一栏改用在圆柱直径数字前加 d 表示。

4. 注写柱纵筋。当柱纵筋直径相同,各边根数也相同时(包括矩形柱、圆柱和芯柱),将纵筋注写在“全部纵筋”一栏中;除此之外,柱纵筋分角筋、截面 b 边中部筋和 h 边中部筋三项分别注写。

5. 注写箍筋类型号及箍筋肢数,在箍筋类型栏内注写并绘制柱截面形状及其箍筋类型号。

6. 注写柱箍筋,包括钢筋级别、直径与间距。

当为抗震设计时，用斜线“/”区分柱端箍筋加密区与柱身非加密区长度范围内箍筋的不同间距。

例：ϕ10@100/250，表示箍筋为Ⅰ级钢筋，直径 ϕ10，加密区间距为 100，非加密区间距为 250。

当箍筋沿柱全高为一种时，则不使用“/”线。

例：ϕ10@100，表示箍筋为Ⅰ级钢筋，直径 ϕ10，间距为 100，沿柱全高加密。

当圆柱采用螺旋箍筋时，需在箍筋前加“L”。

例：Lϕ10@100/200，表示采用螺旋箍筋，Ⅰ级钢筋，直径 ϕ10，加密区间距为 100，非加密区间距为 200。

三、截面注写方式

截面注写方式，系在柱平面布置图上，分别在不同编号的柱中各选一截面，在其原位上以一定比例放大绘制柱截面配筋图，注写柱编号、截面尺寸 $b \times h$、角筋或全部纵筋、箍筋的级别、直径及加密区与非加密区的间距。同时，在柱截面配筋图上尚应标注柱截面与轴线关系。如图 3－14 所示。

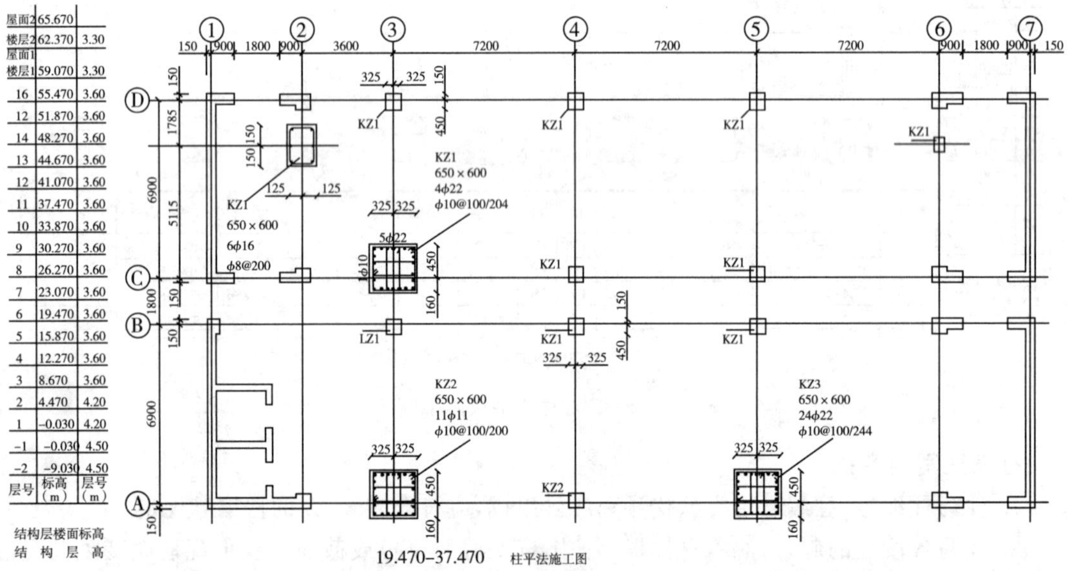

图 3－14　截面平法施工图

第二节　剪力墙的制图规则

剪力墙平法施工图是在结构剪力墙平面布置图上，采用列表注写方式或截面注写方式对剪力墙的信息表达。

剪力墙分为剪力墙柱、剪力墙身、剪力墙梁分别表达。剪力墙设计与框架柱或梁类构件设计有显著区别。柱、梁构件属于杆类构件，而剪力墙水平截面的长宽比相对杆类构件的高宽比要大得多；柱、梁构件的内力基本上逐层、逐跨呈规律变化，而剪力墙内力基本上呈整体变化，与层关联的规律性不明显。剪力墙本身特有的内力变化规律与抵抗地震作用时的构造特点，决定了必须在其边缘部位加强配筋，以及在其楼层位置根据抗震等级要求加强配筋或局部加大截面尺寸。此外，连接两片墙的水平构件功能也与普通梁有显著不同。为了表达简便、清晰，平法将剪力墙分为剪力墙柱、剪力墙身和剪力墙梁三类构件分别表达。

应当注意，归入剪力墙柱的端柱、暗柱等并不是普通概念的柱，因为这些墙柱不可能脱离整片剪力墙独立存在，也不可能独立变形。我们称其墙柱，是其配筋都是由竖向纵筋和水平箍筋构成，绑扎方式与柱相同，但与柱不同的是墙柱同时与墙身混凝土和钢筋完整地结合在一起，因此，墙柱实质上是剪力墙边缘的集中配筋加强部位。同理，归入剪力墙梁的暗梁、边框梁等也不是普通概念的梁，因为这些墙梁不可能脱离整片剪力墙独立存在，也不可能像普通概念的梁一样独立受弯变形，事实上暗梁、边框梁根本不属于受弯构件。我们称其为墙梁，系因为其配筋都是由纵向钢筋和横向箍筋构成，绑扎方式与梁基本相同，同时又与墙身的混凝土与钢筋完整地结合在一起，因此，暗梁、边框梁实质上是剪力墙在楼层位置的水平加强带。此外，归入剪力墙梁中的连梁虽然属于水平构件，但其主要功能是将两片剪力墙连结在一起，当抵抗地震作用时使两片连结在一起的剪力墙协调工作。连梁的形状与深梁基本相同，但受力原理亦有较大区别。

一、剪力墙的编号规定

在平法剪力墙施工图中，剪力墙分为剪力墙柱编号见表 3－6、剪力墙梁编号见表 3－7、剪力墙身编号见表 3－8 分别表达。

表 3－6　墙柱编号

墙柱类型	代号	序号
约束边缘暗柱	YAZ	XX
约束边缘端柱	YDZ	XX
约束边缘翼墙（柱）	YYZ	XX
约束边缘转角墙（柱）	YJZ	XX
构造边缘端柱	GDZ	XX
构造边缘暗柱	GAZ	XX
构造边缘翼墙（柱）	GYZ	XX
构造边缘转角墙（柱）	GJZ	XX
非边缘暗柱	AZ	XX
扶壁柱	FBZ	XX

表 3－7　墙梁编号

墙梁类型	代号	序号
连梁	LL	XX
连梁（有交叉暗撑）	LL(JC)	XX
连梁（有交叉钢筋）	LL(JG)	XX
暗梁	AL	XX
边框梁	BKL	XX

表 3－8　墙身编号

墙身编号	代号	序号
剪力墙身	Q(X)	XX

二、剪力墙平面表达形式

剪力墙平法施工图的表达方式有两种：

(1)列表注写方式；

(2)截面注写方式。

截面注写方式与列表注写方式均适用于各种结构类型，列表注写方式可在一张图纸上将全部剪力墙一次性表达清楚，也可以按剪力墙标准层逐层表达。截面注写方式通常需要首先划分剪力墙标准层后，再按标准层分别绘制。

(一)列表注写方式

列表注写方式，系分别在剪力墙柱表、剪力墙表和剪力墙梁表中，对应于剪力墙平面布置图上的编号，用绘制截面配筋图并注写几何尺寸与配筋具体数值的方式来表达剪力墙平法施工图。如图 3－15 所示剪力墙平法施工图，如图 3－16 所示剪力墙身表、墙梁表，如图 3－17 所示剪力墙柱表。

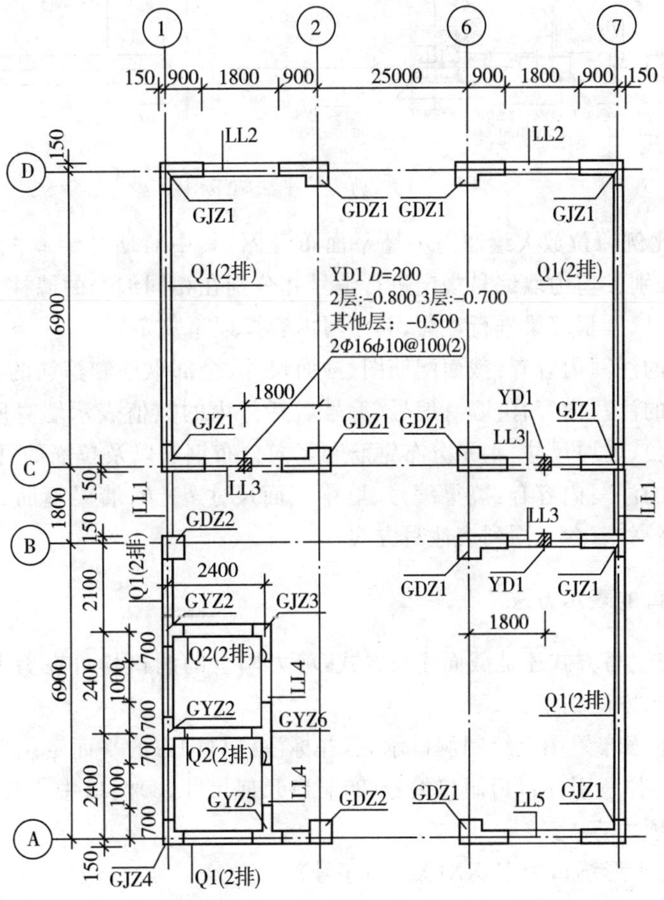

图 3－15　剪力墙平法施工图

剪力墙梁表							
编号	所在楼层号	梁顶相对标高高差	梁截面 $b\times h$	上部纵筋	下部纵筋	侧面纵筋	箍筋
LL1	2–9	0.800	300×2000	4Φ22	4Φ22	同Q1水平分布筋	ϕ10@100（2）
	10–16	0.800	250×2000	4Φ20	4Φ20		ϕ10@100（2）
	屋面		250×1200	4Φ20	4Φ20		ϕ10@100（2）
LL2	3	–1.200	300×2520	4Φ22	4Φ22	同Q1水平分布筋	ϕ10@150（2）
	4	–0.900	300×2070	4Φ22	4Φ22		ϕ10@150（2）
	5–9	–0.900	300×1770	4Φ22	4Φ22		ϕ10@150（2）
	10–屋面1	–0.900	250×1770	3Φ22	3Φ22		ϕ100150（2）
LL3	2		300×2070	4Φ22	4Φ22	同Q1水平分布筋	ϕ10@100（2）
	3		300×1770	4Φ22	4Φ22		ϕ10@100（2）
	4–9		300×1170	4Φ22	4Φ22		ϕ10@100（2）
	10–屋面1		250×1170	3Φ22	3Φ22		ϕ10@100（2）
LL4	2		250×2070	3Φ20	3Φ20	同Q2水平分布筋	ϕ10@120（2）
	3		250×1770	3Φ20	3Φ20		ϕ10@120（2）
	4–屋面1		250×1170	3Φ20	3Φ20		ϕ10@120（2）
AL1	2–9		300×600	3Φ20	3Φ20		ϕ8@150（2）
	10–16		250×500	3Φ18	3Φ18		ϕ8@150（2）
BKL1	屋面1		500×750	4Φ22	4Φ22		ϕ10@150（2）

剪力墙身表					
编号	标高	墙厚	水平分布筋	垂直分布筋	拉筋
Q1（2排）	-0.030—30.270	300	ϕ12@250	ϕ12@250	ϕ6@500
	30.270—59.070	250	ϕ12@250	ϕ12@250	ϕ6@500
Q2（2排）	-0.030—30.270	250	ϕ10@250	ϕ10@250	ϕ6@500
	30.270—59.070	200	ϕ10@250	ϕ10@250	ϕ6@500

图 3－16　剪力墙身表、墙梁表

剪力墙柱表									
截面	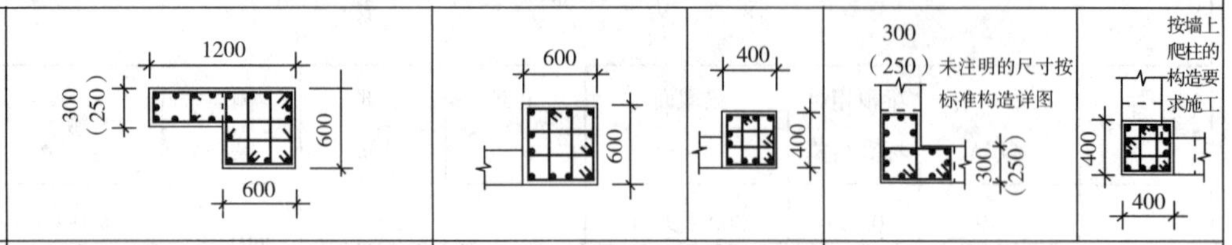								
编号	GDZ1			GDZ2			GJZ4		
标高	-0.030~8.670	8.670~30.270	(30.270~59.070)	-0.030~8.670	8.670~59.070	59.070~65.670	-0.030~8.670 8.670~30.270	(30.270~59.070)	59.070~65.670
纵筋	22Φ22	22Φ20	(22Φ18)	12Φ25	12Φ22	12Φ20	16Φ22 16Φ20	(16Φ18)	12Φ18
箍筋	ϕ10@100	ϕ10@100/200	(ϕ10@100/200)	ϕ10@100	ϕ10@100/200	ϕ10@100/200	ϕ10@150 ϕ10@150	(ϕ10@100)	ϕ8@100

截面	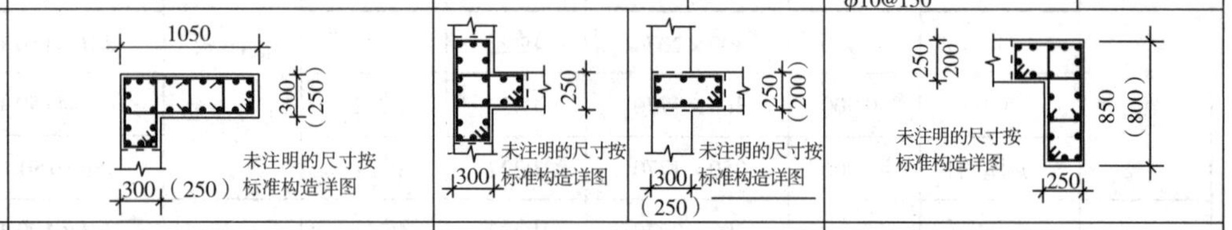							
编号	GJZ1			GYZ2		GJZ3		
标高	-0.030~8.670	8.670~30.270	(30.270~59.070)	-0.030~8.670	8.670~30.270 (30.270~59.070)	-0.030~8.670	8.670~30.270	(30.270~59.070)
纵筋	24Φ20	24Φ18	(24Φ16)	20Φ20	10Φ18 (10Φ18)	20Φ20	20Φ18	(20Φ18)
箍筋	ϕ10@100	ϕ10@150	(ϕ10@150)	ϕ10@100	ϕ10@150 (ϕ10@150)	ϕ10@100	ϕ10@150	(ϕ10@150)

图 3-17　剪力墙柱表

（1）剪力墙柱表。在剪力墙柱表中，包括墙柱编号，截面配筋图，加注的几何尺寸（未注明的尺寸按标注构造详图取值），墙柱的起止标高，全部纵向钢筋和箍筋等内容。其中墙柱的起止标高自墙柱根部往上以变截面位置或截面未变但配筋改变处为分段界限，墙柱根部标高系指基础顶面标高（框支剪力墙结构则为框支梁的顶面标高）。

（2）剪力墙身表。在剪力墙身表中，包括墙身编号（含水平与竖向分布钢筋的排数），墙身的起止标高（表达方式同墙柱的起止标高），水平分布钢筋、竖向分布钢筋和拉筋的具体数值（表中的数值为一排水平分布钢筋和竖向分布钢筋的规格与间距，具体设置几排见墙身后面的括号）等。

（3）剪力墙梁表。在剪力墙梁表中，包括墙梁编号，墙梁所在楼层号，墙梁顶面标高高差（系指相对于墙梁所在结构层楼面标高的高差值，正值代表高于后者，负值代表低于后者，未注明的代表无高差），墙梁截面尺寸 $b\times h$、上部纵筋、下部纵筋和箍筋的具体数值等。当连梁设有斜向交叉暗撑［代号为 LL（JC）XX，且连梁截面宽度不小于 400］或斜向交叉钢筋［代号 LL（JG）XX，且连梁截面宽度小于 400 但不小于 200］时，标写为"配筋值×2"，其中"配筋值"系指一根暗撑的全部纵筋或一道斜向钢筋的配筋数值，"×2"代表有两根暗撑相互交叉或两道斜向钢筋相互交叉。

（二）截面注写方式

1. 原位注写方式。系在分标准层绘制的剪力墙平面布置图上以直接在墙柱、墙身、墙梁上注写截面和配筋具体数值的方式来表达剪力墙平法施工图，如图 3-18 所示剪力墙平法施工图。

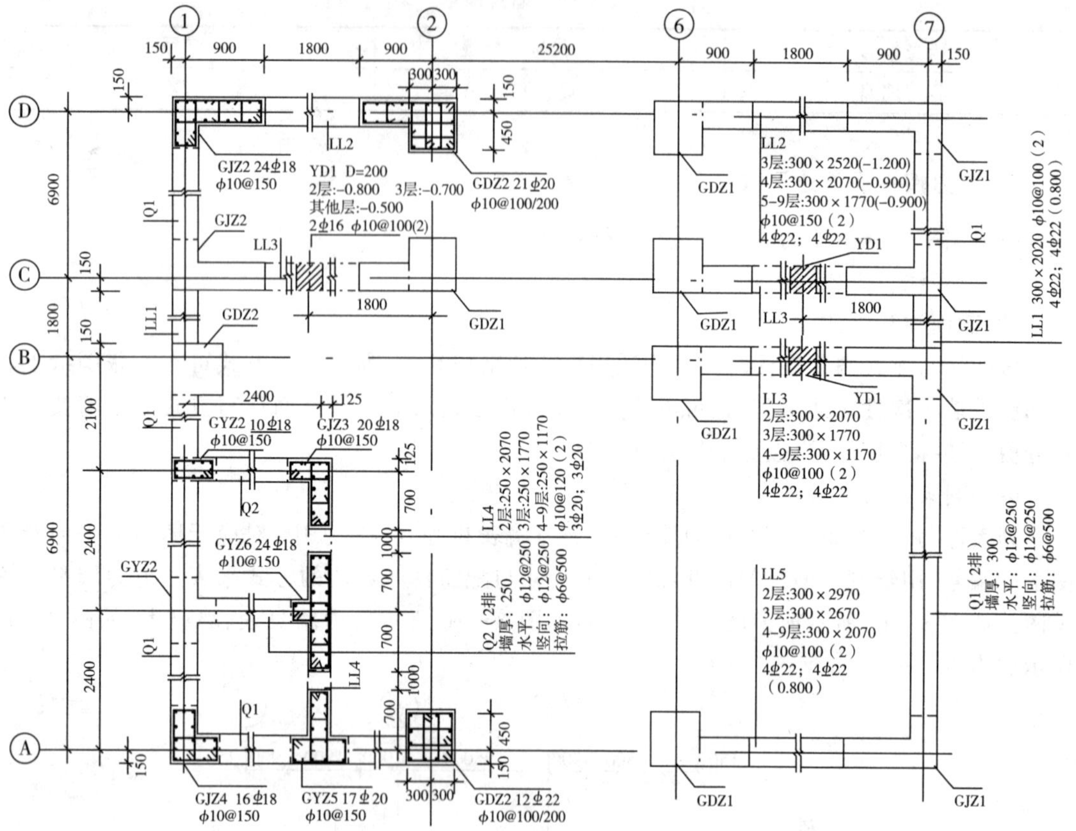

图 3-18　剪力墙平法施工图

2. 选用适当比例原位放大绘制剪力墙平面布置图，其中对墙柱绘制配筋截面图；对所有墙柱、墙身、墙梁分别按剪力墙编号规定进行编号并分别在相同编号的墙柱、墙身、墙梁中选择一根墙柱、一道墙身、一根墙梁进行注写，其注写内容按以下规定：

（1）剪力墙柱的注写内容有：截面配筋图、截面尺寸、全部纵筋和箍筋的具体数值。

（2）剪力墙身的注写内容有：墙身编号（编号后括号内的数值表示墙身所配置的水平与竖向分布钢筋的排数）、墙厚尺寸、水平分布钢筋和竖向分布钢筋以及拉筋的具体数值。

（3）剪力墙梁的注写内容有：墙梁编号、墙梁截面尺寸 $b\times h$、墙梁箍筋、上部纵筋、下部纵筋和墙梁顶面标高高差（含义同列表注写方式）。

三、剪力墙洞口的表示方法

无论采用列表注写方式还是截面注写方式，剪力墙上的洞口均可在剪力墙平面布置图上原位表达，具体表示方法如下。

1. 在剪力墙平面布置图上绘制洞口示意，并标注洞口中心的平面定位尺寸。

2. 在洞口中心位置引注：（1）洞口编号（2）洞口几何尺寸（3）洞口中心相对标高（4）洞口每边补强钢筋，共四项内容。

（1）洞口编号：矩形洞口为 JDXX（XX 为序号），

圆形洞口为 YDXX（XX 为序号）；

(2)洞口几何尺寸：矩形洞口为洞宽×洞高($b\times h$)，圆形洞口为洞口的直径 D；

(3)洞口中心相对标高，系相对于结构层楼(地)面标高的洞口中心高度。当其高于结构层楼面时为正值，低于结构层楼面时为负值。

(4)洞口每边补强钢筋，分以下几种不同情况：

A. 当矩形洞口的洞宽、洞高均不大于 800 时，如果设置构造补强纵筋，即洞口每边钢筋≥2ϕ12 且不小于同向被切断钢筋总面积的 50%，本项免注。如图 3-19 所示。

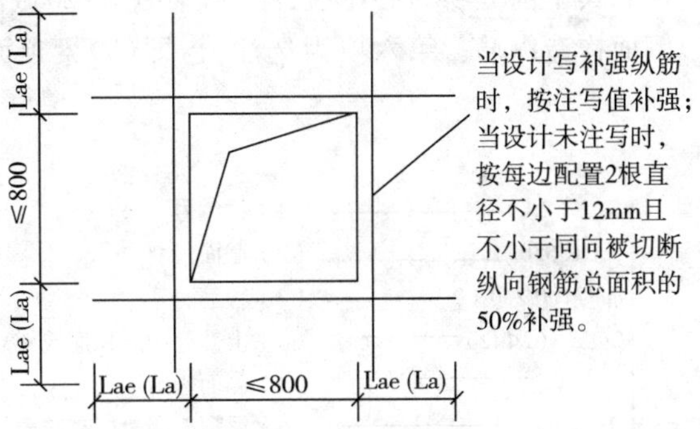

图 3-19　所示矩形洞宽和高均不大于 800 时洞口补强构造

例：JD3 400×300，+3.100，表示 3 号矩形洞口，洞口 400，洞高 300，洞口中心距本结构层楼面 3100，洞口每边补强钢筋按构造配置。

B. 矩形洞口的洞宽、洞高均不大于 800 时，如果设置补强纵筋大于构造配筋，此项注写洞口每边补强钢筋的数值。

例：JD2 400×300，+3.100，3Φ14，表示 2 号矩形洞口，洞宽 400，洞高 300，洞口中心距本结构层楼面 3100，洞口每边补强钢筋为 3Φ14。

C. 当矩形洞口的洞宽大于 800 时，在洞口的上、下需设置补强暗梁，此项注写为洞口上、下每边暗梁的纵筋与箍筋的具体数值(在标准构造详图中，补强暗梁梁高一律定为 400，施工时按标准构造详图取值，设计不注。当设计者采用与该构造详图不同做法时，应另行注明)；当洞口上、下边为剪力墙连梁时，此项免注；洞口竖向两侧按边缘构件配筋，亦不在此项表达。如图 3-20 所示。

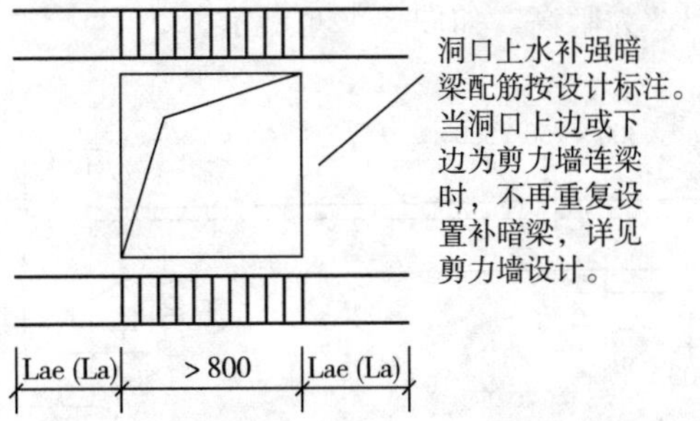

图 3-20　矩形洞宽和洞高均大于 800 时，洞口补强暗梁构造

例：JD5 1800×2100，+1.800，6Φ20，ϕ8@150，表示 5 号矩形洞口，洞宽 1800，洞高 2100，洞口中心距本结构层楼面 1800，洞口上下设补强暗梁，每边暗梁纵筋为 6Φ20，箍筋为 ϕ8@150。

D. 当圆形洞口设置在连梁中部 1/3 范围(且圆洞直径不应大于 1/3 梁高)时，需注写在圆洞上下水平设置的每边补强纵筋与箍筋。如图 3-21 所示。

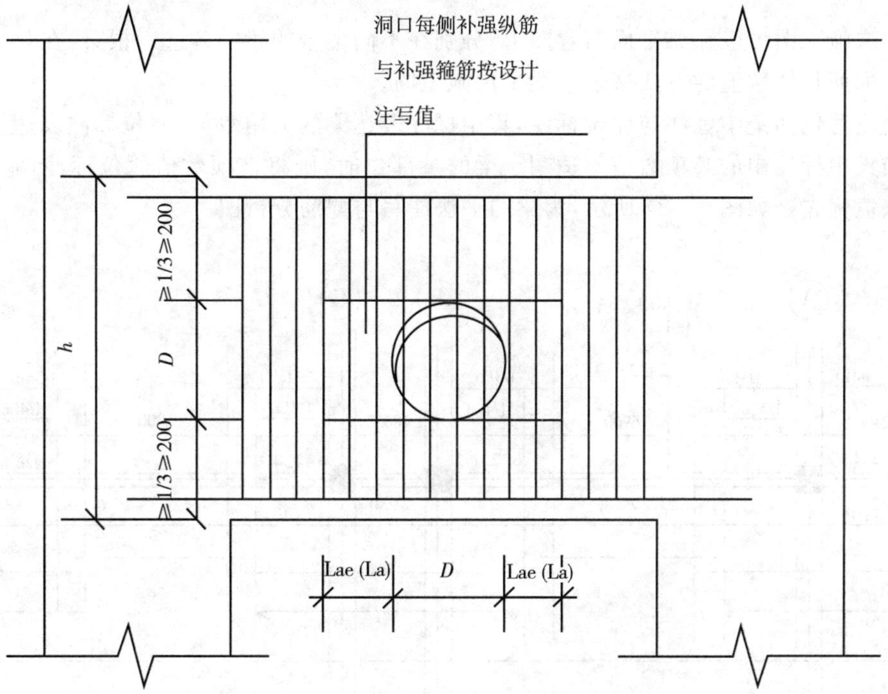

图 3-21　连梁中部圆形洞口补强钢筋构造

E. 当圆形洞口设置在墙身或暗梁、边框梁位置，且洞口直径不大于 300 时，此项注写洞口上下左右每边布置的补强纵筋的数值。如图 3-22 所示。

F. 当圆形洞口直径大于 300，但不大于 800 时，其加强钢筋在标准结构详图中系按照圆外切正六边形的边长方向布置，设计仅需注写六边形中一边补强钢筋的具体数值。如图 3-23 所示。

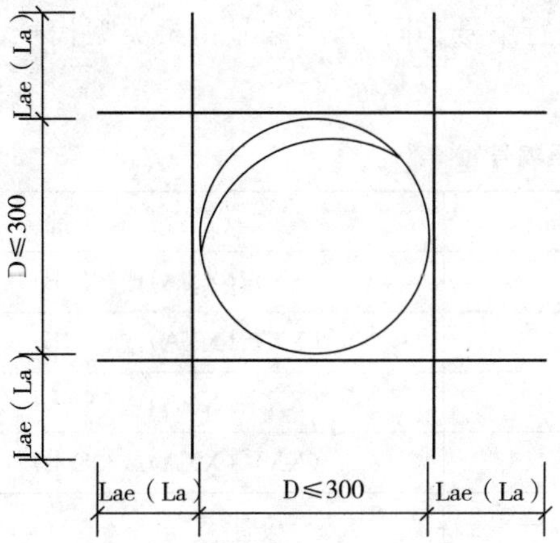

图 3-22　剪力墙圆形洞口直径不大于 300 时，补强纵筋构造

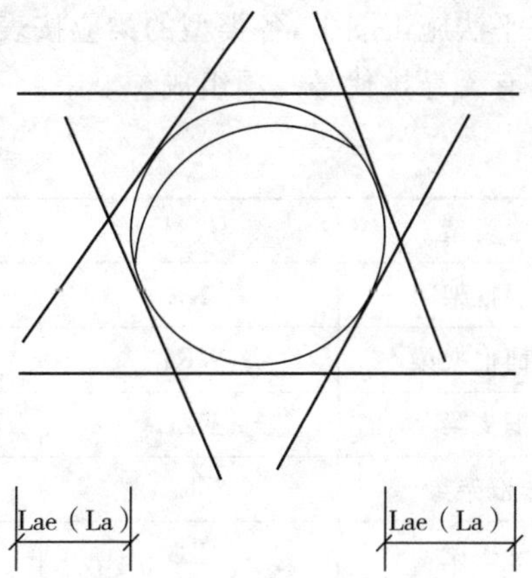

图 3-23　剪力墙圆形洞口直径大于 300 时，补强纵筋构造

第三节　梁类构件的制图规则

梁平法施工图可以在梁平面布置图上，分别在不同编号的梁中各选一根梁，在其上注写截面尺寸和配筋具体数值的方式来表达梁平法施工图。

平面注写包括集中标注与原位标注，集中标注表达梁的通用数值，原位标注表达梁的特殊数值。当集中标注中的某项数值不适用于梁的某部位时，则将该项数值原位标注，施工时，原位标注取值优先。如图 3－24 所示，为梁的平法注写与配筋分析图。

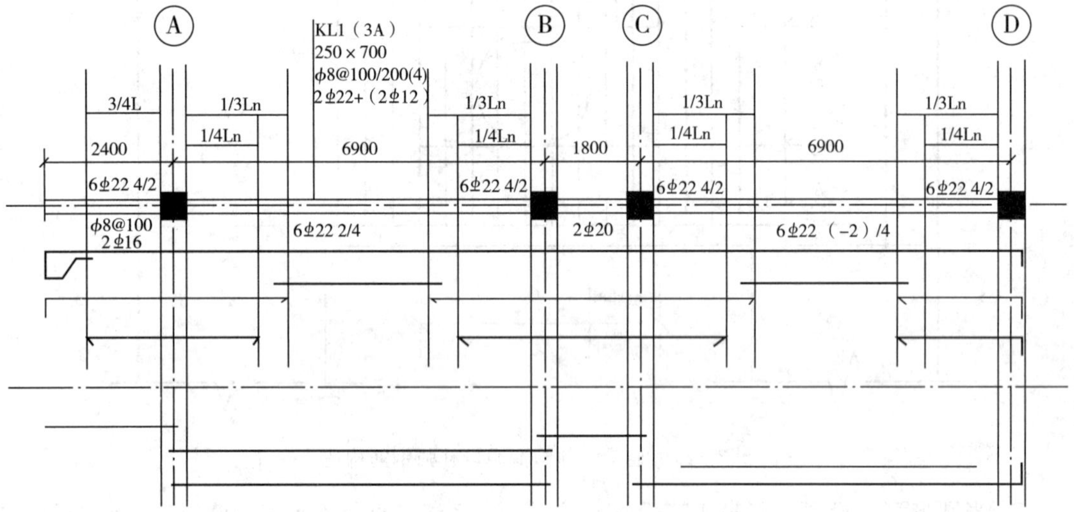

图 3－24　梁的平法注写与配筋分析图

一、梁编号的规定

在平法施工图中，各类型的梁应按表 3－9 进行编号。同时，梁编号由梁类型代号、序号、跨数及有无悬挑代号几项组成。

表 3－9　梁编号

梁类型	代号	序号	跨数及是否带有悬挑
楼层框架梁	KL	XX	(XX)、(XXA)或(XXB)
屋面框架梁	WKL	XX	(XX)、(XXA)或(XXB)
框支梁	KZL	XX	(XX)、(XXA)或(XXB)
非框架梁	L	XX	(XX)、(XXA)或(XXB)
悬挑梁	XL	XX	
井字梁	JZL	XX	(XX)、(XXA)或(XXB)

注：(XXA)为一端有悬挑，(XXB)为两端有悬挑，悬挑不计入跨数。

例：KL7(5A)，表示第 7 号框架梁，5 跨，一端有悬挑；
L9(7B)，表示第 9 号非框架梁，7 跨，两端有悬挑；
JZL1(8)，表示第 1 号井字梁，8 跨，无悬挑。

二、梁平面注写方式

(一)平面注写方式集中标注的具体内容

梁集中标注内容为六项，其中前五项为必注值：即(1)梁编号(2)截面尺寸(3)箍筋(4)上部跨中通长筋或架立筋(5)侧面构造纵筋。第六项为选注值，即(6)梁顶面相对标高高差。如图 3－25 所示。

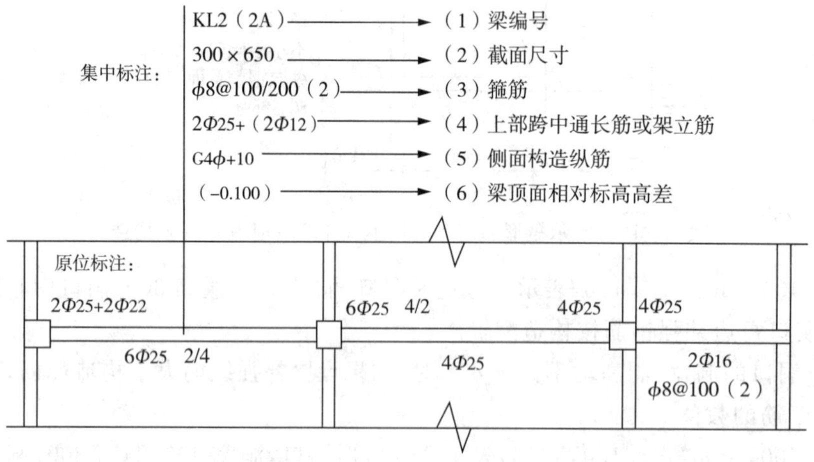

图 3－25　框架梁集中标注的 6 项内容

1. 注写梁编号(必注值)，见梁编号规定。

梁编号带有注在“(　)”内的梁跨数及有无悬挑信息，应注意当有悬挑端时，无论悬挑多长均不计入跨数。

2. 注写梁截面尺寸(必须值)。

当为等截面梁时，用 $b \times h$ 表示，其中 b 为梁宽，h 为梁高；当为加腋梁时，用 $b \times h$ YL1×L2 表示，其中 L1 为腋长，L2 为腋高。如图 3－26 所示。

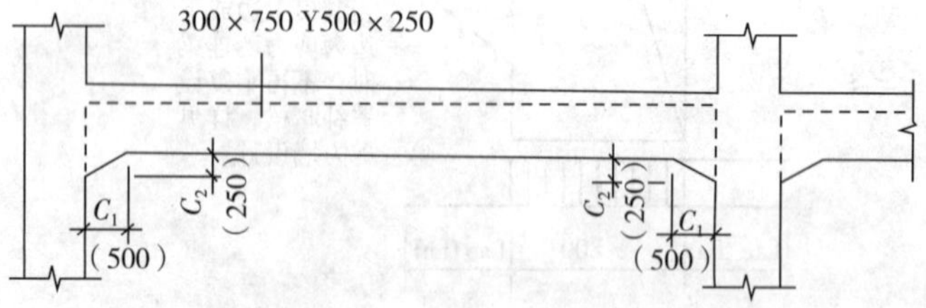

图 3－26　加腋梁截面尺寸注写示意

当为悬挑梁且根部和端部的高度不同时，用斜线分隔根部与端部的高度值，即为 $b \times h1/h2$，其中，$h1$ 为梁根部较大高度值，$h2$ 为梁根部较小高度值。如图 3－27 所示。

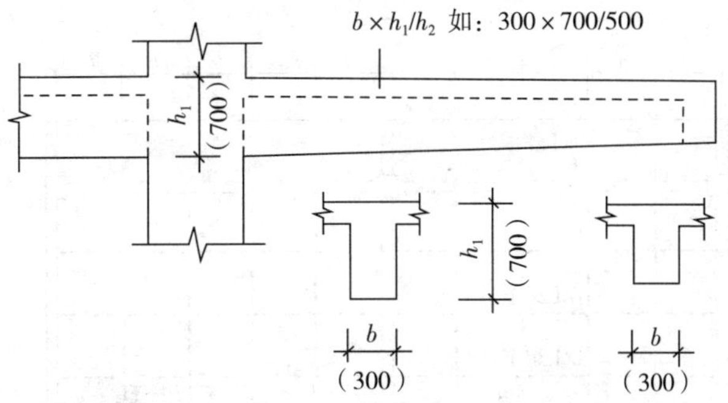

图 3-27　悬挑梁不等高截面尺寸注写示意

3. 注写梁箍筋(必注值)。

梁箍筋包括:钢筋级别,直径,加密区与非加密区间距及肢数。当为抗震箍筋时,加密区与非加密区用“/”分开,箍筋的肢数注在“(　)”内。

例如:φ10@100/200(2),表示箍筋强度等级为 HPB300,直径为 φ10,抗震加密区间距为 100mm,非加密区间距为 200mm,均为 2 肢箍;φ8@100(4)/150(3),表示箍筋强度等级为 HPB300,直径为 φ8,抗震加密区间距为 100mm,采用 4 肢筋,非加密区间距为 150mm,采用 3 肢筋。

当为非抗震箍筋,且在同一跨度内采用不用间距或肢数时,梁端与跨中部位的箍筋配置用“/”分开,箍筋的肢数注在“(　)”内,其中近梁端的箍筋应注明道数(与间距配合自然确定了配筋范围)。

例如,9φ10@150/200(2),表示箍筋强度等级为 HPB300,直径 φ10,两端各有 9 个两肢箍,间距为 150mm,梁跨中部分间距为 200mm,两肢箍。18φ12@150(4)/200(2),表示箍筋强度等级为 HPB300,直径为 φ12,梁两端各为 18 个四肢箍,间距为 150mm,梁跨中间部分间距为 200mm 双肢箍。

4. 注写梁上部通长筋或架立筋(必注值)。

架立筋通常用于非抗震梁,将架立筋注写在“(　)”内,以表示与抗震通长筋的区别。

当抗震框架梁箍筋采用 4 肢或更多肢时,由于通长筋一般仅需设置两根,所以应补充设置架立筋,此时,采用“+”将两类配筋相连。

例如:2Φ22+(2φ12),表示设置 2 根强度等级 HRB400,直径 22mm 的通长筋和 2 根强度等级 HPB300,直径 12mm 的架立筋。

当梁下部通长筋配置相同时,可在跨中上部通长筋或架立筋后接续注写,梁下部通长筋前后用“;”隔开。

例如:2Φ22;6Φ25　2/4 表示梁上部跨中设置 2 根强度等级 HRB400,直径 22mm 的抗震通长筋,梁下部设置 6 根强度等级为 HRB400,直径 25 的通长筋,分两排设置,上一排 2 根,下一排 4 根。

5. 注写梁侧面构造纵筋或受扭纵筋(必注值)。

梁侧面构造纵筋以 G 打头,梁侧面受扭以 N 打头注写两个侧面的总配筋值。

当梁腹板高度 hw 大于等于 450mm 时,梁侧面须配置纵向构造钢筋,所注规格与总根数应符合规范规定。当梁侧面配置受扭纵筋时,宜同时满足梁侧面纵向构造钢筋的间距要求,且不再重复配置纵向构造钢筋。

例如:N6Φ22 表示共配置 6 根强度等级 HRB400、直径 22mm 的受扭纵筋,梁每侧各配置 3 根。例如:G6Φ22 表示共配置 6 根强度等级 HRB400、直径 22mm 的构造腰筋,梁每侧各配置 3 根。

6. 注写梁顶面相对标高高差(选注值)。

梁顶面标高高差,系指相对于结构层楼面标高的高差值。对于位于结构夹层的梁则指相对于结构夹层楼面标高的高差。有高差时,须将其写入括号内,无高差时不注。当某梁的顶面高于所在结构层的楼面标高时,其标高高差为正值,反之为负值。

例如:某结构层的楼面标高为 44.950m 和 48.250m,当某梁的顶面标高高差注写为(-0.050)时,即表明该梁顶面标高分别相对于 44.950m 和 48.250m 低 0.050m。

三、梁平面注写方式原位标注的具体内容

梁原位标注内容为四项:(1)梁支座上部纵筋(2)梁下部纵筋(3)附加箍筋或吊筋(4)修正集中标注中某项或某几项不适用于本跨的内容。具体如下:

(1)注写梁支座上部纵筋。

当集中标注的梁上部跨中抗震通长筋直径相同时,跨中通长筋实际为该跨两端支座的角筋延伸到跨中 1/3 净跨范围内搭接形成;当集中标注的梁上部跨中通长筋直径与该部位角筋直径不同时,跨中直径较小的通长筋分别与该跨两端支座的角筋搭接完成抗震通长筋受力功能。

当梁支座上部纵筋多于一排时,用“/”将各排纵筋自上而下分开。

例如:6Φ22　4/2 表示上一排纵筋为 4Φ22,下一排纵筋为 2Φ22。

当同排纵筋有两种直径时,用“+”将两种直径的纵筋相连,并将角部纵筋注写在前面。

例如:2Φ25+2Φ22 表示梁支座上部有 4 根纵筋,2Φ25 放在角部,2Φ22 放在中部。

当梁支座两边的上部纵筋不同时,须在支座两边分别标注;当梁支座两边的上部纵筋相同时,可仅在支座一边标注配筋值,另一边省去不注。

当两大跨中间为小跨,且小跨净尺寸小于左、右两大跨净跨尺寸之和的 1/3 时,小跨上部纵筋采取贯通全跨方式,此时,应将贯通小跨的纵筋注写在小跨中间。如图 3-28 所示。

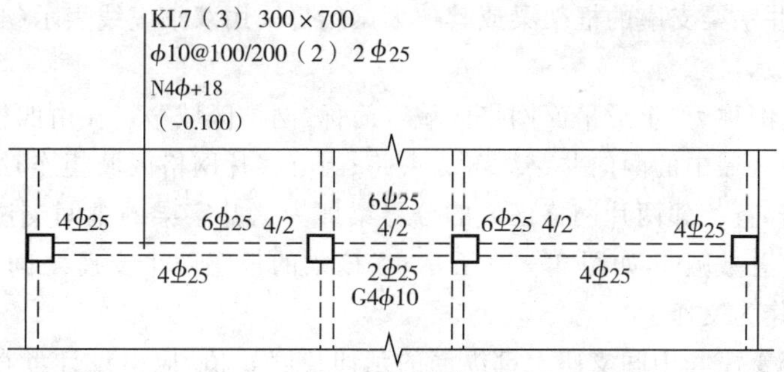

图 3-28　大小跨梁的平面注写示意

(2)注写梁下部纵筋。

当梁下部纵筋多于一排时,用“/”将各排纵筋自上而下分开。

例如：6Φ25　2/4 表示上一排纵筋为 2Φ25，下一排纵筋为 4Φ25，全部伸入支座。

当同排纵筋有两种直径时，用“＋”将两种的纵筋相联，注写时角筋写在前面。

例如：2Φ22＋2Φ20 表示梁下部有四根纵筋，2Φ22 放在角部，2Φ20 放在中部。

当下部纵筋不全部伸入支座时，将减少的数量写在括号内。

例如：6Φ25　2(－2)/4 表示上排纵筋为 2Φ25 均不伸入支座，下排纵筋为 4Φ25 全部伸入支座。又如：2Φ25＋3Φ22(－3)/5Φ25 表示上排纵筋为 2Φ25 加 3Φ22，其中 3Φ22 不伸入支座；下排纵筋为 5Φ25 全部伸入支座。

当在梁集中标注中已在梁支座上部纵筋之后注写了下部通长纵筋值时，则不需在梁下部重复做原位标注。

(3)注写附加箍筋或吊筋。

在主次梁相交处，直接将附加箍筋或吊筋画在平面图中的主梁上，用线引注总配筋值（附加箍筋的肢数注在括号内），如图 3－29 所示。图中：8ϕ10(2)表示在主次梁上配置直径 12mm、HPB300 级附加箍筋共 8 道，在次梁两侧各配置 4 道，为两肢箍；又如：2Φ20 表示在主梁上配置直径 20mm、HRB400 吊筋两根。应注意：附加箍筋的间距、吊筋的几何尺寸等构造，系结合其所在位置的主梁和次梁的截面尺寸而定。

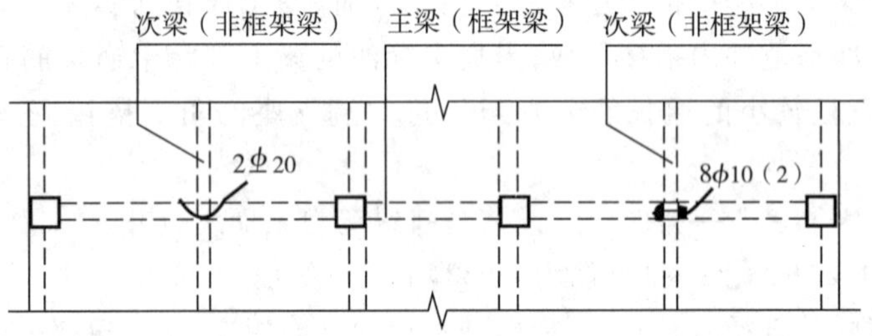

图 3－29　附加箍筋和吊筋的表达

四、井字梁的平面注写方式

井字梁通常由两向非框架梁构成，以框架梁为支座或以专门设置的非框架大梁为支座。为明确区分井字梁与框架梁或作为井字梁支座的其他类型梁，在梁平法施工图中，井字梁用单粗虚线表示，作为井字梁支座的框架梁或其他大梁用仍采用双细虚线表示（当梁顶面高于板面时可用双实细线表示）。

井字梁分布范围称为“矩形平面网格区域”（简称“网格区域”）。在由四根框架梁或其他大梁围起的一片网格区域中的两向井字梁各为一跨；当有多片网格区域相连时，贯通 n 片网格区域的井字梁为 n 跨，且相邻两片网格区域的分界梁即为该井字梁的中间支座。井字梁编号注写的跨数为其支座总数减 1，如图 3－30 所示；在该梁的任意两个支座之间，无论有几根井字梁与其相交，均不作为支座。

井字梁的端部支座和中间支座上部纵筋的延伸长度 a_o 值，应由设计者在原位标注具体数值予以注明。

当采用平面注写方式时，则在原位标注的支座上部纵筋后面括号内加注具体延伸长度值。如图 3－31 所示。

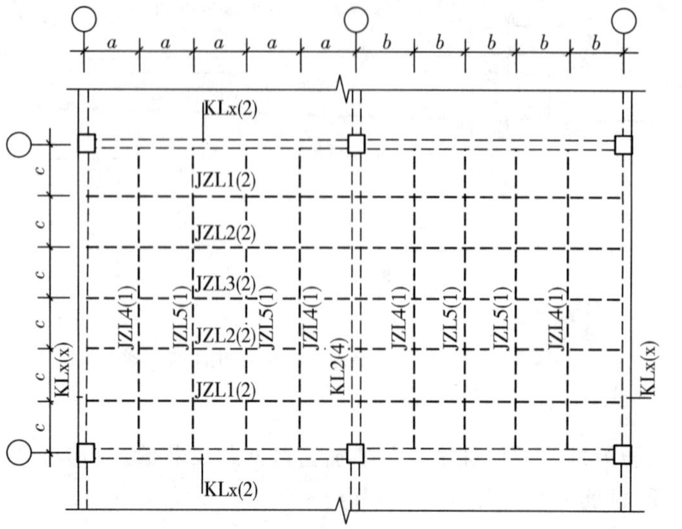

图 3－30　井字梁跨数注写示意

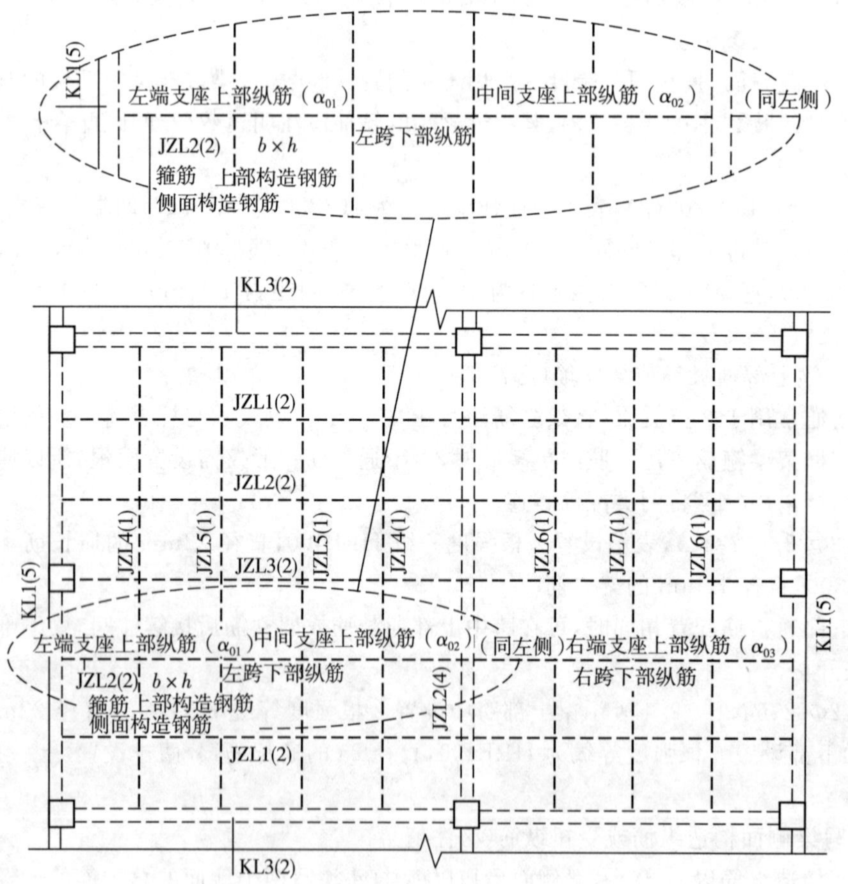

图 3－31　井字梁延伸长度注写示意

当为截面注写方式时，则在梁端截面配筋图上注写的上部纵筋后面括号内加注具体延伸长度值。如图 3-32 所示。

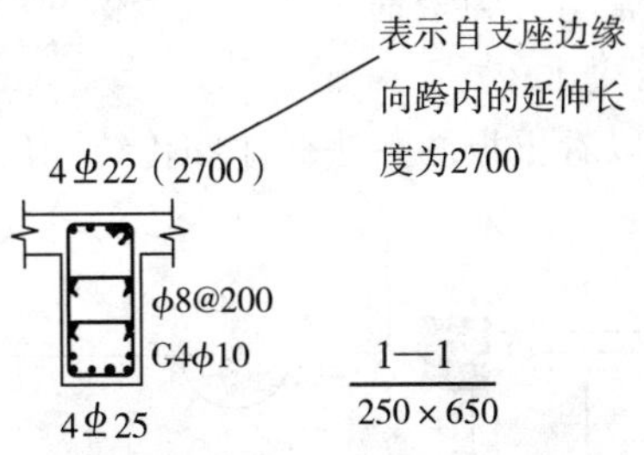

图 3-32　井字梁延伸长度注写示意

第四节　板类构件的制图规则

一、板的编号规定

在板平法施工图中各种类型的板编号应按表 3-10 进行编写。

表 3-10　板块编号

板类型	代号	序号
楼面板	LB	XX
屋面板	WB	XX
延伸悬挑板	YXB	XX
纯悬挑板	XB	XX

二、板平面注写方式

1. 板块平面注写方式主要包括：

1）板块集中标注；

2）板支座原位标注。

2. 为了方便设计表达和施工识图，规定结构平面的坐标方向为：

1）当两向轴网正交布置时，图面从左至右为 X 向，从下至上为 Y 向；

2）当轴网转折时，局部坐标方向顺轴网转折角度做相应转折；

3）当轴网向心布置时，切向为 X 向，径向为 Y 向。

3. 板块集中标注

板块集中标注的内容分为：板块编号（详见板块编号规定）、板厚、贯通纵筋以及当板面标高不同时的标高高差。

对于普通楼面，两向均以一跨为一板块；对于密肋楼盖，两向主梁（框架梁）均以一跨为一板块（非主梁密肋不计）。所以板块应逐一编号，相同编号的板块可择其一做集中标注，其他仅注写置于圆圈内的板编号，以及当楼面标高不同时的标高高差。

1）厚板注写方式

厚板注写为 h=XXX（为垂直于版面的厚度）；当悬挑板的端部改变截面厚度时，用斜线分隔根部与端部的高度值，注写为 h=XXX/XXX；当设计已在图注中统一注明板厚时，此项可不注。

2）贯通筋注写方式

贯通筋注写按板块的下部和上部分别注写（当板块上部不设贯通纵筋时则不注），并以 B 代表下部，以 T 代表上部，B&T 代表下部与上部；X 向贯通纵筋以 X 打头，Y 向贯通纵筋以 Y 打头，两项贯通纵筋配置相同时则以 X&Y 打头。当为单向板时，另一项贯通的分布筋可不必注写，而在图中统一注明。当在某些板内（例如在延伸）要以 Yc 打头注写钢筋。

3）板面标高高差的注写方式

板面标高高差，系指相对于结构层楼面标高的高差，应将其注写在括号内，且有高差则注，无高差不注。

例 1　设有一楼面板块注写为：LB5　h=110

B：Xϕ12@120；Yϕ10@110

系表示 5 号楼面板，板厚 110mm，板下部配置的贯通纵筋 X 向为 ϕ12@120，Y 向为 ϕ10@110；板上部未配置贯通纵筋。如图 3-33 所示。

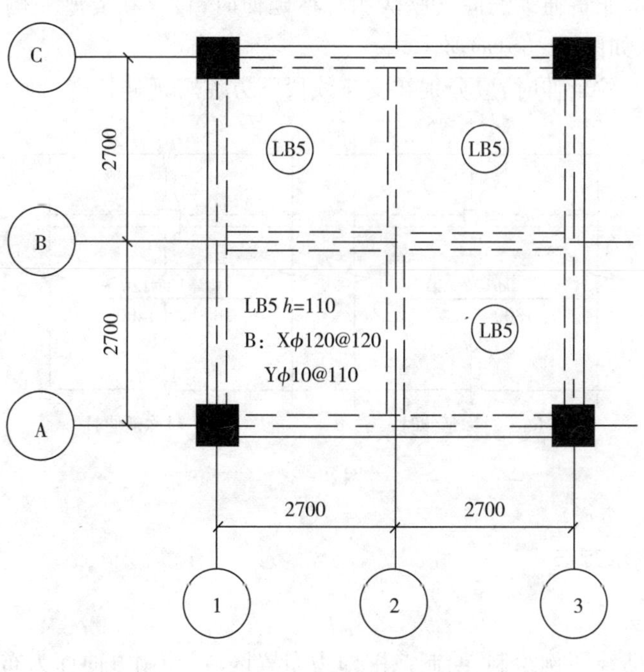

图 3-33　板的集中标注

例 2　设有一延伸悬挑板注写为：YXB2　h=150/100

B：Xc&Ycϕ8@200

系表示 2 号延伸悬挑板，板根部厚 150mm，端部厚 100mm，板下部配置构造钢筋双向均为 ϕ8@200。（上部受力钢筋见板支座原位标注）。如图 3-34 所示。

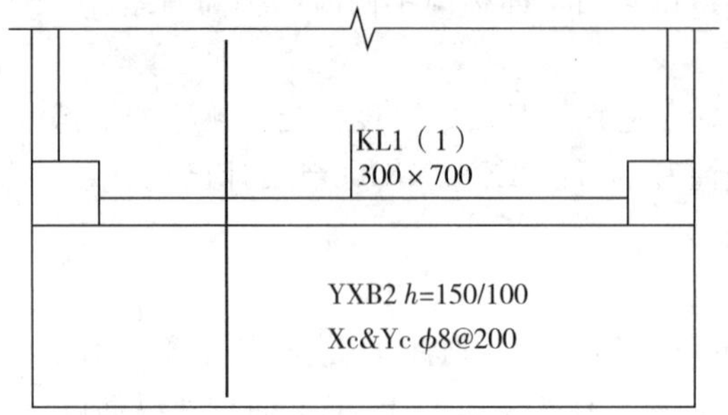

图 3－34　延伸悬挑板集中标注

4. 板支座原位标注

板支座原位标注的内容为：板支座上部非贯通纵筋和纯悬挑板上部受力钢筋。

板支座原位标注的钢筋，应在配置相同跨的第一跨表示（当在梁悬挑部位单独配置时则在原位表达）。在配置相同跨的第一跨（或梁悬挑部位），垂直于板支座（梁或墙）绘制一段适宜长度的中粗线（当该通长筋设置在悬挑板或短跨板上部时，实线段应画至对边或贯通短跨），以该线段代表支座上部非贯通纵筋；并在线段上方注写钢筋符号（如①、②等）、配筋值、横向连续布置的跨数（注写在括号内，且当为一跨时可不注），以及是否横向布置到梁的悬挑端。

例如：（XXA）为横向布置的跨数，（XXB）为横向布置的跨数及两端的悬挑部位。

当中间支座上部非贯通纵筋向支座两侧对称延伸时，可仅在支座一侧线段下方标注延伸长度，另一侧不注。如图 3－35（a）所示。

当支座两侧非对称延伸时，应分别在支座线段下方注写延伸长度。如图 3－35（b）所示。

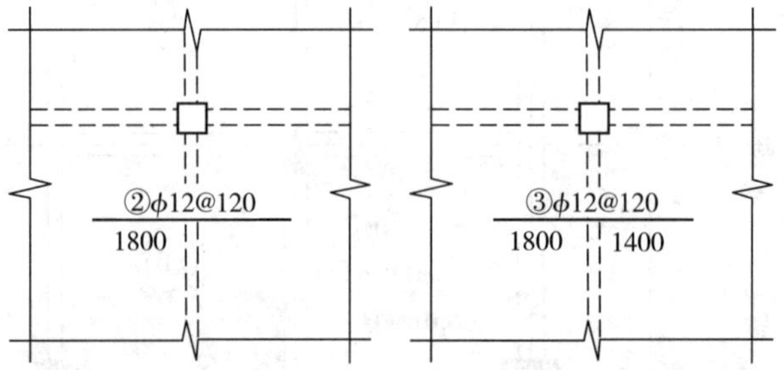

（a）对称延伸时　　（b）非对称延伸时

图 3－35

三、板的传统表示方法

1. 板块底筋表示

板块底筋以板筋线图例绘制，绘制范围即为布置区域，绘制方向即为布置方向。板筋图例通常情况为板筋线图例末端做 180°弯钩（一般是一级钢的表示方式）和板筋线图例末端做 135°或不做弯钩（一般是二、三级钢的表示方式）。

2. 板块负筋表示

板块负筋以板筋线图例绘制，绘制范围即为布置区域，绘制方向即为布置方向。板筋图例通常情况为板筋线图例末端做 90°弯钩。

3. 板块支座钢筋表示

板块底筋以板筋线图例绘制，一般是用沿梁或墙为支座的延线绘制，通常以梁或墙的端点区域为布筋范围。板筋图例通常情况为板筋线图例末端做 90°弯钩。

4. 板的平法标注和传统标注比较

从图 3－36 和图 3－37 可以看出板的平法标注和传统标注的不同之处。

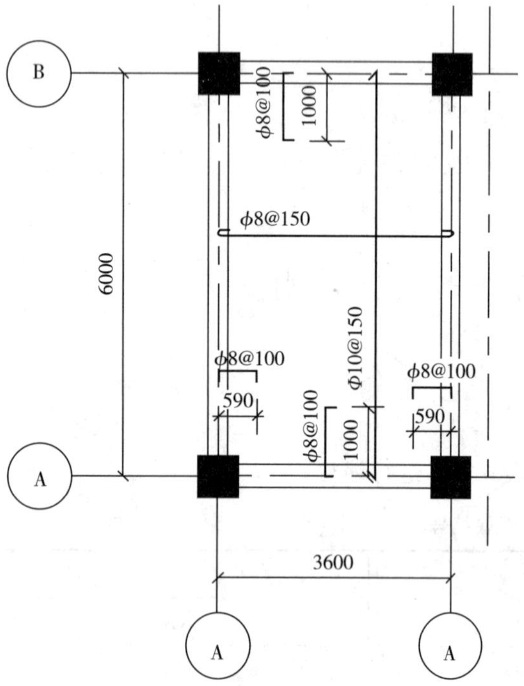

图 3－36　板的传统标注

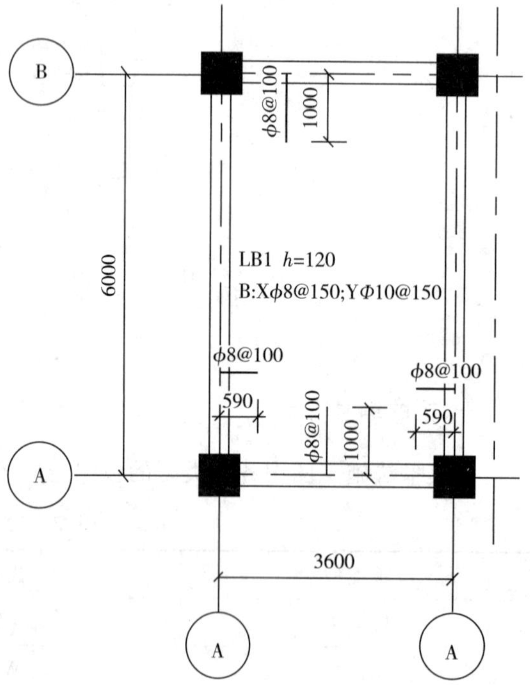

图 3－37　板的平法标注

第五节　基础类构件的制图规则

一、基础类型

当房屋结构类型不同及地基土层不同，基础的组成形式也不同，组成不同形式基础及基础构件一般有以下几种：（1）独立基础（2）桩基承台（3）基础梁（4）基础连梁（5）承台梁（6）地框梁（7）条形基础（8）筏板基础（9）筏形基础（10）箱形基础。

（一）独立基础

当建筑物上部结构采用框架结构或单层排架结构承重时，基础常采用方行或矩形的独立式基础，这类基础称为独立式基础，也称单独基础，是整个或局部结构物下的无筋或配筋基础。一般是作为结构柱基、高烟囱、水塔基础等的基础形式。

独立基础分阶形基础、坡形基础、杯形基础 3 种。

独立基础的特点一，一般只坐落在一个十字轴线交点上，有时也跟其他条形基础相连，但是截面尺寸和配筋不尽相同。独立基础如果坐落在几个轴线交点上承载几个独立柱，叫做共用独立基础。

独立基础的特点二，基础之内的纵横两方向配筋都是受力钢筋，且长方向的一般布置在下面。

（二）桩基承台

承台指的是为承受、分布由柱身或墩身传递的荷载，在基桩顶部设置的连接各桩顶的钢筋混凝土平台。

承台是桩与柱或墩联系的部分。承台把几根，甚至十几根桩联系在一起形成桩基础。

（三）基础梁

基础梁简单说就是做在地基土层上的梁。基础梁一般用于框架结构、框架剪力墙结构，框架柱落于基础梁上或基础梁交叉点上，如柱下条形基础、筏板基础中基础梁，其主要作用是作为上部建筑的基础，将上部荷载传递到地基上，基础梁作为基础，起到承重和抗弯功能，一般基础梁的截面较大，截面高度一般建议取 1/4～1/6 跨距，这样基础梁的刚度很大，可以起到基础梁的效果，其配筋由计算确定。

（四）基础连梁

基础连梁系指连接独立基础、条形基础或桩基承台的梁。

（五）承台梁

承台梁，需承受上面较重的荷载。承台梁是在做桩和承台的时候，在桩口起的地梁，一般比承重梁配比高，结构要求高，它是桩承台的一种，可以看做是线性的承台。它的作用是为了承受上面巨大的荷载，加强基础的整体性，承台梁一般应用于高层建筑的基础结构中。承台板便是在地梁之上的板，和周围的地面一体，上面用素灰抹平。

（六）地框梁

地下框架梁系指设置在基础顶面以上且低于建筑标高正负 0.000 并以框架柱为支座的梁。

（七）条形基础

条形基础是基础长度远远大于宽度的一种基础形式，要求基础的长度最少大于或等于 10 倍基础宽度。按上部结构分为墙下条形基础和柱下条形基础。

条形基础的特点一，布置在一条轴线上且与两条以上轴线相交，有时也和独立基础相连，但截面尺寸与配筋不尽相同。

条形基础的特点二，横向配筋为主要受力钢筋，纵向配筋为次要受力钢筋或者是分布钢筋。主要受力钢筋布置在下面。

（八）筏板基础

筏板基础又叫筏板型基础。是把柱下独立基础或者条形基础全部用联系梁联系起来，下面再整体浇注底板。一般说来地基承载力不均匀或者地基软弱的时候用筏板型基础。而且筏板型基础埋深比较浅，甚至可以做不埋深式基础。

由底板、梁等整体组成。建筑物荷载较大，地基承载力较弱，常采用钢筋混凝土底板，承受建筑物荷载，形成筏基，其整体性好，能很好的抵抗地基不均匀沉降。

（九）筏形基础

当建筑物上部荷载较大而所在地的地基承载能力又比较弱，这时采用简单的条形基础或井格式基础已不能适应地基变形的需要时，常将墙或柱下基础连成一片，使整个建筑物的荷载承受在一块整板上，这种满堂式的板式基础称筏形基础。筏形基础由于其底面积大，故可减小基底压强，同时也可提高地基土的承载力，并能更有效地增强基础的整体性，调整不均匀沉降。筏形基础有平板式和梁板式之分。

平板式筏形基础的底板是一块厚度相等的钢筋混凝土平板。板厚一般在 0.5～2.5m 之间。平板式基础适用于柱荷载不大、柱距较小且等柱距的情况，其特点是施工方便、建造快，但混凝土用量大。底板的厚度可以按升一层加 50mm 初步确定，然后校核板的抗冲切强度。底板厚度不得小于 200mm。通常 5 层以下的民用建筑，板厚不小于 250mm；6 层民用建筑的板厚不小于 300mm。

当柱网间距大时，一般采用梁板式筏形基础。根据肋梁的设置分为单向肋和双向肋两种形式。单向肋梁板式筏形基础是将两根或两根以上的柱下条形基础中间用底板连接成一个整体，以扩大基础的底面积并加强基础的整体刚度。双向肋梁板式筏形基础是在纵、横两个方向上的柱下都布置肋梁，有时也可在柱网之间再布置次肋梁以减少底的厚度。

（十）箱形基础

箱形基础是由钢筋混凝土的底板、顶板和若干纵横墙组成的，形成中空箱体的整体结构，共同来承受上部结构的荷载。箱形基础整体空间刚度大，对抵抗地基的不均匀沉降有利，一般适用于高层建筑或在软弱地基上造的上部荷载较大的建筑物。当基础的中空部分尺寸较大时，可作为地下室使用。

二、基础类型的区分

（一）独立基础与桩基承台的区别

独立基础的下部直接就是地基土层（当然会有混凝土垫层作为独立基础和地基土层的隔离层），但如果独立基础下还有桩这类构件的就不能成为独立基础了，桩承台是在承受上部荷载的同时并将荷载传递给下部构件（比如桩），再由下部构件传递给地基土层的，就是说承台不是直接将荷载传递给地基土层的。

所以，在承受上部荷载的同时并将上部荷载直接传递给地基（土层）的独立基础构件叫做独立基础；而在承受上部荷载的同时并将上部荷载传递给下部构件（如桩），再由下部构件将荷载直接传递给地基（土层）的基础构件则称为承台。

（二）基础梁、基础连梁、承台梁与地框梁的区别

不要把所有埋在地下的梁都叫做“基础梁”。严格地说，基础梁是承受上部荷载的梁。例如：筏形基础的基础梁和条形基础的基础梁。基础连梁是连结独立基础或桩承台的梁。基础连梁与地框梁的区别在于，地框梁的梁底标高是高于基础顶面的，因此，可以这样说，地框梁是连结两个框架柱的，它与一般框架梁的区别是一个在地下、一个在地上；而基础连梁是连结两个独立基础或桩承台的，它的梁底标高是低于基础顶面的。

承台梁其实也是桩承台的一种。可以这样认为，桩承台或者说是独立桩承台是“点”式的，而桩承台梁是“线”式的。

（三）筏板基础与筏形基础的区别

筏板基础是由板式基础与独立基础或条形基础共同组成的基础形式。筏形基础是由独立整板式基础或板式基础与基础梁组成的基础形式。

三、各式基础类构件的制图规则

各类基础构件的制图规制，主要集中依据各种国标图集，以下对其制图规则的讲述会结合目前土木工程的一些实际情况。

(一)独立基础

独立基础传统表示方法中有 2 个组成部分：基础平面与基础详图。

1. 基础平面

在基础平面中表示出墙体或柱的轮廓线、基础轮廓线、基础宽度和基础剖面的位置，标注定位轴线与定位轴线之间的距离。如图 3 - 38 所示。

具体包括以下部分：①图名和比例②纵横向定位轴线及编号、轴线尺寸③基础墙、柱的平面布置，基础底面形状、大小及其轴线的关系④基础的编号、基础断面图的剖切位置及其编号。

2. 基础详图

图中应正确反映剖切位置处基础的类型，构造和钢筋混凝土的配筋情况，所有材料的强度，钢筋的种类、数量和分布情况等。如图 3 - 39 所示。

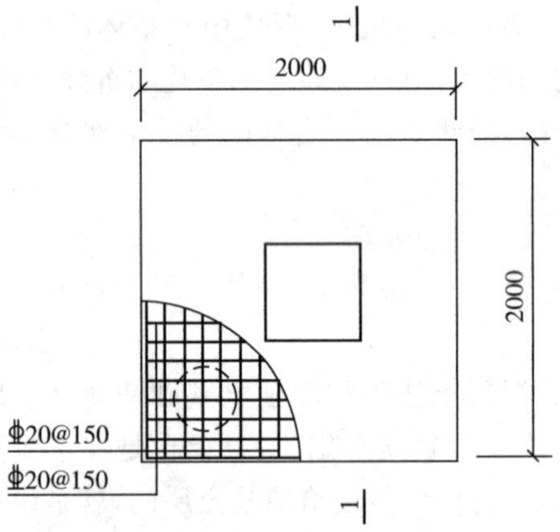

J—1　1 : 50

图 3 - 38　基础平面

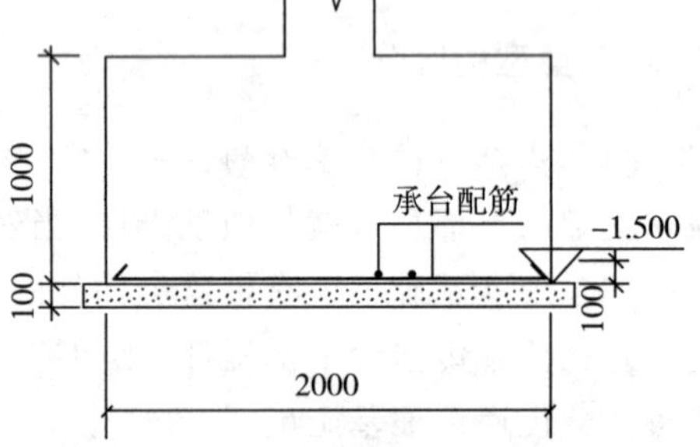

1—1　1 : 50

图 3 - 39　基础详图

(二)桩基承台

桩基承台传统表示方法中有 2 个组成部分：基础平面与基础详图。

1. 基础平面

在基础平面中表示出墙体或柱的轮廓线、基础轮廓线、基础宽度和基础剖面的位置，标注定位轴线与定位轴线之间的距离。如图 3 - 40 所示。

具体包括以下部分：①图名和比例②纵横向定位轴线及编号、轴线尺寸③基础墙、柱的平面布置，基础底面形状、大小及其轴线的关系④桩基承台与桩位的位置关系⑤基础的编号、基础断面图的剖切位置及其编号。

2. 基础详图

图中应正确反映剖切位置处基础的类型，构造和钢筋混凝土的配筋情况，所有材料的强度，钢筋的种类、数量和分布情况等。如图 3 - 41 所示。

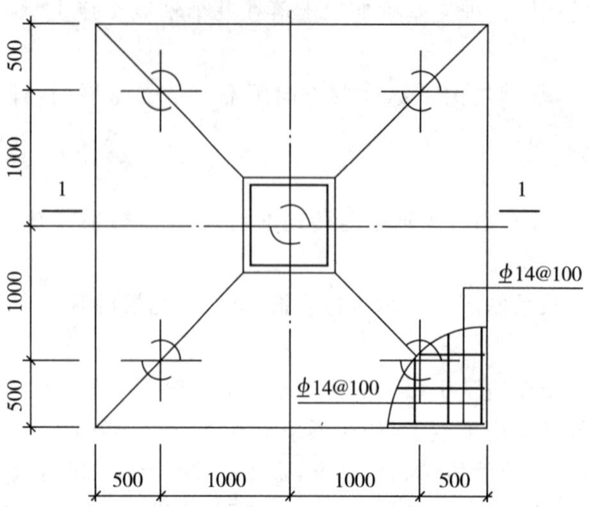

CT—1　1 : 50

图 3 - 40　基础平面

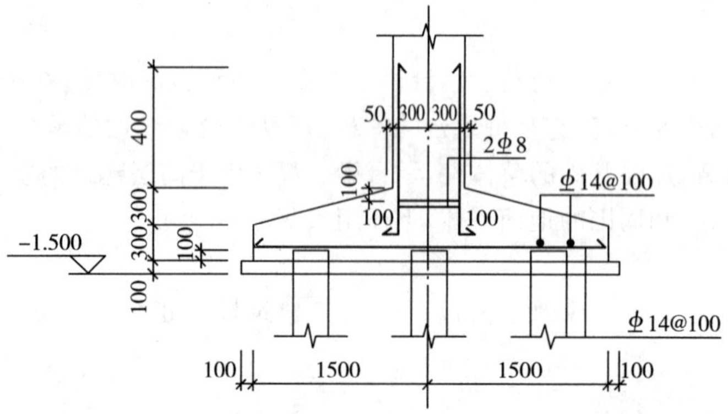

1—1　1 : 50

图 3 - 41　基础详图

(三)条形基础

条形基础传统表示方法中有二个组成部分：基础平面与基础详图。

1. 基础平面

在基础平面中表示出墙体或柱的轮廓线、基础轮廓线、基础宽度和基础剖面的位置，标注定位轴线与定位轴线之间的距离。

具体包括以下部分：①图名和比例②纵横向定位轴线及编号、轴线尺寸③基础墙、柱的平面布置，基础底面形状、大小及其轴线的关系④基础梁的位置及其代号(用于有梁条基)⑤基础的编号、基础断面图的剖切位置及其编号。

2. 基础详图

图中应正确反映剖切位置处基础的类型，构造和钢筋混凝土的配筋情况，所有材料的强度，钢筋的种类、数量和分布情况等。如图 3 - 42 所示。

条形基础剖面简图	B（mm）	h1（mm）	Ag1	Ag2
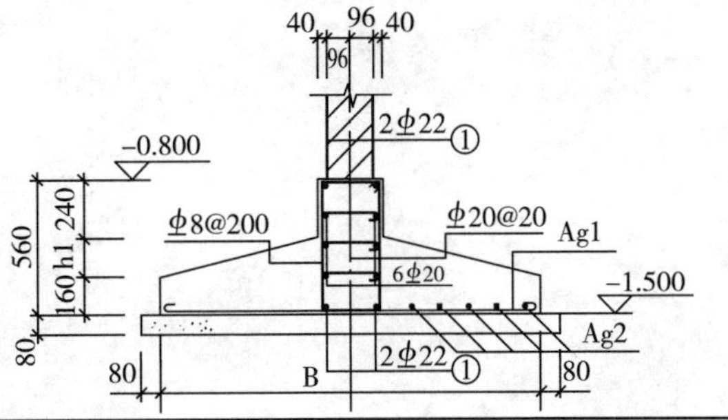	2000	150	ϕ12@150	ϕ10@200
	2800	200	ϕ12@150	ϕ10@200
	3160	200	ϕ14@130	ϕ10@200
	3600	200	ϕ14@110	ϕ10@200
	2400	150	ϕ14@110	ϕ10@200
	1800	150	ϕ12@150	ϕ10@200

图 3-42　条形基础剖面图

（四）基础梁

1. 基础梁的构件编号

在平法施工图中，各类型的梁应按表 3-11 进行编号。同时，梁编号由梁类型代号、序号、跨数及有无外伸代号几项组成。

表 3-11　基础梁编号

构件类型	代号	序号	跨数及有否外伸
基础主梁	JZL	XX	（XX）或（XXA）或（XXB）
基础次梁	JCL	XX	（XX）或（XXA）或（XXB）

注：(XXA)为一端外伸，(XXB)为二端外伸，外伸不计入跨数。例如 JZL5(4A)表示第 5 号基础主梁，4 跨，一端有外伸。

2. 基础主梁 JZL 与基础次梁 JCL 的集中标注应在第一跨（X 向为左端跨，Y 向为下端跨）引出指示线，集中标注的内容共有 6 项，各项含义如图 3-43 所示。

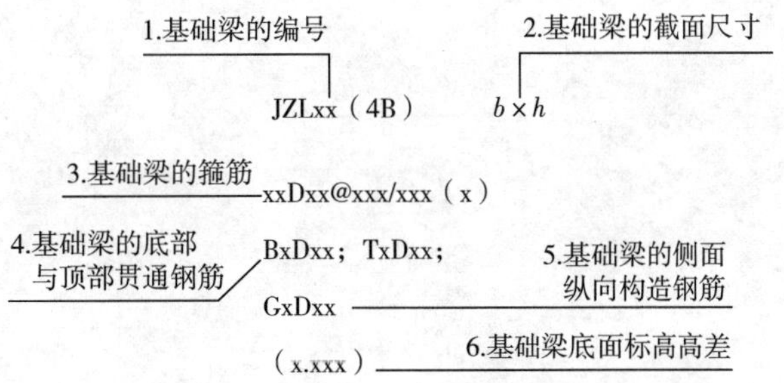

图 3-43　基础梁集中标注的 6 项内容

(1)注写基础梁的编号，见表 3-11。

(2)注写基础梁的截面尺寸。以 $b\times h$ 表示基础梁截面宽度与高度；当为加腋梁时，用 $b\times h$ $Yc1\times c2$ 表示，其中 $c1$ 为腋长，$c2$ 为腋高。

(3)注写基础梁的箍筋。

①当具体设计采用一种箍筋间距时，仅需注写钢筋级别，直径、间距与肢数（写在括号内）即可。

②当具体设计采用两种或三种箍筋间距时，先注写梁两端的第一种或第一、二种箍筋，并在前面加注箍筋道数；再依次注写跨中部的第二种或第三种箍筋（不需加注箍筋道数）；不同箍筋配置用斜线"/"相分隔。

【例】 11Φ14@150/200(6)，表示箍筋为 HRB400 级钢筋，直径为 Φ14，从梁端到跨内，间距 150mm 设置 11 道（即分布范围为 150×10＝1500），其余间距为 250mm，均为六肢箍。

【例】 9Φ16@100/12Φ16@150/Φ160(6)，表示箍筋为 HRB400 级钢筋，直径为 Φ16，从梁端到跨内，间距 100mm 设置 9 道，间距 150mm 设置 12 道，其余间距为 200mm，均为六肢箍。

施工时应注意，两个方向基础主梁相交的柱下区域，应有一向截面较高的基础梁按梁端箍筋全面贯通设置。

(4)注写基础梁的底部与顶部贯通纵筋。具体内容为：

① 先注写梁底部贯通纵筋（B 打头）的规格与根数（不应少于底部受力钢筋总截面面积的 1/3）。当跨中所注根数少于箍筋肢数时，需要在跨中加设架立筋以固定箍筋，注写时，用加号"＋"将贯通纵筋与架立筋相联，架立筋注写在加号后面的括号内。

② 再注写顶部贯通纵筋（T 打头）的配筋值。注写时用分号"；"将底部与顶部纵筋分隔开来，如有个别跨与其不同者，按原位注写的规定处理。

【例】 B4Φ32；T7Φ32 表示梁的底部配置 4Φ32 的贯通纵筋，梁的顶部配置 7Φ32 的贯通纵筋。

③ 当梁底部或顶部贯通纵筋多于一排时，用斜线"/"将各排纵筋自上而下分开。

【例】 梁底部贯通纵筋注写为 B8Φ28 3/5，则表示上一排纵筋为 3Φ28，下一排纵筋为 5Φ28。

(5)注写基础梁的侧面纵向构造钢筋。当梁腹板高度 hw≥450mm 时，根据需要配置纵向构造钢筋。设置在梁两个侧面的总配筋值以大写字母 G 打头注写，且对称配置。

【例】 G8Φ16，表示梁的两个侧面共配置 8Φ16 的纵向构造钢筋，每侧各配置 4Φ16 纵向构造钢筋。

当基础梁一侧有基础板，另一侧无基础板时，梁两侧的纵向构造钢筋以 G 打头分别注写并用"＋"号相连。

【例】 G6Φ16＋4Φ16，表示梁腹板高度 hw 较高侧配置 6Φ16，另一侧配置 4Φ16 纵向构造钢筋。

(6)注写基础梁底面标高高差（系指相对于筏形基础平板底面标高的高差值），该项为选注值。

3. 基础主梁 JZL 与基础次梁的原位标注，规定如下：

(1)注写梁端（支座）区域的底部全部纵筋，系包括已经集中注写过的贯通纵筋在内的所有纵筋：

① 当梁端（支座）区域的底部纵筋对于一排时，用斜线"/"将各排纵筋自上而下分开。

【例】 当梁端（支座）区域的底部纵筋注写为 10Φ25 4/6，表示上一排纵筋为 4Φ25，下一排纵筋为 6Φ25。

② 当同排纵筋有两种直径时，用加号"＋"将两种直径的纵筋相连。

【例】 当梁端（支座）区域的底部纵筋注写为 4Φ28＋2Φ25，表示一排纵筋由两种不同直径钢筋组合。

③ 当梁中间支座两边的底部纵筋配置不同时，须在支座两边分别标注；当梁中间支座两边的底部纵筋相同时，可仅在支座的一边标注配筋值。

(2)注写基础梁的附加箍筋或吊筋(反扣)。

(3)当基础梁外伸部位变截面高度时，在该部原位注写 $b\times h1/h2$，其中 $h1$ 为根部截面高度，$h2$ 为尽端截面高度。

(五)筏板基础

筏板基础钢筋的配置通常还按传统的配置方式。如图 3-44 所示。

1. 板块底筋表示

板块底筋以板筋线图例绘制，绘制范围即为布置区域，绘制方向即为布置方向。

2. 板块负筋表示

板块负筋以板筋线图例绘制，绘制范围即为布置区域，绘制方向即为布置方向。

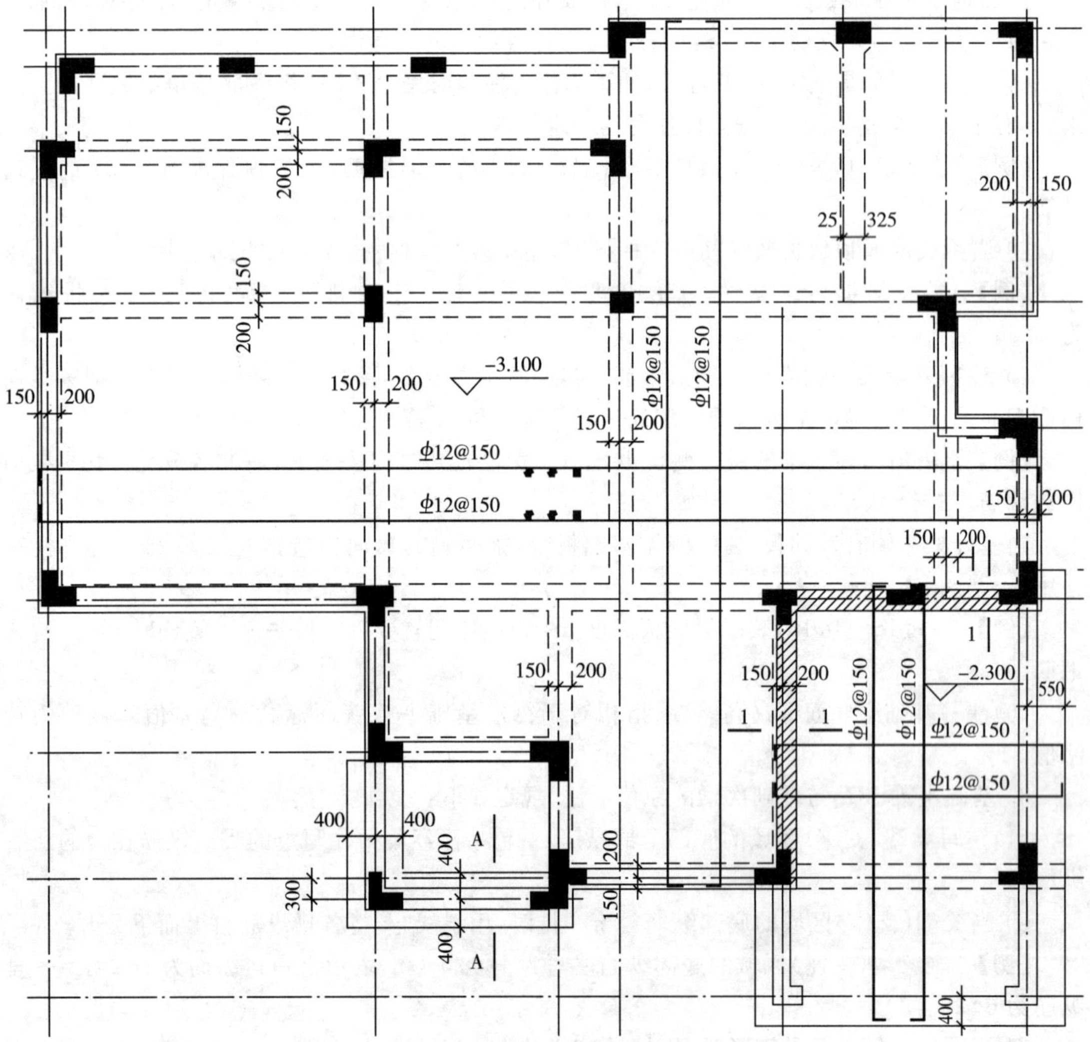

图 3-44　筏板基础钢筋的配置表达

第四章　给排水系统施工图识图

一、建筑设备施工图的内容和特点

建筑设备是房屋的重要组成部分。整套的设备工程一般包括：给排水设备，供暖、通风设备，电气设备，燃气设备等。建筑设备施工图所表达的内容就是这些设备的安装与制作。由于各种建筑设备施工图都有自己的特点，并且与建筑结构有着密切的联系，故作为工程技术人员，只有很好地识读这些图纸，才能确保在施工时按图施工。

建筑设备施工图一般由基本图和详图两部分组成。基本图包括管线（管路）平面图、系统轴测图、原理图和设计说明；详图包括各局部或部分的加工和施工安装的详细尺寸及要求。基本图有室内和室外之分。建筑设备作为房屋的重要组成部分，其施工图主要有以下特点：

1. 各设备系统一般采用统一的图例符号表示，这些图例符号一般并不完全反映实物的原形。因此，要了解这类图纸，首先应了解与图纸有关的各种图例符号及其所代表的内容。

2. 各设备系统都有自己的走向，在识图时，应按一定顺序去读，使设备系统一目了然，更加易于掌握，并能尽快了解全局。例如在识读电气系统和给水系统时，一般应按下面的顺序进行：

（1）电气系统：进户线→配电箱→干线→分配电箱→支线→用电设备。

（2）给水系统：引入管→水表井→干管→立管→支管→用水设备。

3. 各设备系统常常是纵横交错敷设的，在平面图上难以看懂，一般需配备辅助图形——轴测投影图来表达各系统的空间关系。这样，两种图形对照阅读，就可以把各系统的空间位置完整地体现出来，更加有利于对各施工图的识读。

4. 各设备系统的施工安装、管线敷设需要与土建施工相互配合，在看图时，应注意不同设备系统的特点及其对土建施工的不同要求（如管沟、留洞、埋件等），注意查阅相关的土建图样，掌握各工种图样间的相互关系。

室内给排水系统施工图包括设备系统平面图、轴测图、详图和施工说明。平面图用于表明给排水系统的平面布置；轴测图表明给排水系统的空间布置情况，识读给水轴测时应按照树状由干到枝的顺序，识读排水轴测图则按照由枝到干的顺序；识读详图时应着重掌握详图上的各种尺寸及其要求。

供暖系统施工图室内部分包括供暖系统平面图、轴测图、详图和施工说明。平面图主要体现供暖系统的平面布置；轴测图用正面斜轴投影绘制，识读时与平面图对照即可看出供暖系统的空间相互关系；详图体现各供暖部件的尺寸、构造及安装要求，主要方便施工安装时使用。

通风施工图包括平面图、剖面图、轴测图和详图。平面图表明通风管道、设备的平面布置，轴测图表明各管道的空间变化情况，详图主要体现零部件的加工、安装要求及尺寸等。

电气系统施工图的识读顺序一般按照电流的走向进行；燃气系统施工图的识读顺序按照燃气的走向进行，以使系统一目了然，提高识图速度，便于掌握。

二、给排水系统施工图的识读

给排水系统是为了系统地供给生活、生产、消防用水以及排除生活或生产废水而建设的一整套工程设施的总称。给排水系统施工图则是表示该系统施工的图样，一般将其分为室内给排水系统和室外给排水系统两部分。室内给排水系统施工图包括：设备系统平面图、轴测图、详图和施工说明；室外给排水系统施工图包括：设备系统平面图、纵断面图、详图以及施工说明。

在给排水系统的施工图中，一般都采用规定的图形符号来表示，表 4－1 列出了一些常用的图例符号。

表 4－1　给排水施工图常用图例

序号	名称	图例	序号	名称	图例
1	生活给水管	—— J ——	11	污水池	
2	废水管	—— F ——	12	污水池	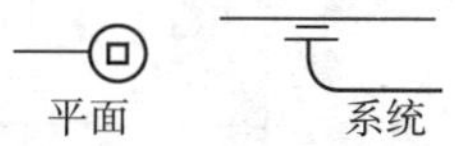
3	污水管	—— W ——	13	清扫口	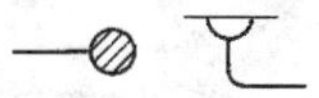
4	立式洗脸盆		14	圆形地漏	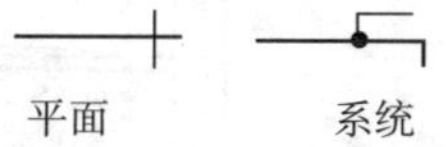
5	浴盆	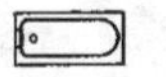	15	放水龙头	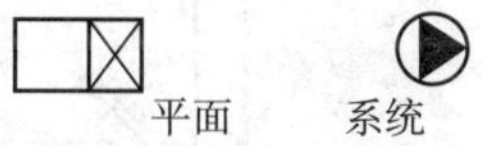
6	盥洗槽	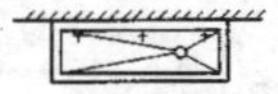	16	水泵	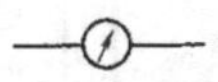
7	壁挂式小便器		17	水表井	
8	蹲式大便器	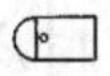	18	阀门井 检查井	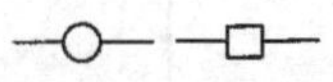
9	坐式大便器	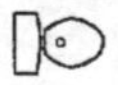	19	浮球阀	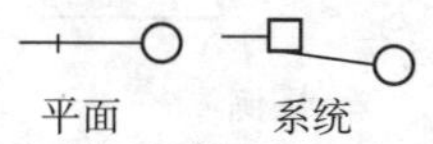
10	小便槽	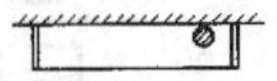	20	立管检查口	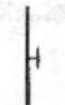

（一）给排水系统的平面图

给排水系统的平面图表明了该系统的平面布置情况。室内给排水系统平面图包括：用水设备的类型、位置及安装方式与尺寸；各管线的平面位置、管线尺寸及编号；各零部件的平面位置及数量；进出管与室外水管网间的关系等。室外给排水系统平面图包括：取水工程、净水工程、输配水工程、泵站、给排水网、污水处理的平面位置及相互关系等。这里重点介绍室内给排水系统。

1. 给水平面图

在房屋内部，凡需要用水的房间，均需要配以卫生设备和给水用具。图 4－1 所示为某学生宿舍的室内给水管网平面布置图，其主要表示供水管线的平面走向以及各用水房间所配备的卫生设备和给水用具。

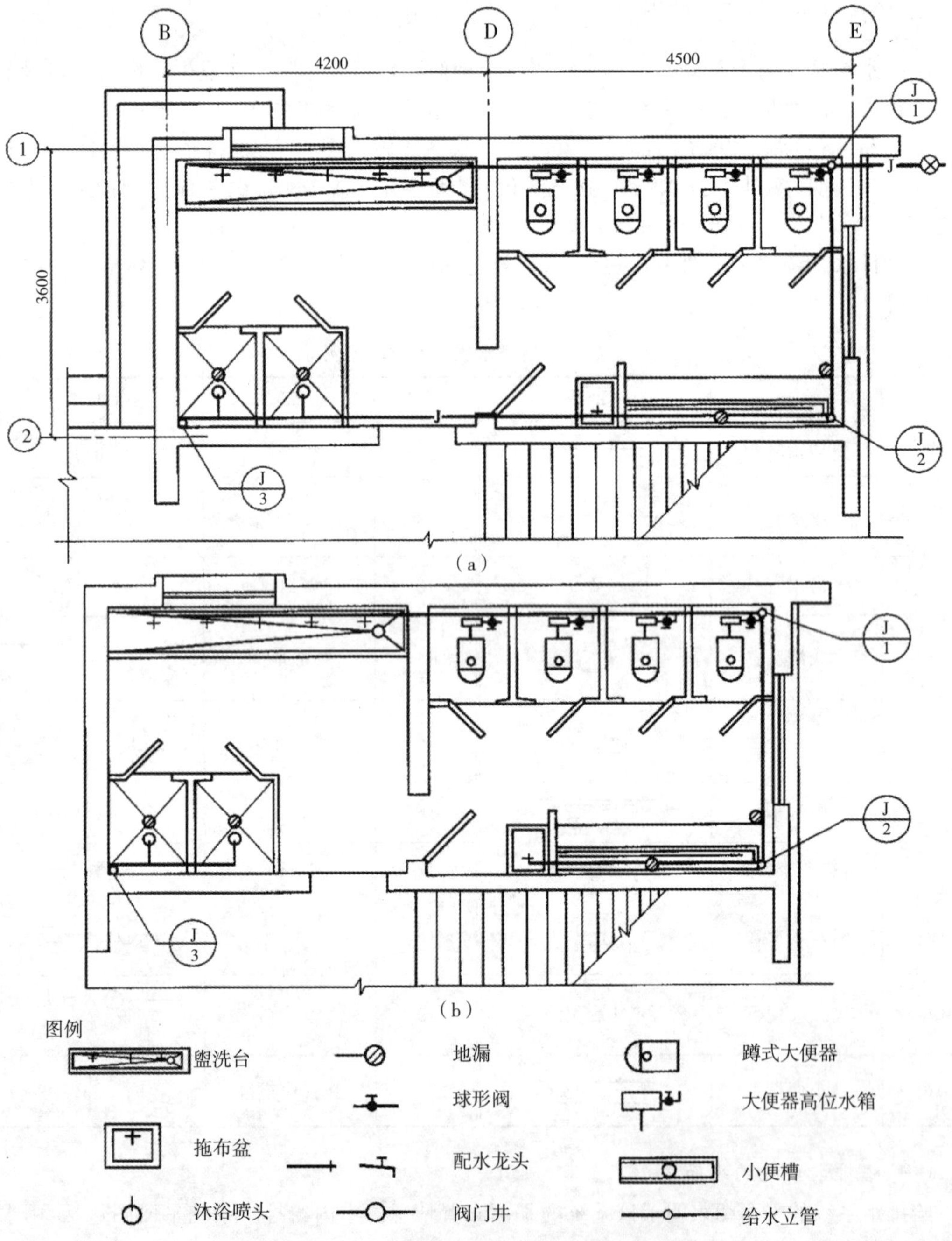

图 4-1　某宿舍楼室内给水管网平面图

(a)底层给水管网平面布置图；(b)二、三层给水管网平面布置图

从图 4-1(a)中可以看出，给水引入管通过室外阀门井后引入楼内，形成地下水平干管，再由墙角处三根立管上来，由水平支管沿两侧墙面纵向延伸，分别经过四个蹲式大便器和盥洗槽；另一侧水平支管分别经过一个小便槽和拖布盆以及两个淋浴间，然后由立管处再向上层各屋供水。地漏的位置和各给水用具均已在图中标出，故按照给水管的平面顺序较容易看懂该图。请读者试着识读图 4-1(b)。

2. 排水平面图

排水平面图主要表示排水管网的平面走向以及污水排出的装置。仍以该学生宿舍为例给出如图 4-2 所示的排水平面图。为了靠近室外排水管道，将排水管布置在西北角，与给水引入管成 90°，并将粪便排出管与淋浴、盥洗排出管分开，把后者的排出管布置在房屋的前墙面(南面)，直接排到室外排水管道。图中还给出了污水排出装置、拖布池、大便器、小便槽、盥洗池、淋浴间和地漏。

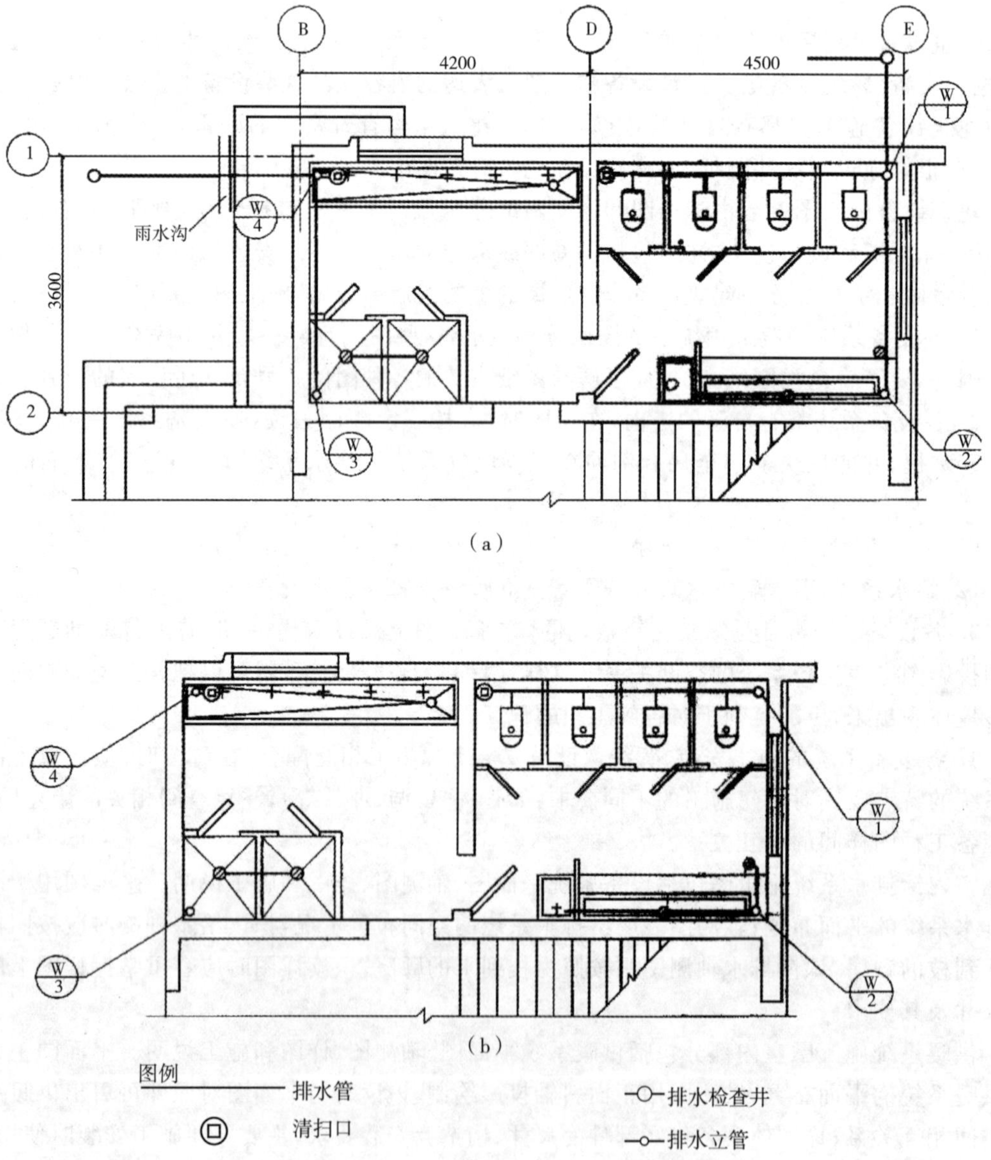

图 4-2　某宿舍楼室内排水管网平面布置图

(a)底层排水管网平面布置图；(b)二、三层排水管网平面布置图

（二）给排水系统的轴测图

给排水系统的平面图由于管道交错、读图时较难，而轴测图能够清楚、直观地表示出给排水管的空间布置情况，立体感强，易于识别。在轴测图中能够清晰地标注出管道的空间走向、尺寸和位置，以及用水设备及其型号、位置。识读轴测图时，给水系统按照树状由干到枝的顺序，排水系统按照由枝到干的顺序逐层分析，也就是按照水流方向读图，再与平面图紧密结合，就可以清楚地了解到各层的给排水情况。如图 4－3 所示的室内给水系统轴测图，从引入管开始读图，各管的尺寸和用水设备的位置一目了然。如引入管标高－1.000m，第一根立管直径为 50mm，水平干管的标高－0.300m，最上层高位水箱的标高为 8.800m 等。

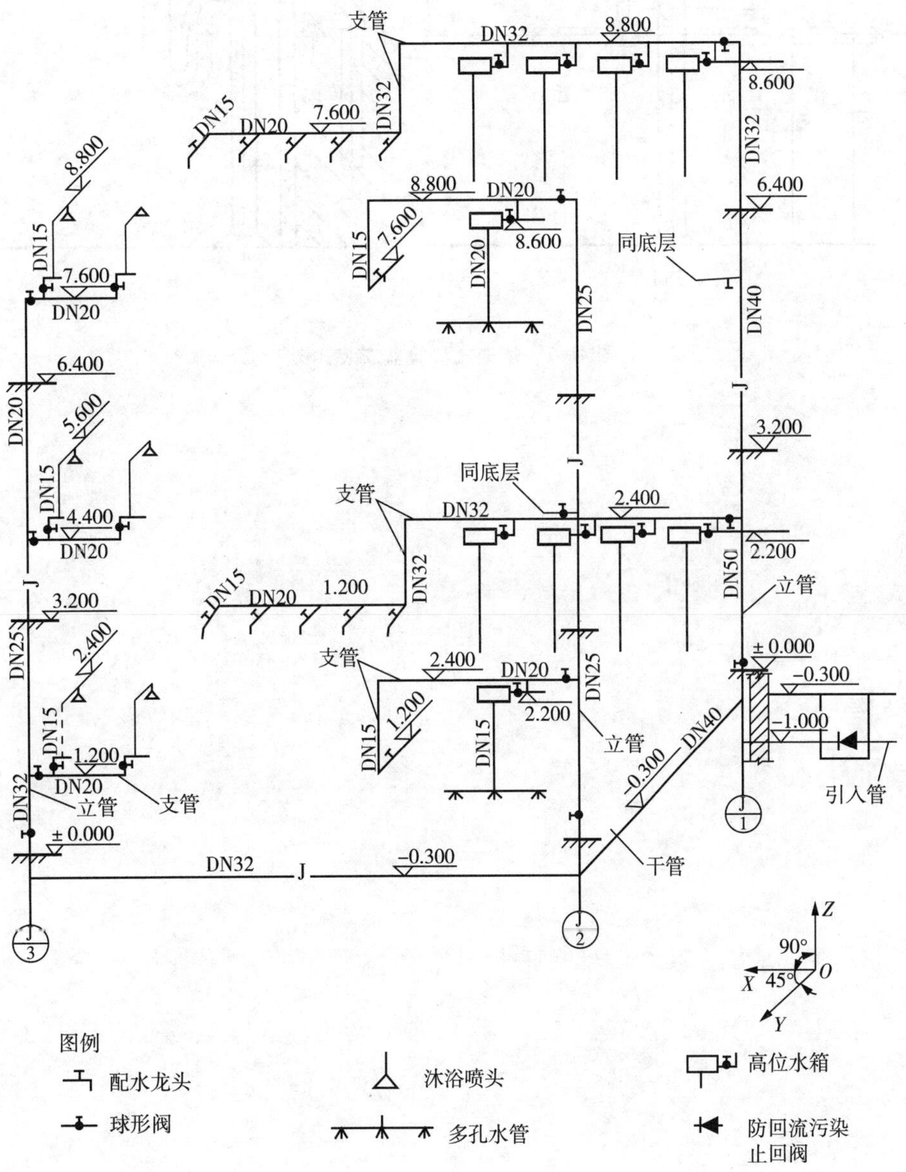

图 4－3　室内给水管网轴测图

在同一幢房屋中，排水管的轴向选择与给水管的轴测图一致。由于粪便污水与盥洗、淋浴污水分两路排出室外，故其轴测图是分别绘制的。图 4－4(a)是盥洗台、淋浴间污水管网轴测图；图 4－4(b)是大便器、地漏、小便槽排水管网轴测图，读者可自行识读。

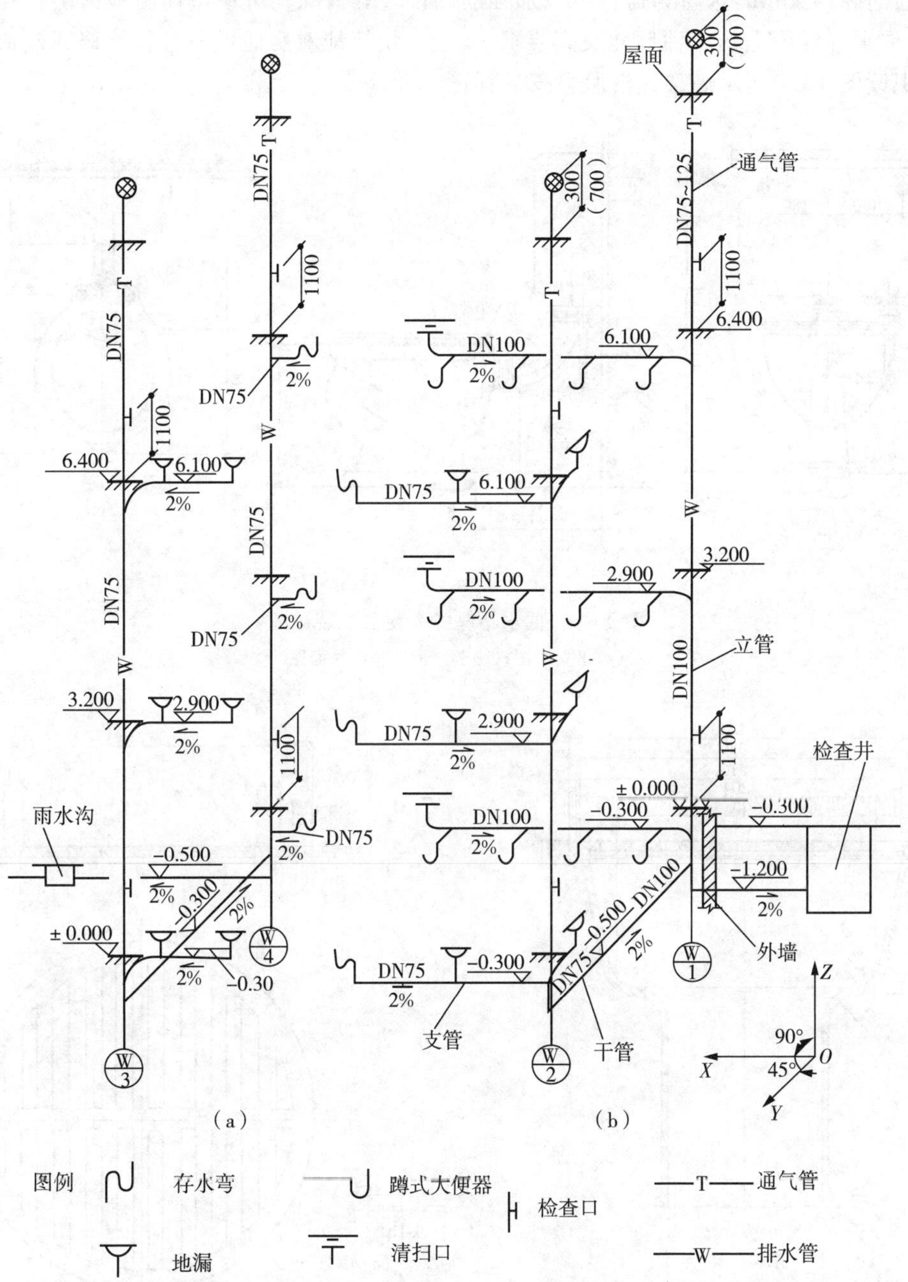

图 4－4　室内排水管网轴测图

(a)盥洗台、淋浴间污水管网；(b)大便器、地漏、小便槽排水管网

（三）给排水系统的详图

给排水系统的详图用于表示某些设备、构配件或管道上节点的详细构造与安装尺寸。如

图 4-5 所示座式大便器的安装详图，表明了安装尺寸的要求，如水箱高度为 910mm，坐便器与地面的高度为 350mm，水平进水支管高度为 250mm 等；又如图 4-6 所示圆形铸铁地漏详图，表明了该地漏的加工尺寸以及制作要求，如外圆尺寸 $D=232$mm，上盖厚度为 8mm，上盖与壳体的间隙为 2mm，选材为铸铁以及加强筋的设置等情况均可在该详图中读出。在识读详图时，着重掌握详图上的各种尺寸及其要求，就能够快捷地对房屋设备进行维修或改造。请读者自行识读图 4-7 所示墙架式洗脸盆安装详图。

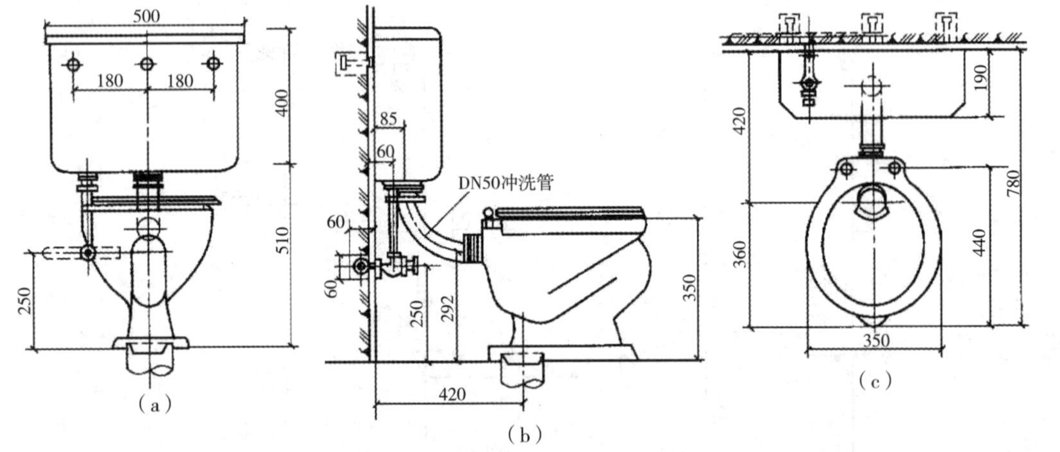

图 4-5　低水箱座式大便器安装详图

(a)正立面图；(b)侧立面图；(c)平面图

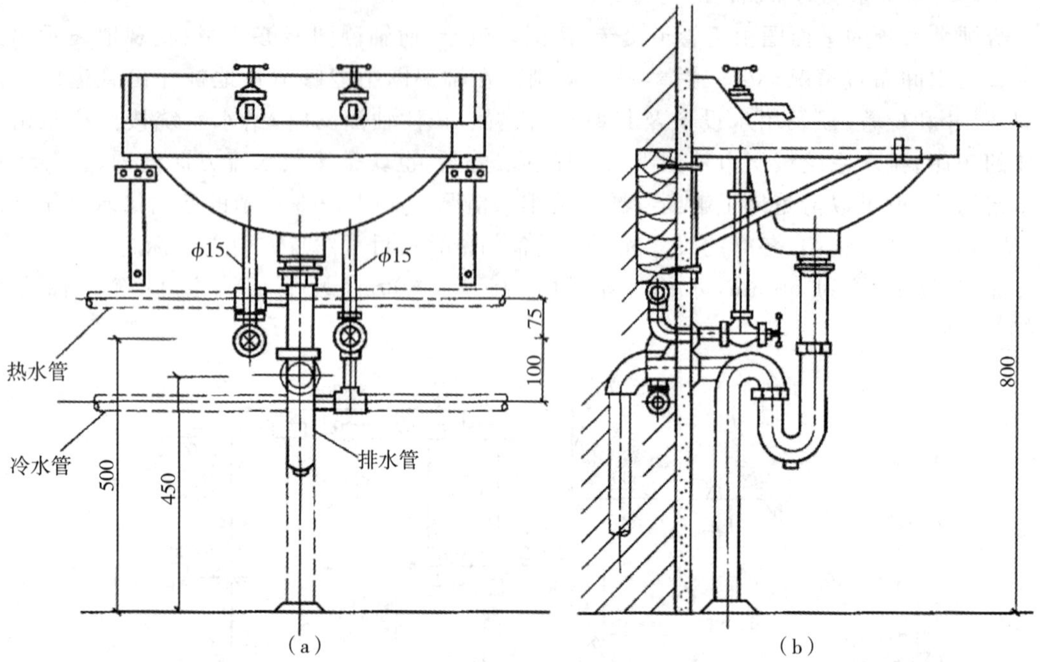

图 4-7　墙架式洗脸盆安装详图

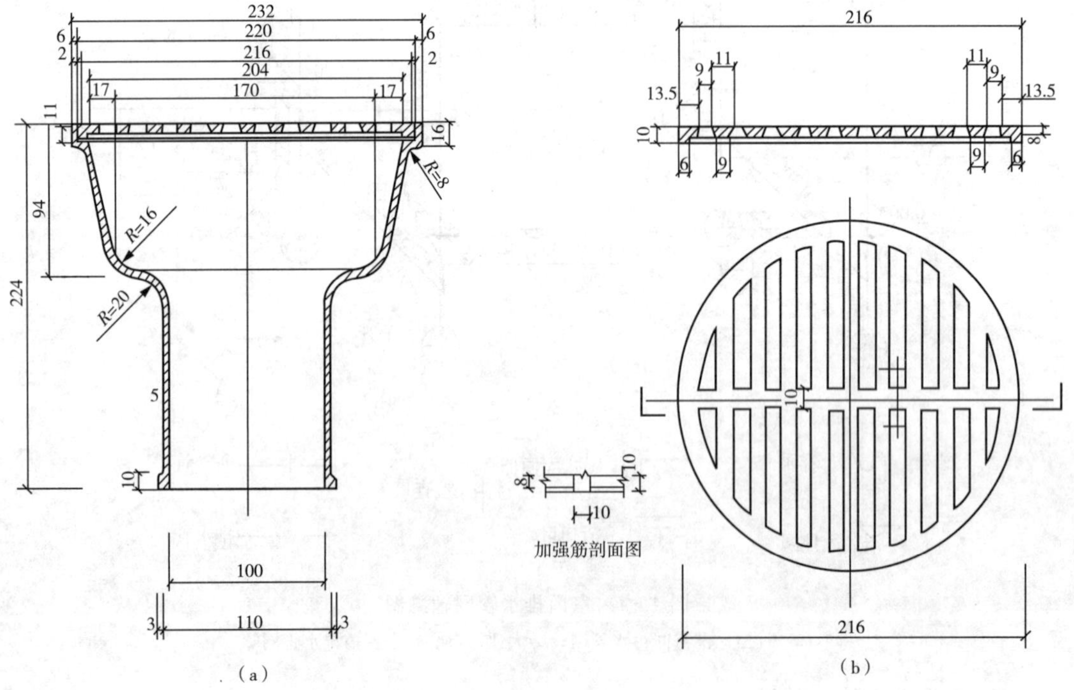

图 4-6　普通圆形铸铁地漏详图

第五章　供暖、通风系统施工图识图

一、供暖系统施工图

供暖系统主要由三大部分组成：热源、输热管道、散热设备。根据供暖面积的大小可分为局部供暖和集中供暖。而集中供暖系统按所用热媒的不同，又可分为三类：热水供暖系统、蒸气供暖系统以及热风供暖系统。此外，供暖管网一般具有四种布置形式：上行式、下行式、单立式和双立式。

供暖系统施工图分为室内和室外两部分。室内部分主要包括：供暖系统平面图、轴测图、详图以及施工说明。室外部分主要包括：总平面图、管道横剖面图、管道纵剖面图、详图以及施工说明。在供暖系统施工图中，各零部件均采用图例符号表示。表 5－1 列出了一些常用的图例符号。

表 5－1　供暖常用图例

序号	名称	图例	序号	名称	图例
1	热水给水管	— RJ — 或 ———	15	集气罐	
2	热水回水管	— RH — 或 ------	16	柱式散热器	
3	蒸汽管	— Z —	17	活接头	
4	凝结水管	— N —	18	法兰	
5	管道固定支架		19	法兰盖	
6	补偿器		20	丝堵	或
7	套管伸缩器		21	水泵	
8	方形伸缩器		22	散热器跑风门	
9	闸阀		23	泄水阀	
10	球阀		24	自动排气阀	
11	止回阀		25	除污器（过滤器）	立式　卧式
12	截止阀、阀门(通用)		26	疏水阀	

（续表）

序号	名称	图例	序号	名称	图例
13	膨胀管	— PZ —	27	温度计	或
14	绝热管		28	压力表	

1. 供暖平面图

供暖平面图主要表示供暖系统的平面布置，其内容包括管线（热水给水管、热水回水管）的走向、尺寸，各零部件的型号和位置等。在识图时，若按照热水给水管的走向顺序读图，则较容易看懂。如图 5－1 所示为一办公楼底层供暖平面图。由图可知：热水给水管和热水回水管由左侧进入地沟，行至轴线⑥处再由立管升至顶层。图中还标注出了散热器的位置、数量以及管线的直径等。

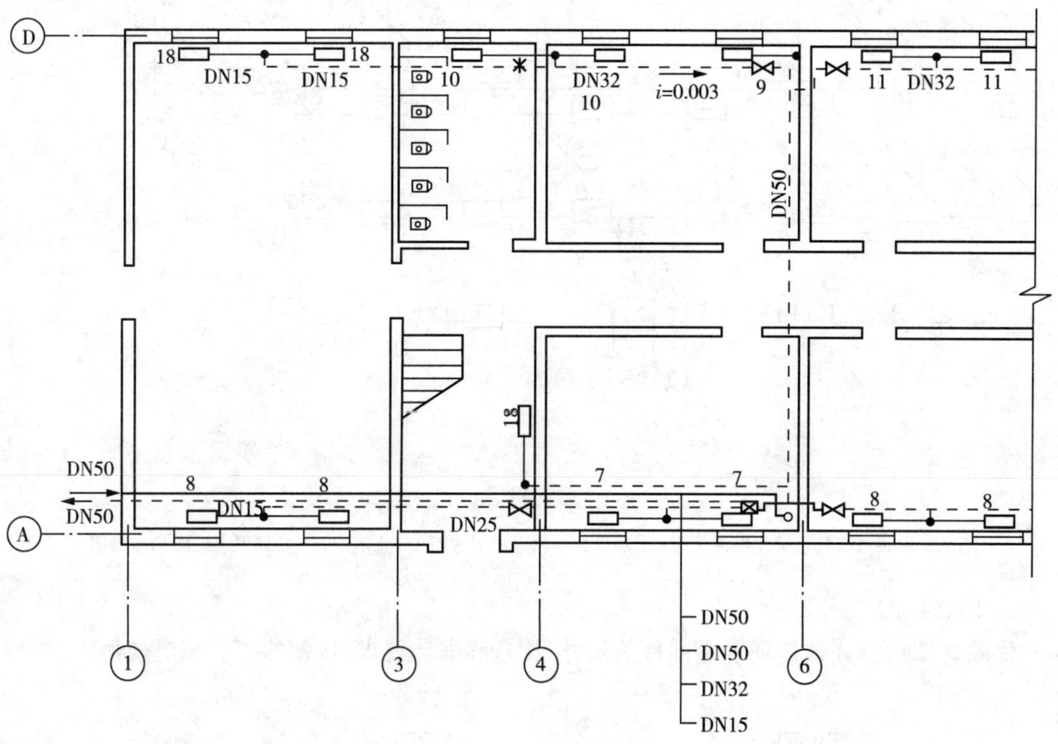

图 5－1　底层供暖平面图

2. 供暖轴测图

供暖轴测图是用正面斜轴测投影绘制的供暖系统立体图，图中也标明散热器的位置、数量以及各管线的位置、尺寸、编号等。与平面图对照，沿热水给水管走向顺序读图，可以看出供暖系统的空间相互关系。如图 5－2 所示为一下行上给式供暖系统轴测图。由图可知：从直径为 50mm 的热水给水管开始，把热能沿管线输送到各散热器，然后再沿各热水回水支管回到热水回水管。图中标明了入室热水给水管的高度为－1.400m，各散热器的高度和每组的片数均已标出，而且还标明了阀门的位置等一些重要的尺寸和数据，从而将整个供暖系统展现在读者面前。

综上所述，在识读供暖施工图时，首先应分清热水给水管和热水回水管，并判断出管线的排布方法是上行式、下行式、单立式、双立式中的哪种形式；然后查清各散热器的位置、数量以及其他元件（如阀门等）的位置、型号；最后再按供热管网的走向顺次读图。

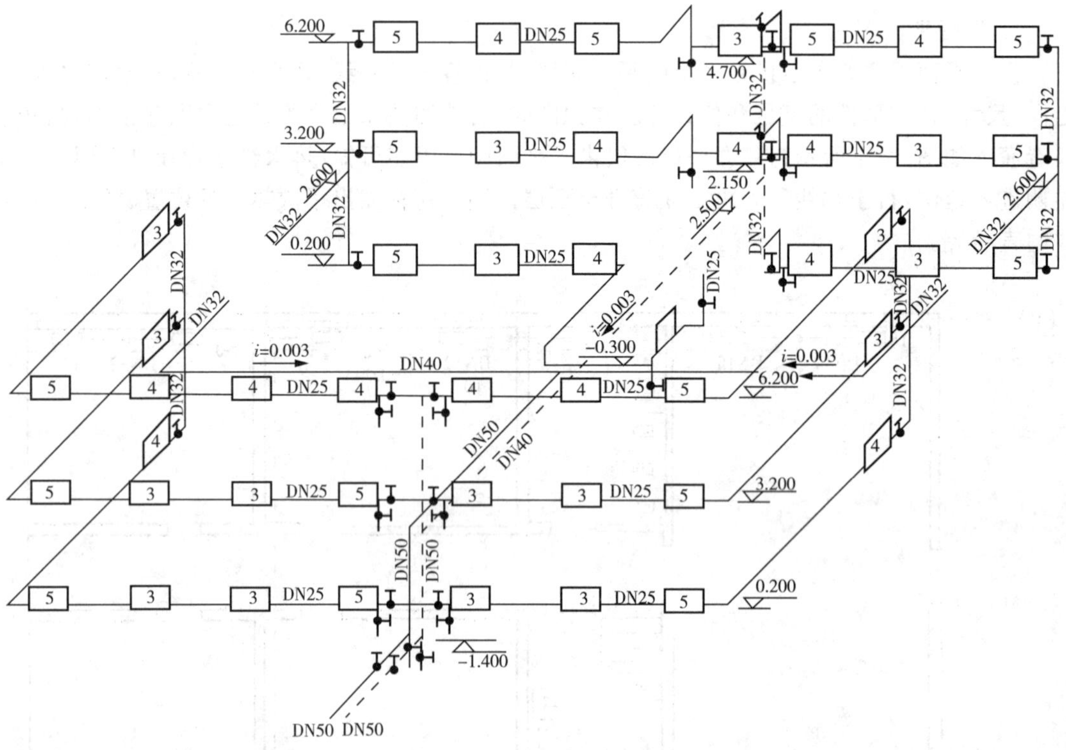

图 5－2　供暖轴测图

注：1. 走廊内采暖干管作保温处理；2. 环段放水阀采用 d=15mm 止水门；3. 其他规定说明见标准图

3. 供暖详图

供暖详图用以详细体现各零部件的尺寸、构造和安装要求，以便施工安装时使用。

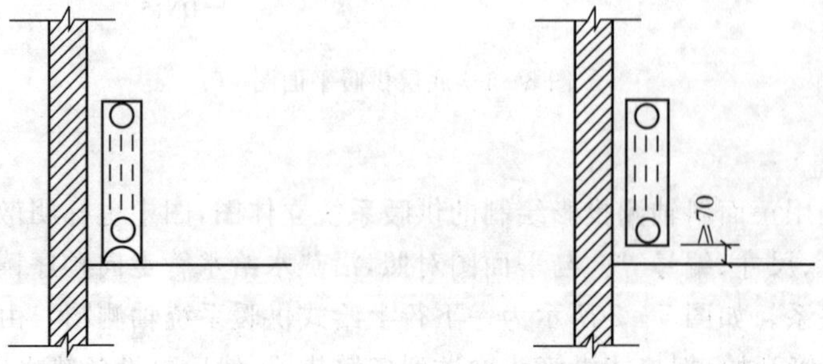

（a）　（b）

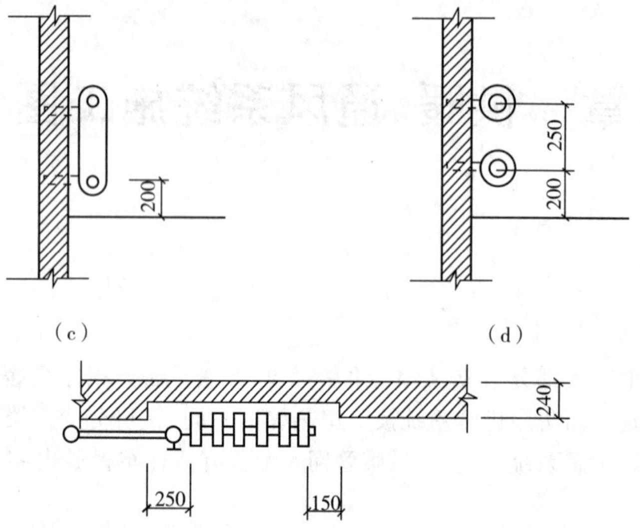

（c）　（d）　（e）

图 5－3　散热器安装详图

（a）四柱有足；（b）四挂悬挂；（c）大 60 悬挂；（d）圆翼型；（e）散热器安装在墙龛内

如图 5－3 所示为几种不同散热器的安装详图。当采用悬挂式安装时，铁钩要在砌墙时埋入，待墙面处理完毕后再进行安装，同时要保证安装尺寸。

二、通风系统施工图

所谓通风，就是把室内被污染的空气直接或经净化后排到室外，把新鲜空气补充进来，从而保持室内空气环境符合卫生标准和满足生产工艺的需要。按通风系统的作用范围不同，通风可以分为局部通风和全面通风两种方式；按照通风系统的工作动力不同又可以分为自然通风和机械通风两种，如图 5－4 所示。通风系统施工图包括平面图、剖面图、轴测图和详图。在通风系统施工图中一般也都采用一些图例符号来表示，表 5－2 列出了通风系统施工图常用的图例符号。

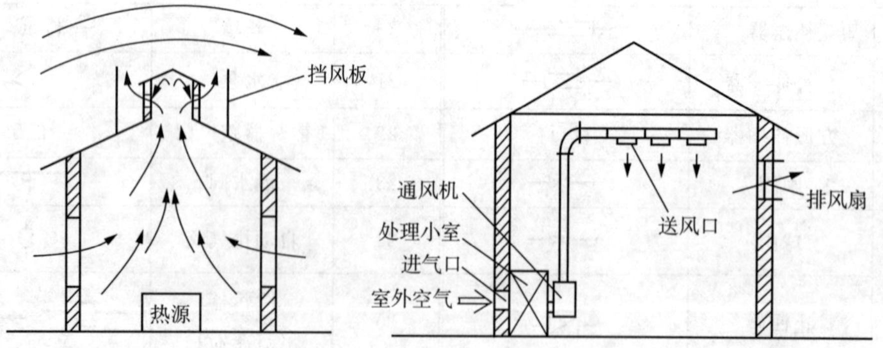

（a）　（b）

图 5－4　通风型式

（a）自然通风；（b）机械通风

表 5-2　通风施工图常用图例

序号	名称	图例	序号	名称	图例
1	风口(通用)	或	8	插板阀	
2	百叶窗		9	蝶阀	
3	轴流风机	或	10	对开多叶调节阀	手动　电动
4	高心风机		11	风管止回阀	
5	空气加热、冷却器	单加热　单冷却　双功能换热	12	软接头	
6	加湿器		13	窗式空调器	
7	挡水板		14	分体空调器	

1. 通风平面图

通风平面图主要表明通风管道、通风设备的平面布置情况，一般包括以下内容：风道、风口、调节阀等设备的位置；风道、设备等与墙面的距离以及各部分尺寸，进出风口的空气流动方向，风机、电动机的型号等。通风平面图如图 5-5 所示。其中剖面图表示风管、设备等在垂直方向的布置情况和标高。由图 5-5(b)中 I—I 剖面图可以看出风管的高度尺寸是变化的：送风管的上表面水平，下表面倾斜；回风管的下表面水平，上表面倾斜，这种布置与其送排风量的大小有关。

2. 通风轴测图及详图

通风轴测图可以清楚地表达出管道的空间曲折变化情况，立体感强，如图 5-6 所示。由图很容易看出管道的空间走向以及通风系统的空间布置情况。

通风详图主要用于表达各零部件的尺寸及其加工、安装的要求等。如图 5-7 所示为风管接头的详图，请读者试读。

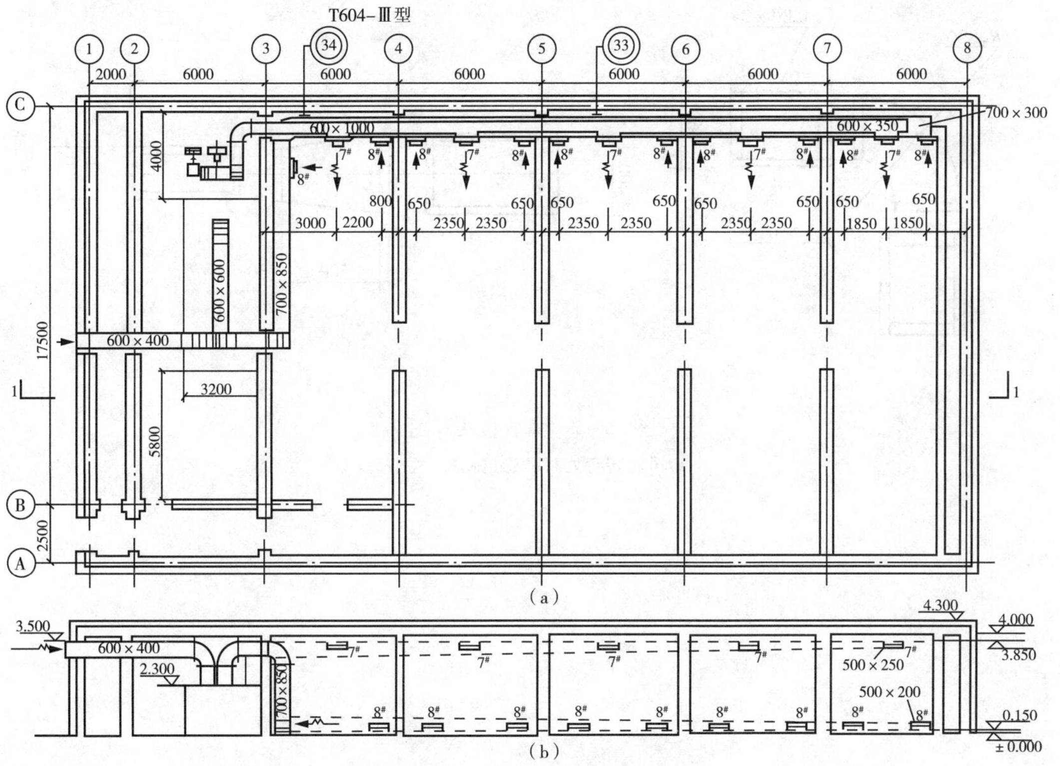

图 5-5　通风系统平面图、剖面图

(a)平面图；(b)I—I 剖面图

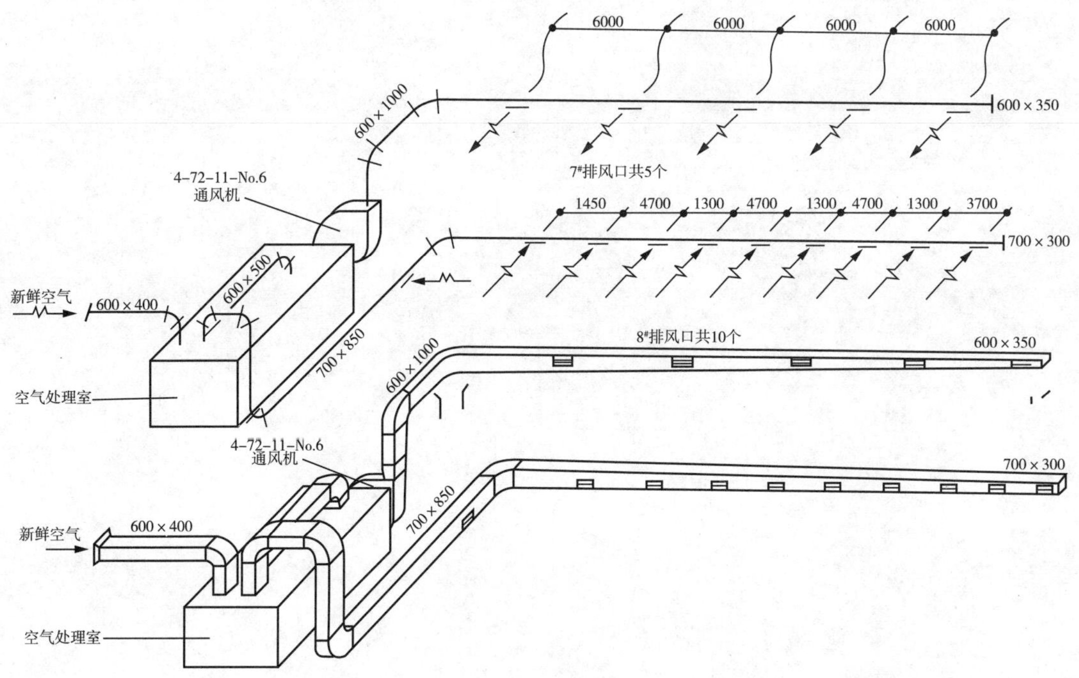

图 5-6　通风系统轴测图

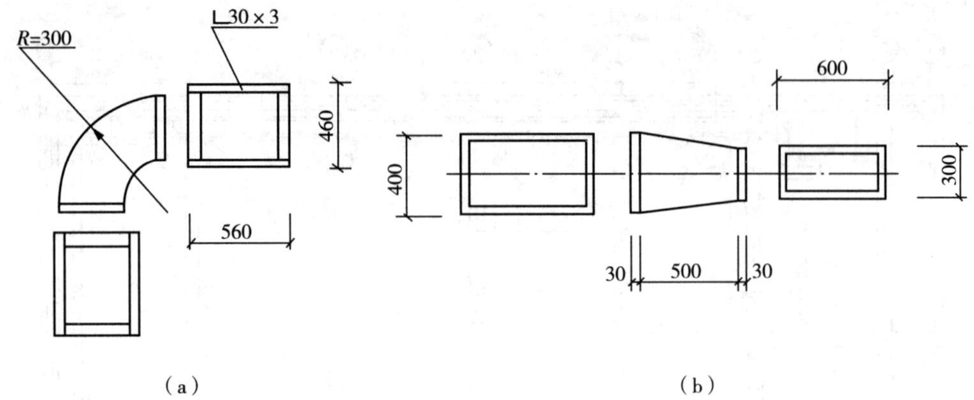

图5-7 风管接头详图
(a)风管转弯处；(b)管道接头(大小头)

第六章　电气系统施工图识图

电在人们的生产、生活中起着极其重要的作用。在工程建设中，电气设备及其安装是必不可少的。电气设备一般可分为：照明设备，如白炽灯等；电热设备，如电烤箱等；动力设备，如电动机等；弱电设备，如电话等；防雷设备，如避雷针等。本章主要对照明设备的电气施工图作一介绍，其他几种请读者自行了解。电气系统在房屋内部的顺序一般为：进户线—配电箱—干线—分配电箱—支线—电气设备。

一、图例和符号简介

电气系统施工图中的各电气元件和电气线路一般都采用图例来表示。表 6－1 列出了常用电气元件的图例，表 6－2 列出了常用电气线路图例。

表 6－1　常用电气元件图例

序号	名称	图例	序号	名称	图例
1	电动机	M	16	白炽灯	P
2	变压器		17	防水灯	
3	变电所		18	壁灯	
4	移动变电所		19	球形灯	
5	杆上变电站		20	安全灯	
6	配电箱		21	墙壁灯	
7	电表	kWh	22	吸顶灯	
8	交流电焊机		23	日光灯	
9	直流电焊机		24	吊扇	
10	分线盒		25	排气风扇	
11	按钮		26	单相插座：(a)明装；(b)保护式；(c)暗装	(a)　(b)　(c)

（续表）

序号	名称	图例	序号	名称	图例
12	熔断器		27	单相插座带接地插孔：(a)一般；(b)封闭；(c)暗装	(a)　(b)　(c)
13	自动空气断路器		28	三相插座带接地插孔：(a)一般；(b)封闭；(c)暗装	(a)(b)(c)
14	跌开式熔断器		29	开关：(a)明装；(b)暗装；(c)封闭	(a)(b)(c)
15	刀开关		30	拉线开关：(a)一般；(b)防水	(a)　(b)

表 6－2　常用电气线路图例

序号	名称	图例	序号	名称	图例
1	线路一般符号		11	避雷线	
2	电杆架空线路		12	接地	
3	移动式电缆		13	一根导线	
4	接地接零线路		14	两根导线	
5	导线相交连接		15	三根导线	
6	导线相交不连接		16	四根导线	
7	导线引上和引下		17	n 根导线	n
8	导线由上引来或由下引来		18	电杆 a 编号 b 杆型 c 杆高	ab/c
9	导线引上并引下		19	带照明的电杆：A 相序，d 容量	ab/c Ad
10	电源引入		20	带拉线的电杆	

除图例以外，电气系统中还采用许多符号来简化说明，使人看到这些符号就能知道其含义。表 6－3 列出了一些常用的电气文字符号。

表 6－3　电气文字符号表

名称	符号	说　明
电源	m～fu	交流电，m 为相数，f 为频率，u 为电压
相序	A B C N	第一相，涂黄色 第二相，涂绿色 第三相，涂红色 中性线，涂白色或黑色
用电设备	$\frac{a}{b}$ 或 $\frac{a\|c}{b\|d}$	a——设计编号；b——容量；c——电量，A；d——标高，m
电力或照明配电设备	$a\frac{b}{c}$	a——编号；b——型号；c——容量，kW
开关及熔断器	$a\frac{b}{c/d}$ 或 a－b－c/I	a——编号；b——型号；c——电流；d——线规格；I——熔断电流
变压器	a/b－c	a——一次电压；b——二次电压；c——额定电压
配电线路	a(b×c)d－e	a——导线型号；b——根数；c——线截面；d——敷设方式和穿管直径；e——敷设部位
灯具	$a-b\frac{c\times d}{e}f$	a——灯具数；b——型号；c——每盏灯泡数；d——灯泡容量，W；e——安装高度；f——安装方式
引入线	$a\frac{b-c}{d(e\times f)-g}$	a——设备编号；b——型号；c——容量；d——导线牌号；e——根数；f——导线截面；g——敷设方式
线路敷设	M，A	明敷设，暗敷设
明敷设	CP CJ CB	瓷或瓷柱敷设 瓷夹板或瓷卡敷设 木槽板敷设
暗敷设	G DG VG	穿焊接管 穿电线管 穿硬塑料管
线路敷设部位	L Z Q P D	沿梁下、屋架下敷设 沿柱敷设 沿墙面敷设 沿顶棚面敷设 沿地板敷设
常用照明灯具	T W P S	圆筒形罩灯 碗罩灯 玻璃平盘罩灯 搪瓷伞罩灯

（续表）

名称	符号	说　明
灯具安装方式	G L X B D	吊杆灯 链吊灯 自在器吊线灯 壁灯 吸顶灯
导线型号	BV BVR BX BXR BXH BXG BLV BLX BLXG BXS	铜芯塑料线 铜芯塑料软线 铜芯橡皮线 铜芯橡皮软线 铜芯橡皮花线 铜芯穿管橡皮线 铝芯塑料线 铝芯橡皮线 穿管橡皮线 铝芯穿管橡皮线 双芯橡皮线

二、电气系统施工图的组成

电气系统施工图主要包括以下内容：

1. 设计说明

主要包括电源、内外线、强弱电以及负荷等级，导线材料和敷设方式，接地方式和接地电阻，避雷要求，需检验的隐蔽工程，施工注意事项，电气设备的规格、安装方法。

2. 外线总平面图

主要用于表明线路走向、电杆位置、路灯设置以及线路怎样入户。

3. 平面图

主要用来表明电源引入线的位置、安装高度、电源方向，其他电气元件的位置、规格、安装方式，线路敷设方式、根数等。

4. 系统图

电气系统图不是立体图形，它主要是采用各种图例、符号以及线路组成的一种表格式的图形。

5. 详图

详图主要用于表示某一局部的布置或安装的要求。

三、电气系统施工图的组成

电气系统施工图应按以下步骤进行：

1. 熟悉各种电气工程图例与符号。

2. 了解建筑物的土建概况，结合土建施工图识读电气系统施工图。

3. 按照设计说明→电气外线总平面图→配电系统图→各层电气平面图→施工详图的顺序,先对工程有一个总体概念,再对照着系统图,对每个部分、每个局部进行细致的理解,深刻地领会设计意图和安装要求。

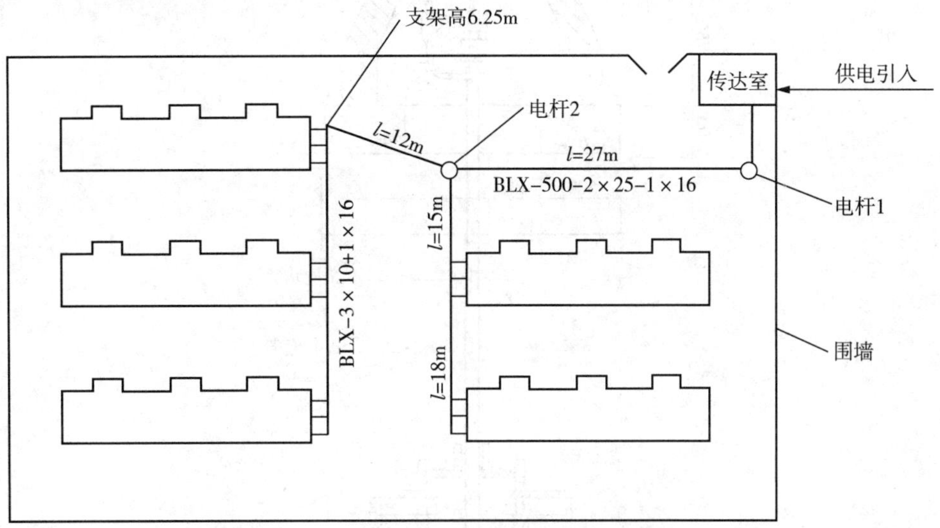

图 6-1　电气系统外线总平面图

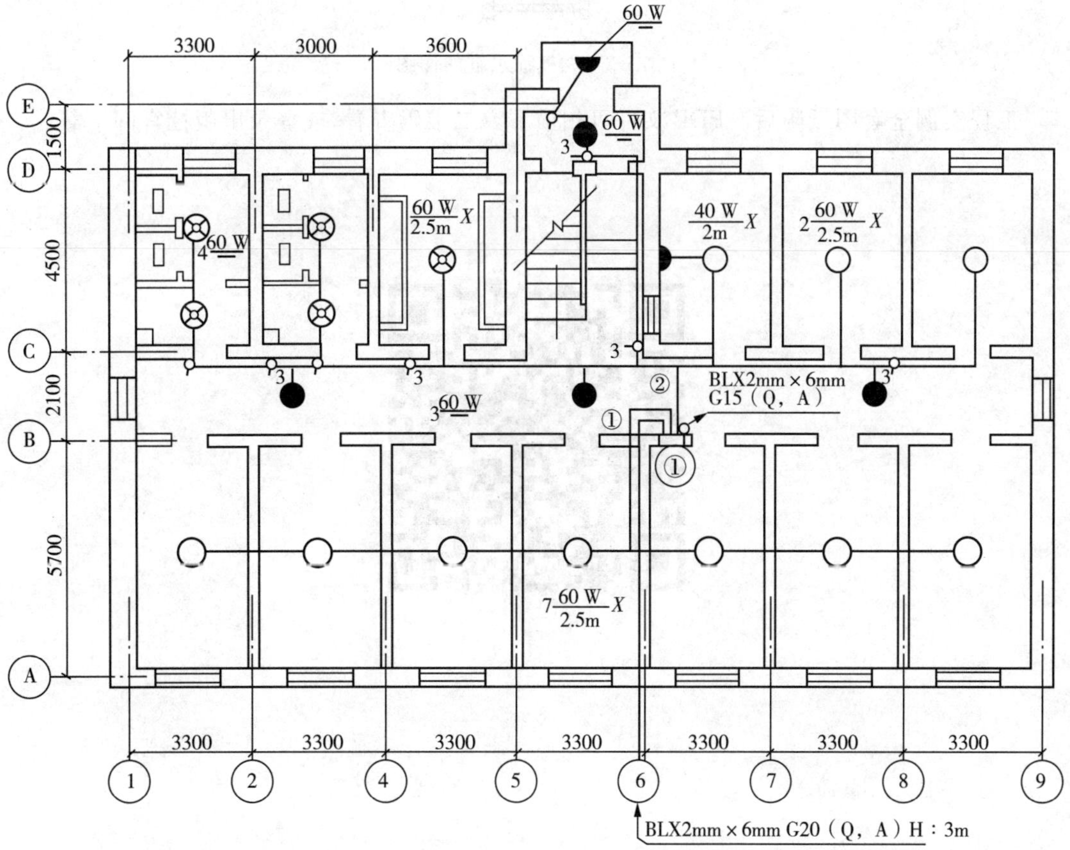

图 6-2　某宿舍一层电气平面图

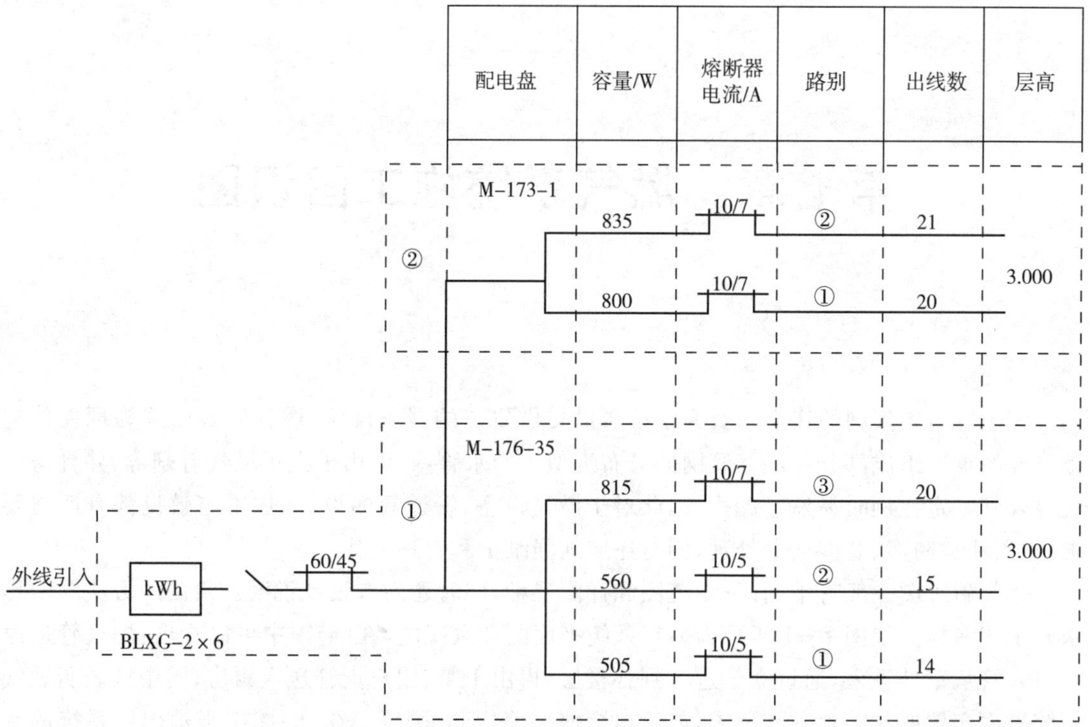

图 6-3　电气系统图

4. 按照各种电气分项工程(照明、动力、电热、微电、防雷等,进行分类,仔细阅读电气平面图,弄清各电气的位置、配电方式及走向,安装电气的位置、高度,导线的敷设方式、穿管及导线的规格等。

如图 6-1 所示为电气系统外线总平面图。从图中可以看出:电源由大门东侧引入,通过设置在传达室的电度表,经过带路灯的电杆 1 到电杆 2,采用的是三相四线制,均用铝芯橡皮绝缘线,其中三根导线的截面面积均为 $25mm^2$,一根导线的截面面积为 $16mm^2$。线路由电杆 2 分别引入每幢房屋,在离地面 6.25m 高处的墙上预埋支架,然后再引入室内。

图 6-2 为某宿舍一层电气系统平面图。图中表明:进户线是距地面高度为 3m 的两根铝芯橡皮绝缘线,在墙内穿管暗敷设,管径为 20mm。在⑧轴线走廊侧设有①号配电箱,暗装在墙内。配电箱尺寸及位置尺寸均已标出。从配电箱中分别引出①、②两条支路,每条支路各连接房屋一侧的灯具和插座,在②支路上还连有三盏球形走廊灯。从①号配电箱中还引上两根 $4mm^2$ 的铝芯橡皮绝缘线,用 15mm 直径的管道暗敷在墙内引至二楼的配电箱内。

图 6-3 所示为两层楼房的电气系统图。由图可知:各层的高度为 3m,电源由底层入户,通过电度表和开关(闸)分别引入一、二层。每层均设置一个分配电盘,并由分配电盘引出几组支线,每组支线上均标有该支线的负荷,每组支线均各设一个熔断器(插保险),其出线数为灯具数与插座数的总和。

进行电气安装时,一般都按照《电气施工安装图册》进行施工,若有不同的安装方法和构造时须绘制详图。

第七章　燃气系统施工图识图

由于城市燃气网的建设以及为了给居民提供更好的服务设施，燃气安装已成为现在住宅楼建设的重要组成部分。燃气管网的分布近似于给水管网，但由于人工燃气有剧毒，并且与空气混合到一定比例时易发生爆炸，因此对于燃气设备、管道等的设计、加工与敷设都有严格要求，必须注意防腐、防漏气的处理，同时还应加强维护和管理工作。

燃气施工图一般有平面图、系统图和详图三种，同时还附有设计说明。绘制的方法同给排水施工图一样。如图 7－1 所示为燃气系统平面图和系统图，在(a)图中可以看出：燃气管道由户引入管从室外进入，通过立管进入到各楼层，再由干管、用户支管送入厨房；图中还表明燃气系统平面布置的相关尺寸和要求(如管道穿墙要使用套管)等。在(b)图中表示出该系统的空间布置、管道、设备的尺寸、型号、标高及安装要求等。

图 7－2 所示为燃气抽水缸的详图。由图可知：上部为地面可见的砖砌井，用一根直径为 20mm 的抽水管通入到下方凝水器的底部，当燃气管道穿过凝水器时，将凝结水留在凝水器中，再由抽水管抽出。图中还表明了各元件的尺寸、材料及安装要求，施工人员按此图即可进行安装与施工。

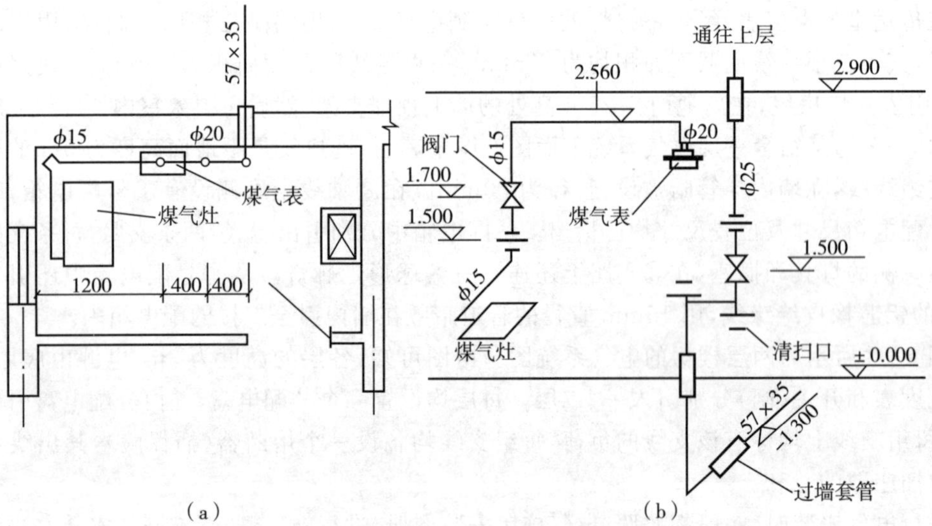

图 7－1　燃气系统平面图与系统图

(a)平面图；(b)系统图

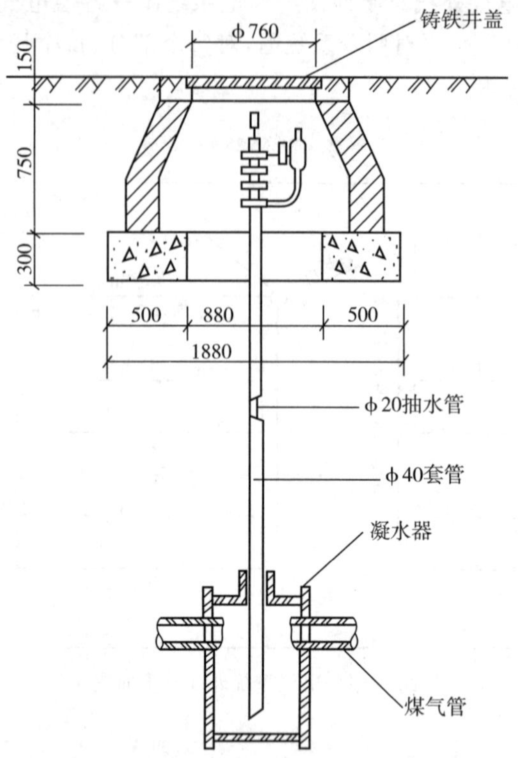

图 7－2　燃气抽水缸的详图

工程实例全套图纸附后。PDF 文件可扫描下方二维码查看，或登录出版社官网下载。

XX县安居苑小区

1#住宅楼

XXXXXXXX设计院有限公司

建筑设计资质证书编号：AXXXXXXXXX

工程编号：A20XXXXXX

设计阶段：施工图

出图章：

注册建筑师章：

注册结构师章：

XXXXXXXXX

建筑施工图设计总说明(一)

第一部分 概述

一、设计依据

1、本工程的建设单位提供的地形图、红线图、设计任务书。
2、经有关部门审查同意的规划设计方案及单体设计方案。
3、建设单位认可的方案和建设单位委托本院进行设计的设计合同。
4、现行的国家有关建筑设计规范，规程。
5、安徽省住宅工程质量通病防治技术规程 DB34/1659-2012

二、工程概述

地理位置	XX省XX市XX县						
建筑性质	居住建筑	工程等级	三 级	主体结构设计使用年限	50 年	建筑防火分类	
气候区分类	III 类	热工设计分区	夏热冬冷地区	抗震设防烈度	七 度	建筑耐火等级	地上建筑 二级
结构形式	剪力墙	人防防护等级		基底面积	$484.96M^2$		地下建筑
主体建筑高度	26.100M	地上建筑层数	9层	建筑面积	$4573.26M^2$	住宅建筑面积	$4573.26M^2$
局部建筑高度		地下建筑层数				商业建筑面积	
地下停车库		建筑耐火等级		机动车		非机动车	
住宅建筑规模		阳台建筑面积		阁楼建筑面积			

室内地坪标高：本楼± 0.000 相对于绝对标高暂定为 30.050。

建筑物定位详见总平面定位图。

三、设计范围

根据建设单位与我院所签定设计合同的规定，本工程设计范围仅为单体建筑设计。

以下各项不包括在其中，而应由甲方另行委托给具有相应资质的专业公司完成其详细设计。

1、 外围护结构的玻璃幕墙、石材幕墙、铝板幕墙工程等。
2、轻钢雨篷、 钢制楼梯等钢结构工程。
3、 室内二次装修工程。

四、一般要求

1、施工除满足设计中的规定要求外，尚需遵守我国现规范，同时应遵守安徽省住宅工程质量通病防治技术规程 DB34/1659-2012，施工单位要记录、收集和整理住宅工程质量通病防治的方案、材料检测、施工措施、技术交底和隐蔽验收等相关资料。
2、施工前，应核对有关专业图纸，并应与有关施工安装单位协调施工程序，做好预埋件和预留孔洞的工作。
3、严格按图施工，未经设计单位允许，施工中不得随意修改设计，必要时由设计单位出具设计变更通知。
4、本工程所用的砌筑砂浆、抹灰砂浆均、地面砂浆等均必须采用预拌砂浆。
5、凡上、下水、暖气、空调管道及电气管线穿过墙身、楼板、剪力墙等结构构件时，均应予留孔洞，预埋管线及预埋铁件，不得在施工后开凿，影响工程质量，施工过程中，请各专业工种密切配合，做好隐蔽工程验收记录。
6、预埋、预留铁件均打底防锈，凡明露者，加罩面油漆二度，颜色除专业工种（冷暖、水、电）有特殊要求外，均与相邻墙，顶同色，凡预埋木构件均应做防腐处理，做好隐蔽工程验收记录。
7、电缆井、管道井应在每层楼板处采用同楼层的混凝土封堵；电缆井、管道井与房间、走道等相连通的孔洞，其空隙应采用防火封堵材料封堵。
8、图纸中如有矛盾或不详时，应遵守以下原则：
1）、请建设单位、监理公司和施工部门及时与设计单位联系。
2）、卫生间、楼梯间等如有详图，除门窗编号外，平面布局以详图为准。
8、除注明外，图中尺寸总图以米为单位，单体图以毫米为单位，标高以米为单位，所有图纸以标注尺寸为准，以图注为准，比例仅供参考，当大小样不符时，以大样图为准。

第二部分 主要工程做法

一、防水工程

1. 屋面防水做法：

执行《屋面工程技术规范》（ GB 50345-2012）的规定。

屋面防水等级高层建筑为Ⅱ级，具体构造见屋面做法。屋面的阴角处、天沟、落水管口周围及设备基础等处增设一道附加防水层，泛水高度大于 250mm；出屋面井（烟）道周边同屋面结构一起整浇一道钢筋砼防水圈，高度应高出防水面层 250mm；刚性防水层应采用细石防水砼，其强度等级不低于 C30，厚度不小于 50mm，分格缝间距不宜大于 3mX3m，缝宽不应大于 25mm，且不小于 12mm。

2. 外墙防水做法：

外围护结构的幕墙应做好防水构造、具体设计由幕墙承包商负责。外墙体在两种不同材料交接处采用 300mm 宽的φ 1 镀锌钢丝网 （网眼尺寸 10mmX10mm）抹灰层。保温层的粉刷面层须与保温系统相匹配，确保抗裂、防水、防渗效果；面砖、涂料外墙饰面均设分隔缝，具体见立面图；系统变形缝口部采用耐候密封胶封缝，确保防水质量。穿过外墙防水层的管道采用附止水环的套管。

3. 外门窗防水：

外窗台内高外低，泛水坡度不小于 1%，严防倒泛水；门窗框与外墙饰面间留 7x5（宽X深） mm的凹槽，采用密封胶封缝。外墙壁门窗樘与墙体之间缝隙用聚合物水泥砂浆嵌填密实；空心砖墙、空心砼砌块砌体窗台，必须设置厚度不小于 80mm的钢筋砼窗台板（板带）。

4. 多水房间防水：

1、 厨、卫和有防水要求的建筑楼、地面须设防水层，防水层沿四周墙面上翻 500。卫生间的墙沿墙面上翻做1800。当管道穿楼板时应做严密的防水措施，其防水层翻起高度应大于 120mm。防水层除图中注明者外，均为 1.5mm厚水泥基防水涂料 。所有这些房间及层间退台屋面、顶层露台、平台等周边应向上设一道 200mm高C20混凝土防水反梁（宽度同墙体），与楼板一同浇筑。
2、 凡卫生间、开敞阳台均比相邻室内楼地面低 30mm并向地漏或雨水口方向做出 1%泛水坡度以利排除积水。
3、地漏做法详见国标 02J915第81页节点 1.
4、 管道穿楼板做法详见国标 02J915第81页节点 2.
5、阳台排水坡度为 1%，平屋顶排水坡度为 2%，屋顶天沟排水坡度为 1%。
6、透气管出平屋面做法见国标 12J201-1第116页节点 4.
7、所有外墙面凸出部分及雨篷，挑檐，阳台板底均做滴水带（ 50*10）或滴水槽 （10x10）。

二、屋面工程（各屋面位置见平面图注 ）

1、 本工程平屋面属Ⅱ级防水、一道卷材防水设防

屋面一：上人保温平屋面做法

[从上往下，做法详见国标 11J930-1 (屋2/305)]

1）40厚C20细石混凝土保护层（内配 φ6一级或冷拔 φ4钢筋，双向中距 150，钢筋网片绑扎或电焊）
2）10厚低标号砂浆隔离层
3）4厚SBS改性沥青防水卷材一道
4）20厚1：3水泥砂浆找平层
5）LC5.0轻集料混凝土找平层最薄处 30厚
6）65厚JA膨胀玻化微珠保温砂浆Ⅱ型
7）钢筋混凝土屋面板

屋面二：不上人保温平屋面做法；

[从上往下，做法详见国标11J930 (屋2/305)]

1）20厚1:2.5水泥砂浆保护层（设表面分隔缝，分割面积 $1m^2$，粗砂填缝）
2）10厚低标号砂浆隔离层
3） 3厚SBS改性沥青防水卷材两道
4） 20厚1：3水泥砂浆找平层
5）LC5.0轻集料混凝土找平层最薄处 30厚
6）65厚JA膨胀玻化微珠保温砂浆Ⅱ型
7） 钢筋混凝土屋面板

出入口雨篷屋面：（见平面图）

1、1：2防水砂浆找坡1%（加5%防水剂），最薄处20厚。
2、屋面保温层或找平层干燥有困难时（如遇当地空气湿度较大，雨季施工或保温隔热材料的含湿量较大等，）宜设排气屋面。可根据工程项目的实际情况定。排气屋面的构造做法详见国标12J201-1第28页。

三、墙体工程

1、 砌体材质、品种、标号见结施图，施工时按国家现行砌体工程验收规范执行。
本工程外墙和内墙均为煤矸石空心砖。未注明的砌体厚度均为200。（少量隔墙为120厚）
2、 墙体砌筑或安装技术要求：
（1）、轻钢龙骨隔墙：参见03J111-1《轻钢龙骨内隔墙》或墙板生产厂家提供。
（2）、 门垛或窗间墙宽度小于360时必须采用钢筋砼浇筑。
3、 墙身防潮层：在室内地坪下约60处做20厚1:2水泥砂浆内加5%防水剂的墙身防潮层（在此标高处为钢筋混凝土构造时可不做）。室内地坪标高变化处防潮层应重叠搭接，并在高低差埋土一侧（迎水面）的墙身做竖向20厚1：2水泥砂浆（内加5%防水剂）防潮层。
4、墙体封堵：混凝土墙留洞的封堵见结施，其余砌筑墙留洞待管道安装完毕后用C20细石混凝土填实；变形缝处双墙留洞的封堵应在双墙分别增设套管；内隔墙中所有防火墙应砌至上层楼板底或梁底，并堵塞严密，墙上洞口应用不燃烧体材料堵严。
5、 墙体预埋件：当预埋木砖时，应作防腐处理；铁件应做除锈、涂刷防锈漆后再预埋。当主管沿墙、柱敷设时，待管线安装完毕后用轻质墙包封隐蔽，做法参见 03J111-1.
6、钢筋砼阳台栏板、扶手钢筋必须与结构墙体有可靠拉结，拉结筋必须预埋；金属栏杆、扶手必须与结构有可靠的锚固措施。
7、 电梯井道、风道、烟道的井内壁砌筑灰缝应饱满并随砌随抹平。
8、 内外墙体砌筑砂浆应饱满，外墙面粉刷砂浆中掺水泥量5%的防水剂。并加聚丙烯防裂抗渗纤维。（掺加量详见产品说明书）
9、 外墙体与混凝土梁柱相接处铺1厚钢板网再粉刷砂浆，搭接宽度大于300mm。
10、 外墙门窗洞口及内墙阳角处均应用1:2水泥砂浆护角，每边宽度80，高度不小于2.0M，厚度为20。
11、 图纸中注明者外，砌块墙体上的构造柱见结施。

XXXXXXXX设计院有限公司

EXPERT OFFICE

地址：
电话：
传真：
邮编：
网址：
资质证书：建筑工程设计甲级 AXXXXXXXXX
工程设计咨询甲级 XXXXXXX
城市规划编制乙级 XXXXXX
房屋安全鉴定 AJ-XXX

合作设计单位 CO-OPERATE WITH

会签栏			
建筑		结构	
给排水		暖通	
电气			

出图专用章 AUTHORIZED SEAL

本图未加盖XXXXXXXXXX有限公司出图专用章无效

注册执业印章 REGISTERED SEAL

备注 NOTES
切勿以比例量度此图，一切应依图内数字所示为准。
使用此图时，应同时参照建筑图及其他有关图纸，如发现有任何矛盾之处，应立即通知建筑师和设计师。

项目总负责人 PROJECT DIRECTOR		
所长 DIRECTOR OF DEPARTMENT		
审定人 AUTHORIZED BY		
审核人 AUDITED BY		
专业负责人 DISCIPLINE CHIEF		
校对人 CHECKED BY		
设计人 DESIGNED BY		
制图人 DRAWN BY		

设计编号：PROJECT NUMBER A2015-08-27

建设单位 CLIENT 安徽XXXXX有限公司

工程名称 PROJECT TITLE XX县安居苑小区 1#住宅楼

图名 DRAWING TITLE 建筑施工图设计总说明（一）

设计阶段 PHASE	施工图	专业 DISCIPLINE	建筑
版本 VERSION	1-1	图号 DRAWING No.	建施 -01/14
比例 SCALE		日期 DATE	2016.05

建筑施工图设计总说明(二)

四、门窗工程

1、门窗编号、尺寸、数量详见门窗表。门窗的材质及做法见门窗表所选用的图集。立面分格及开启方向详见门窗立面图。

2、本工程设计有关门窗的图纸只表示了该门窗的洞口尺寸、类型、材质、分格及开启方式，建设单位应分包委托给有设计、加工和安装资质的生产厂家来完成详细计算设计安装。厂家在确定门窗的实际大小尺寸时应考虑门窗所在位置墙体的抹灰、饰面厚度及窗台面找坡的高度来确定洞口与窗框之间所留的缝隙尺寸。原则上以饰面层厚度能盖过缝隙约 5-10mm 为宜。

3、防火门安装的洞口留缝宽度应小于等于 3-4mm。

4、门窗拼樘料必须进行抗风压变形验算，拼樘料与门窗框之间的拼接应为插接，插接深度不小于 10mm。塑钢门窗型材必须使用与其相匹配的衬钢，衬钢厚度应满足规范要求并作防腐处理。金属门窗和塑料门窗的型材壁厚必须符合国家规定。

5、门窗立樘：除图中注明者外外门窗中心距外墙皮 100mm，内门窗立于墙的内侧。

6、凡外门窗与墙身交接处空隙，用弹性材料分层填满，窗框四周内外留出 5mm 深的槽口，用建筑密封胶封实，以防渗水。

7、门窗材料下料前还必须核实施工完的门窗洞口实际尺寸。门窗二次设计经我院设计人确认后，方可下料加工。

8、如下部位门窗玻璃，还必须使用安全玻璃。

1）出入口，门厅等部位；

2）面积大于 1.5 平方米的门、窗玻璃或玻璃底边离最终装修面小于 500MM 的窗、幕墙。

3）七层及以上外开窗

4）易遭受撞击，冲击而造成人体伤害的部位。

9、住宅入口总户门为电子防盗保温可视对讲门，分户门为成品钢质防盗保温门。（均由建设单位成品采购）

10、住宅室内所有内门：含户内壁柜门，储藏柜门，厨卫等的推拉门、平开门仅预留门洞，其余由用户二次装修时制作。

11、门窗选用须遵循《建筑玻璃应用技术规程》。防火门窗和防火卷帘门窗由施工定制，必须购买经公安部指定鉴测单位测定，并颁发产品合格证书的产品。防火墙和公共走廊上疏散用的平开防火门应设闭门器，双扇平开防火门安装闭门器和顺序器，常开防火门须安装信号控制关闭和反馈装置。防火卷帘应安装在建筑的承重构件上，卷帘上部如不到顶，上部空间应用与墙体耐火极限相同的防火材料封堵。

12、外平开窗开启窗扇大于 600x1400 时，窗扇要采取必要的牢固的锚固措施。门窗尺寸大于 1500x1500 的应有检测报告。

13、凡公用专业管道竖井、管道间检修门下，均做 C15 混凝土门槛，未注明者均高 100mm，

14、本工程设计中有关幕墙的图纸只表示幕墙的外观尺寸、立面分格、开启方式等。建设单位应根据本设计的各项具体要求对帷幕墙工程进行分包，委托具有相应设计、制作、安装资质的专业公司负责幕墙的详细技术设计，经我院确定后，按照《玻璃幕墙工程技术规范》（JGJ102-2003）进行加工安装并对质量负责。

15、除帷幕墙外的其余门窗均应满足以下各项技术性能指标：

抗风压性能：不低于 5级，3.0≤P3<3.5，具体由专业厂家按结构计算荷载值确定。

保温性能：5级

水密性能：3级，250Pa≤ΔP<350Pa

气密性等级：1~6层:4级，q1≤2.5，q2≤7.5，≥7层:6级，q1≤1.5，q2≤4.5

空气隔声性能：3级，30≤RW+Ctr<35.

采光性能：4级，0.5≤Tr<0.6

五、室外工程

1、散水宽：1200mm，作法详见国标 11J930第22页编号编号散 1，按规范设伸缩缝；

2、室外台阶作法详见国标 11J930第20页编号台 16，面层为防滑花岗石板。

3、坡道作法详见国标 11J930第29页编号坡 11，面层为防滑花岗石板。

六 无障碍设计

1、无障碍坡道：建筑物主入口设有坡度为 1:12 的坡道；

2、残疾人坡道作法详见国标11J930第29页编号坡11栏杆作法（栏杆材料为不锈钢管），详见国标11J930第38页编号2（当室内外高差小于300时可不设无障碍栏杆）。

3、细部设计：二次装修时还应根据《无障碍设计规范》GB50753-2012要求完成建筑公共部位的无障碍设施细部设计。

七. 外装修及安装工程

1、本工程装修设计内容如下：

外装修部位见立面图，要求一次完成，所有外装修材料均应提供多种样品，经业主与设计单位选择确定。外装修罩面材料应质地优良，色泽一致，耐开裂，耐老化，耐污染，防水，抗冻等应满足材料标准，由承包商提供样品。在大面积施工前需做样板，经业主及设计单位同意后方可施工。

a、外饰一：深咖色真石漆涂料饰面做法详见图集国标 05J909《工程做法》，第 58页，外墙 13F；

b、外饰二：浅黄色真石漆涂料饰面做法详见图集国标 05J909《工程做法》，第 58页，外墙 13F；

2、地面施工时应先从房间中间开始，向两侧展开，一般房间要求平整，有排水要求的房间应做好泛水；

3、屋面排雨水一律采用有组织排水，排水管采用 UPVC 排水管，其中自屋面引下的雨水管一律为 Ø110UPVC 雨水管（余同），出水口和地漏接口等处一律采用优质防水油膏封严，雨水立管埋地接入地下排水管网；

4、空调机室外管道的预留孔洞详见大样图，各室外机冷凝水管接入冷凝水立管或就近插入地漏，建筑留洞如遇过梁，应以梁为界，不得将其破坏，预留孔洞由内至外向下倾斜，以利于排水和防水。

5、阳台及上人屋面栏杆从可踏面开始净高不小于 1100。

6、所有暴露在外的钢构件在涂漆前需做除锈，并涂刷防锈漆。

八. 内装修工程及安装工程

1、内装修工程室内各部位装修材料满足《建筑内部装修防火设计规范》（GB50222-95）2001版的要求，燃烧性能等级：顶棚 B1；墙面 B2；地面 B2；隔断 B2；固定家具 B2。

楼地面部分执行《建筑地面设计规范》，所选用的室内装饰材料均应满足《民用建筑工程室内环境污染控制规范》（GB50325-2010）的要求，室内污染控制分类为 Ⅰ 类。

住宅室内空气污染物的活度和浓度指标，应满足《住宅设计规范》（GB50096-2011）表7.5.3 的要求。

2、不同厚度面层材料的楼面，施工时应调整垫层厚度，确保楼面标高一致，较大房间楼地面的混凝土垫层应分仓施工，除图中注明者外分仓尺寸不应大于 6mX6m。

3、设备基础、电梯基坑、电梯机房留洞均应待订货后核实定位尺寸无误，方可施工，且应在设备基础完工后再施工楼地面。

4、所有室内楼梯斜段栏杆（板）均为 900mm 高，水平段楼梯栏杆（板）均为 1100mm 高。

5、内装修选用的各项材料其材质、规格、颜色等，均有施工单位提供样板，经建设单位和设计单位确认后进行封样，并据此验收。

6、房间内装修作法详室内装修表；

7、窗台低于 900 高处应做护栏，做法详见节点大样（除阳台护栏净高为 1100外，其余均为 900高）

九. 油漆工程

1、金属油漆：做法详见皖 2007J301第69页编号 4；色彩为黑色，具体位置详见节点大样图所示。

2、木材面油漆：二次装修定。

十 建筑消防设计

1、设计依据：消防主管部门的审批意见及《建筑设计防火规范》GB50016-2014、《建筑内部装修设计防火规范》、（GB50222-95）2001版

2、本工程为多层居住建筑，层数为 9层；耐火等级为二级；建筑高度为 26.100M，建筑面积为 4573.26M².

3、本建筑共两个单元，每个单元设 1部楼梯间，满足规范要求。

4、防火间距：与相邻的多层（高层）建筑的防火间距大于 6（9）米。

5、沿建筑周围设消防车道，坡度不大于 1%，消防车道的承载能力均按消防车总重 300kn计算。

6、各种井道（电缆井、管道井、排烟道、排气道）分别独立设置，井壁以耐火极限不低于 1.00h 120~200厚非承重煤矸石空心砖填塞严密。待管线安装后，每层穿管楼板处用与楼板相同耐火等级材料封堵。

7、外墙保温防火要严格执行公通字（2010）46号《民用建筑外保温系统及外墙装饰防火暂行规定》

十一、电梯设置

名称	台数	载重量	速度	层数	停站数	提升高度	备注
客梯（兼无障碍电梯）	2	800Kg	1.50m/s	9	9	23.200	

1、无障碍电梯，由建设单位确定电梯型号后，厂家进行布置，设计院配合设计。

2、所有电梯在施工前，需甲方确定电梯厂家后，由电梯厂家核实电梯井道预留尺寸是否满足要求后，方可施工。

十二、变形缝作法

平屋面变形缝：详国标图集 04CJ01-1第27页节点 2。

外墙变形缝：详国标图集 04CJ01-1第24页节点 4。

十三、环保节能设计

1、该工程处于夏热冬冷地区。维护结构住宅部分采用憎水型半硬质岩棉板。

2、建筑通过增强建筑围护结构保温隔热性能和提高采暖、空调设备能效比的节能措施，在保证相同的室内热环境指标的前提下，与未采取节能措施相比，采暖空调能耗比约为 50%.

3、主要围护结构构造（节能设计）

1）节能设计标准：《夏热冬冷地区居住建筑节能设计标准》JGJ134-2010；《安徽省居住建筑节能设计标准》（DB34/1466-2011）

2）屋面：保温隔热材料：（具体构造作法详见屋面设计章节）

3）住宅部分外墙外保温做法如下（由外至内）：

1、涂料饰面层　2、聚合物抗裂砂浆（压入耐碱玻纤网格布二层）

3、30厚JA膨胀玻化微珠保温砂浆Ⅰ型　4、界面砂浆

5、200厚煤矸石空心砖　6、20厚水泥砂浆

4）凸窗不透明的顶板、底板和侧板类型（由外至内）：

1、涂料饰面层　2、聚合物抗裂砂浆（压入耐碱玻纤网格布二层）

3、30厚JA膨胀玻化微珠保温砂浆Ⅰ型　4、界面砂浆

5、100厚钢筋混凝土　6、20厚水泥砂浆

XXXXXXXX设计院有限公司

地址：
电话：
传真：
邮编：
网址：

资质证书：建筑工程设计甲级 AXXXXXXXXX
工程设计咨询甲级 XXXXXXX
城市规划编制乙级 XXXXXX
房屋安全鉴定 AJ-XXX

合作设计单位 CO-OPERATE WITH

会签栏

建筑		结构	
给排水		暖通	
电气			

出图专用章 AUTHORIZED SEAL

本图未加盖XXXXXXXX有限公司出图专用章无效

注册执业印章 REGISTERED SEAL

备注 NOTES：切勿以比例量度此图，一切应依图内数字所示为准。使用此图时，应同时参照建筑图及其他有关图纸，如发现有任何矛盾之处，应立即通知建筑师和设计师。

项目总负责人 PROJECT DIRECTOR		
所长 DIRECTOR OF DEPARTMENT		
审定人 AUTHORIZED BY		
审核人 AUDITED BY		
专业负责人 DISCIPLINE CHIEF		
校对人 CHECKED BY		
设计人 DESIGNED BY		
制图人 DRAWN BY		

设计编号：PROJECT NUMBER A2015-08-27

建设单位 CLIENT：安徽XXXXX有限公司

工程名称 PROJECT TITLE：XX县安居苑小区 1#住宅楼

图名 DRAWING TITLE：建筑施工图设计总说明（二）

设计阶段 PHASE	施工图	专业 DISCIPLINE	建筑
版本 VERSION	1-1	图号 DRAWING No.	建施-02/14
比例 SCALE		日期 DATE	2016.05

建筑施工图设计总说明(三)

5）外窗：（型材要求详见门窗工程）

1、东，西向窗：深灰色塑钢普通中空玻璃窗（5+9A+5）

2、南，北向窗：深灰色塑钢普通中空玻璃窗（5+9A+5）

4、JA膨胀玻化微珠保温砂浆外墙保温系统及饰面材料，构造节点等施工措施应严格遵守图集皖2006J118

外门窗框与墙体间的缝隙聚氨酯泡沫塑料嵌缝，用建筑密封胶封实，以防渗水。

5、太阳能利用专项说明：

1）太阳能设计执行《民用建筑太阳能热水系统应用技术规范》GB50364-2005，《太阳能利用与建筑一体化技术的标准》DB34854-2008的要求。

2）住宅每户南阳台设置阳台壁挂式太阳能，阳台集热器安装详图参见图集06J908-6，第35页节点2，外挂式阳台集热器，业主确定品牌后，统一设置金属连接件。

十四、其它施工中注意事项

1、冬季和雨季施工中应做相应的防雨和防冻措施，屋顶应避免雨季施工，保温层的施工应选择满足材料温度要求的季节施工。

2、排气、排烟、雨水排水管等施工完后，应将施工中掉入的砂、石、砖、瓦等杂物及时清理干净，以确保排保温层干燥后再施工下道工序。

防水层施工完后，必须进行试水，在确认不漏水后方可施工。

3、本设计未尽事宜，均应按有关的施工与验收规范进行施工。

十五、室内装修做法表(楼地面取消保温层与之相关面层，本室内做法仅为初装修，具体做法由装修公司二次设计)

楼层	部位	楼、地面			踢脚			墙裙			内墙面			顶棚			备注
		名称	编号	索引图集	名称	编号	索引图集	名称	编号	索引图集	名称	编号	索引图集	名称	编号	索引图集	
一层	卫生间、厨房	防滑地砖（面层取消）	15A/93	05J909					15A/216	05J909（住宅卫生间、厨房墙裙取消）	面砖墙面（面层取消）	16A/220	05J909	麻刀灰	2A/264	05J909	色彩、大小由二次装修时定 踢脚高度除注明外高度为120 卫生间墙裙高度齐梁底
	前室、走廊、门厅	水泥砂浆	4A/79	05J909	地砖踢脚	5A/176	05J909				白色乳胶漆	4A/195	05J909	白色乳胶漆	5A/268	05J909	
	卧室、起居室、餐厅、书房	水泥砂浆	4A/79	05J909							水泥砂浆（涂料面取消）	4A/195	05J909	腻子顶棚（涂料面取消）	5A/268	05J909	
	楼梯间	水泥砂浆	4A/79	05J909	水泥踢脚	1A/170	05J909				白色乳胶漆	4A/195	05J909	白色乳胶漆	5A/268	05J909	
	阳台	防滑地砖（面层取消）	15A/93	05J909							按外墙做法			腻子顶棚（涂料面取消）	5A/268	05J909	
二层及以上	卫生间、厨房	防滑地砖（取消轻骨料混凝土）（面层取消）	15A/93	05J909					15A/216	05J909（住宅卫生间、厨房墙裙取消）	面砖墙面（面层取消）	16A/220	05J909	麻刀灰	2A/264	05J909	
	卧室、起居室、餐厅、书房、储藏室	水泥砂浆	4A/79	05J909							水泥砂浆（涂料面取消）	4A/195	05J909	腻子顶棚（涂料面取消）	5A/268	05J909	
	楼梯间	水泥砂浆	4A/79	05J909	水泥踢脚	1A/170	05J909				白色乳胶漆	4A/195	05J909	白色乳胶漆	5A/268	05J909	
	阳台	防滑地砖（面层取消）	15A/93	05J909										腻子顶棚（涂料面取消）	5A/268	05J909	

十六、节能做法详见本页节能设计一览表

序号	项目		标准限值 K[W/(m²·K)]		设计计算及选用								是否符合标准	
1	体形系数		5～11层 ≤0.40	≥12层 ≤0.35	体形系数 0.35，1～4层□，5～11层■，≥12层□。								是 ■	否 □
2	窗墙面积比	Cm	K	SCw(东西向/南向)	计算窗墙比及相应指标限值				设计选用及可达到指标					
					朝向	Cm	K限值	SCw限值	框料	玻璃品种、厚度、中空尺寸	SCw	设计K值	是	否
		Cm≤0.20	K≤4.0	——										
		0.20<Cm≤0.30	K≤3.6	≤0.45/0.50	东	0.05	4.00	--	塑钢普通中空玻璃窗	5+9A+5	0.76	2.70	■	□
		0.30<Cm≤0.40	K≤3.2	≤0.40/0.45	南	0.35	3.20	0.45		5+9A+5	0.64	2.70	□	■
		0.40<Cm≤0.45	K≤2.8	≤0.35/0.40	西	0.05	4.00	--		5+9A+5	0.76	2.70	■	□
		0.45<Cm≤0.60	K≤2.5	≤0.25	北	0.27	3.60	--		5+9A+5	0.76	2.70	■	□
3	外门窗气密性等级		1～6层，4级，$q_1≤2.5$，$q_2≤7.5$； ≥7层，6级，$q_1≤1.5$，$q_2≤4.5$；		4 级 6 级								■	□
4	屋顶透明部分		≤屋顶面积的4%，K≤3.6，SCw≤0.50		面积：屋顶面积的 -- %，K= -- ，SCw= -- 。								■	□
5	屋顶		重质结构 K≤1.0	轻质结构 K≤0.8	平屋顶：保温隔热材料 JA 膨胀玻化微珠保温砂浆Ⅱ型 厚度 65.00 mm，K 1.00 。找坡层材料 LC5.0轻集料混凝土 厚度 ≥30.00mm 。								■	□
6	外墙		重质结构 K≤1.5	轻质结构 K≤1.0	外保温■，自保温□，内保温□，保温材料 JA 膨胀玻化微珠保温砂浆Ⅰ型，厚度 30.00 mm，Km 1.36 。主墙体材料 煤矸石空心砖，厚度 200.00 。								■	□
7	分户墙		K≤2.0		保温材料 -- ，厚度 -- mm，K 1.65 。主墙体材料 煤矸石空心砖，厚度 200.00 。								■	□
	楼梯间隔墙				保温材料 -- ，厚度 -- mm，K 1.65 。主墙体材料 煤矸石空心砖，厚度 200.00 。								■	□
	封闭外走廊隔墙				保温材料___，厚度___mm，K___。主墙体材料___，厚度___。								□	□
8	楼板	层间楼板	K≤2.0		板上保温□，板下保温□，保温材料 -- ，厚度 -- mm，K 3.01 。								■	□
		底面接触室外空气的架空或外挑楼板	K≤1.5		板上保温□，板下保温■，保温材料 JA 膨胀玻化微珠保温砂浆Ⅰ型，厚度 40.00 mm，K 1.42 。								■	□
9	户门	通往封闭空间	K≤3.0		钢防盗保温门■，木防盗保温门□，底层入口□，防盗保温对讲门□								■	□
		通往非封闭空间或户外	K≤2.0		钢防盗保温门□，木防盗保温门□，底层入口□，防盗保温对讲门■								■	□
10	其它	建筑朝向	南偏东≤15° □，南偏东15°~35° □，南偏西≤15° □。		权衡判断	软件名称	PBECA2012	版本	1.00	是否达到节能目标			■	□
		外墙饰面	深色□，浅色■			能耗指标 KWh/m²	设计建筑		42.02					
		屋顶面层	深色□，浅色■，绿化种植□				参照建筑		42.16					

XXXXXXXX设计院有限公司

地址：

电话：
传真：
邮编：
网址：

资质证书：建筑工程设计甲级 AXXXXXXXXX
工程设计咨询甲级 XXXXXXX
城市规划编制乙级 XXXXXX
房屋安全鉴定 AJ-XXX

合作设计单位 CO-OPERATE WITH

会签栏			
建筑		结构	
给排水		暖通	
电气			

出图专用章 AUTHORIZED SEAL

本图未加盖XXXXXXXX有限公司出图专用章无效

注册执业印章 REGISTERED SEAL

备注 NOTES：切勿以比例量度此图，一切应依图内数字所示为准。使用此图时 应同时参照建筑图及其他有关图纸 如发现有任何矛盾之处，应立即通知建筑师和设计师。

项目总负责人 PROJECT DIRECTOR		
所长 DIRECTOR OF DEPARTMENT		
审定人 AUTHORIZED BY		
审核人 AUDITED BY		
专业负责人 DISCIPLINE CHIEF		
校对人 CHECKED BY		
设计人 DESIGNED BY		
制图人 DRAWN BY		

设计编号：PROJECT NUMBER A2015-08-27

建设单位 CLIENT：安徽XXXXX有限公司

工程名称 PROJECT TITLE：XX县安居苑小区 1#住宅楼

图名 DRAWING TITLE：建筑施工图设计总说明（三）

设计阶段 PHASE	施工图	专业 DISCIPLINE	建筑
版本 VERSION	1-1	图号 DRAWING No.	建施-03/14
比例 SCALE		日期 DATE	2016.05

门 窗 表

- 所有门窗只提供设计洞口尺寸及分格形式，施工安装以实测洞口尺寸为准 并应扣除装修厚度。
- 门窗玻璃的选用应遵照《建筑玻璃应用技术规程》JGJ113-2009的规定。
- 本表中凡注底高※※表示该门（窗）洞口底部距所在楼面（平台面）尺寸。
- 本表中凡注见详图处见详图。
- 铝合金门窗按国标02J603-1制作； 铝合金节能门窗按国标03J603-2制作；
  木门按照国标04J601-1制作，塑料门窗按国标07J604制作。
- 玻璃除注明外均为无色透明玻璃，防火门窗由专业厂家参照国标03J609制作
- 外平开窗增设安全铰链，开启角度为90度。

类别	设计编号	图集编号	洞口尺寸 洞口宽	洞口尺寸 洞口高	数量	备注
门	FDM1525		1500	2500	2	成品钢质防盗保温对讲门
	FDM1021		1000	2100	32	成品钢质防盗保温门
	FHM甲1521		1500	2100	2	成品钢质甲级防火门
	FDM乙1221		1200	2100	4	成品木质乙级防火门
	FDM丙1218		1200	1800	18	成品木质丙级防火门，设 300高砖砌门槛
	FDM丙1518		1500	1800	18	成品木质丙级防火门，设 300高砖砌门槛
	M0821		800	2100	48	毛坯，留洞
	M0921		900	2100	114	毛坯，留洞
	M1221		1200	2100	16	毛坯，留洞
	M1625		1600	2500	32	毛坯，留洞
	TLM2425	详见大样图	2400	2500	32	深灰色塑钢推拉门 (5+9A+5)中空安全玻璃
窗	C0916	详见大样图	1500	1600	64	深灰色塑钢推拉窗+固定窗 (5+9A+5)中空玻璃
	C1016	详见大样图	1000	1600	16	
	C1516	详见大样图	900	1600	101	
	BYC1216		1200	1100	2	铝合金防风雨百叶窗
凸窗	TC1519	详见大样图	1500	1900	48	深灰色塑钢推拉窗+固定窗 (5+9A+5)中空玻璃

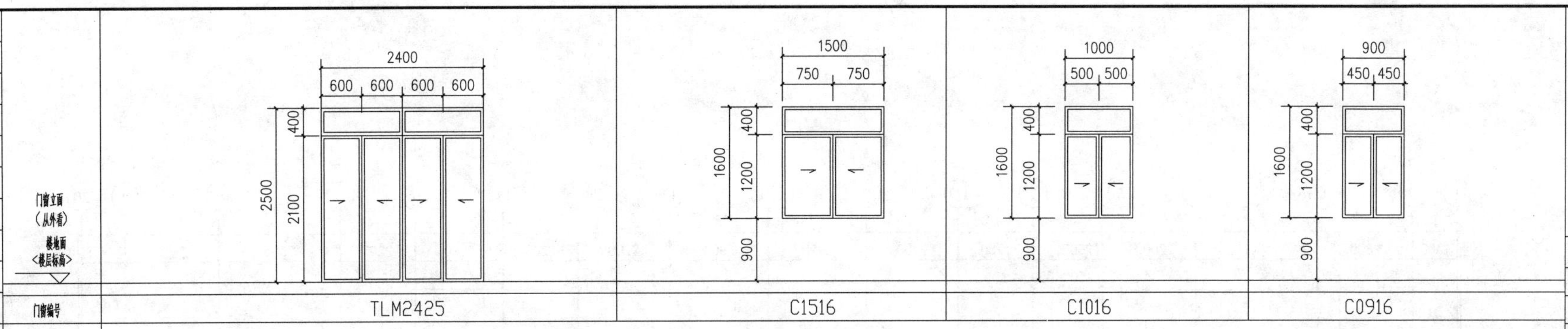

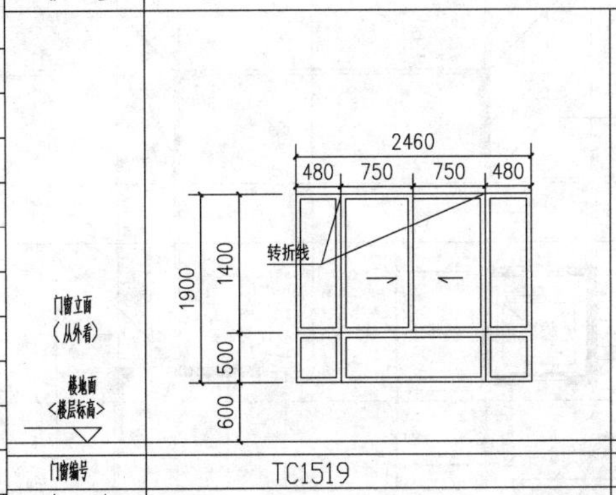

注：1.所有门窗均须有相应资质的专业厂家设计、制作、施工，并严格按有关规范执行，以确保工程质量。
2.图中楼层标高900以下玻璃采用钢化安全玻璃，由厂家按相关安全规定执行，门窗制作厂家负责型材及玻璃厚度的抗载验算。
3.除注明者外，外门窗居墙中部安装；安装前需核实洞口尺寸后方能下料。
4.若平、立面图中门窗划分及开启与门窗分格不符，以门窗分格图为准。
5.低于900mm高的窗台加安全防护栏杆，做法详见国标06J403-1,87页PA1型，高度1100
6.面积大于1.5m2的窗玻璃，或玻璃底边距室内最终装修面小于500mm高的窗玻璃必须使用安全玻璃。

XXXXXXXX设计院有限公司

地址：
电话：
传真：
邮编：
网址：
资质证书：建筑工程设计甲级 AXXXXXXXXX
工程设计咨询甲级 XXXXXXX
城市规划编制乙级 XXXXXX
房屋安全鉴定 AJ-XXX

合作设计单位 CO-OPERATE WITH

会签栏

建筑		结构	
给排水		暖通	
电气			

出图专用章 AUTHORIZED SEAL

本图未加盖XXXXXXXX有限公司出图专用章无效

注册执业印章 REGISTERED SEAL

备注 NOTES 切勿以比例量度此图，一切应依图内数字所示为准。使用此图时，应同时参照建筑图及其他有关图纸，如发现有任何矛盾之处，应立即通知建筑师和设计师。

项目总负责人 PROJECT DIRECTOR		
所长 DIRECTOR OF DEPARTMENT		
审定人 AUTHORIZED BY		
审核人 AUDITED BY		
专业负责人 DISCIPLINE CHIEF		
校对人 CHECKED BY		
设计人 DESIGNED BY		
制图人 DRAWN BY		

设计编号：PROJECT NUMBER A2015-08-27

建设单位 CLIENT 安徽XXXXX有限公司

工程名称 PROJECT TITLE XX县安居苑小区 1#住宅楼

图名 DRAWING TITLE 门窗表及门窗大样

设计阶段 PHASE	施工图	专业 DISCIPLINE	建筑
版本 VERSION	1-1	图号 DRAWING No.	建施-04/14
比例 SCALE	1:50	日期 DATE	2016.05

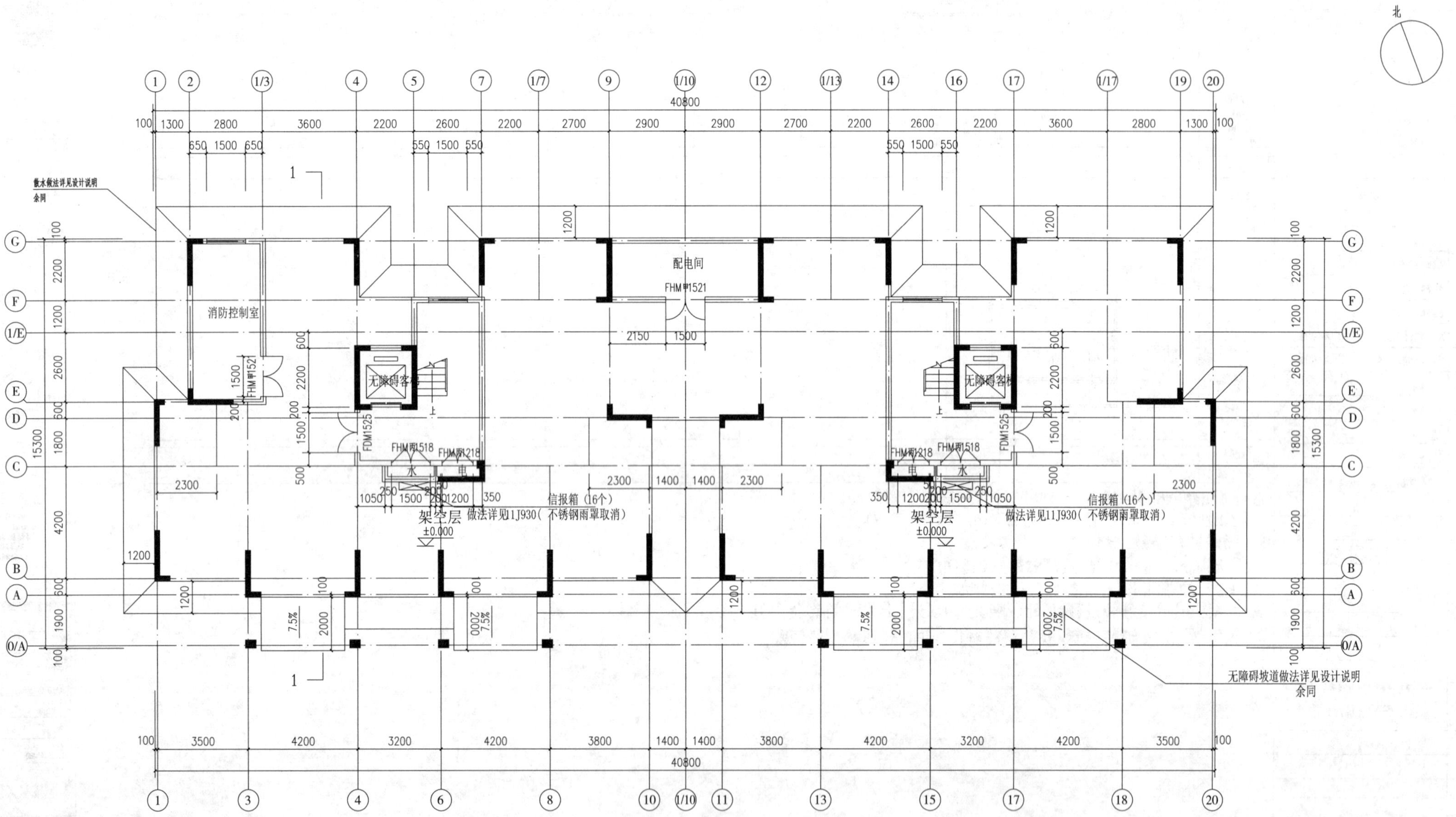

一层平面图 1:100

楼层标高：±0.000

说明:

1. 剪力墙以结构图所注为准，除剪力墙部分外砌体材料：外墙为200厚非承重煤矸石空心砖，除部分为120厚非承重煤矸石空心砖外其他均为200厚非承重煤矸石空心砖，具体位置见图。
2. 凡未标注的洞口高均为 2100。
4. KTD-150　表示柜机空调洞⌀80,穿墙空调套管，中心距楼地面高150。
3. KTD-2100　表示挂机空调洞,⌀80穿墙空调套管，中心距楼地面高2100。
5. 空调预留洞与水落管重叠处洞边距墙 150。
6. KD1 表示强排热水器留洞⌀150，洞中心距顶板底100。
7. KD2 表示卫生间排气洞⌀100,洞中心距顶板底100。各层空调板均预穿⌀50冷凝水管，上设三通接入口。
8. 卫生间、阳台、厨房标高均比同层低50。并向地漏或雨水口方向做出1.0%泛水坡度，以利排除积水。
9. 入口单元电子防盗门和阳台护栏待主体施工完毕后现场量取尺寸,由甲方统一定制
10. 厨房烟道做法见皖2005J112第5页 A-3型，预留孔洞450x400。
11. 构造柱位置详见结施。
12. 未注部分的尺寸及有关说明参照与其相同的部分
13. 外墙面的雨水管、空调冷凝水管刷成与外墙饰面同样颜色。
14. 本工程疏散楼梯，电梯详图分别详见建施第 12-13页。
15. 阳台外墙面做法做法同建筑外墙做法。

XXXXXXXX设计院有限公司

地址：
电话：
传真：
邮编：
网址：

资质证书：建筑工程设计甲级 AXXXXXXXXX
工程设计咨询甲级 XXXXXXX
城市规划编制乙级 XXXXXX
房屋安全鉴定 AJ-XXX

合作设计单位 CO-OPERATE WITH

会签栏

建筑		结构	
给排水		暖通	
电气			

出图专用章 AUTHORIZED SEAL

本图未加盖XXXXXXXX有限公司出图专用章无效

注册执业印章 REGISTERED SEAL

备注 NOTES　切勿以比例量度此图，一切应依图内数字所示为准。使用此图时，应同时参照建筑图及其他有关图纸，如发现有任何矛盾之处，应立即通知建筑师和设计师。

项目总负责人 PROJECT DIRECTOR		
所长 DIRECTOR OF DEPARTMENT		
审定人 AUTHORIZED BY		
审核人 AUDITED BY		
专业负责人 DISCIPLINE CHIEF		
校对人 CHECKED BY		
设计人 DESIGNED BY		
制图人 DRAWN BY		

设计编号: PROJECT NUMBER　A2015-08-27

建设单位 CLIENT　安徽XXXXX有限公司

工程名称 PROJECT TITLE　XX县安居苑小区 1# 住宅楼

图名 DRAWING TITLE　一层平面图

设计阶段 PHASE	施工图	专业 DISCIPLINE	建筑
版本 VERSION	1-1	图号 DRAWING No.	建施 -05/14
比例 SCALE	1:100	日期 DATE	2016.05

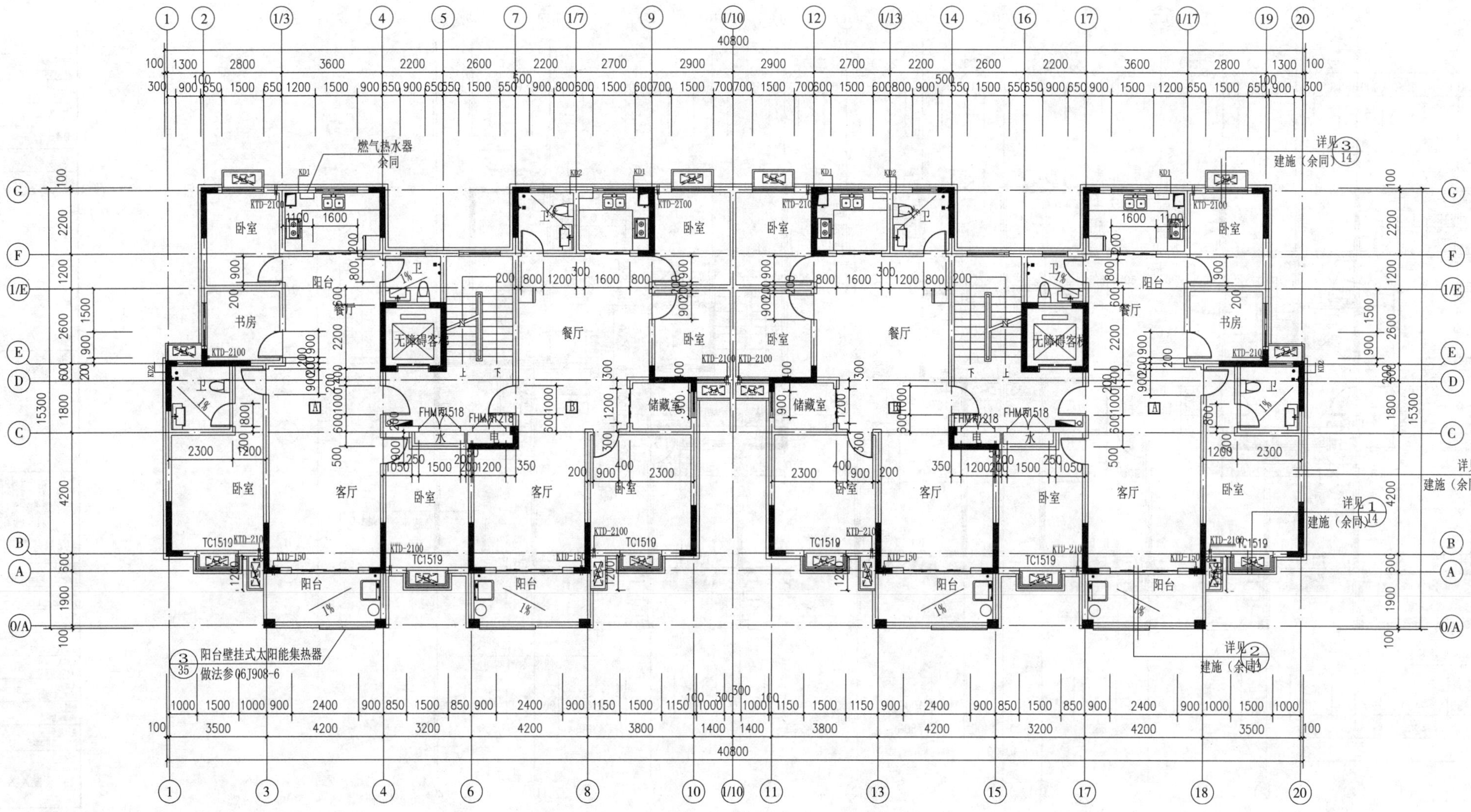

二层平面图 1:100

楼层标高：2.900

说明：

1. 剪力墙以结构图所注为准，除剪力墙部分外砌体材料：外墙为200厚非承重煤矸石空心砖，除部分为120厚非承重煤矸石空心砖外其他均为200厚非承重煤矸石空心砖，具体位置见图。
2. 凡未标注的洞口高均为2100。
4. KTD-150　表示柜机空调洞⌀80,穿墙空调套管，中心距楼地面高150。
3. KTD-2100　表示挂机空调洞,⌀80 穿墙空调套管，中心距楼地面高 2100。
5. 空调预留洞与水落管重叠处,洞边距墙150。
6. KD1 表示强排热水器留洞⌀150,洞中心距顶板底100。
7. KD2 表示卫生间排气洞⌀100洞中心距顶板底100。
   各层空调板均预穿⌀50冷凝水管，上设三通接入口。
8. 卫生间、阳台、厨房标高均比同层低50。并向地漏或雨水口方向做出1.0%泛水坡度，以利排除积水。
9. 入口单元电子防盗门和阳台护栏待主体施工完毕后现场量取尺寸由甲方统一定制
10. 厨房烟道做法见皖2005J112 第5页 A-3 型，预留孔洞 450x400。
11. 构造柱位置详见结施。
12. 未注部分的尺寸及有关说明参照与其相同的部分
13. 外墙面的雨水管、空调冷凝水管刷成与外墙饰面同样颜色。
14. 本工程疏散楼梯，电梯详图分别详见建施第12-13页。
15. 阳台外墙面做法做法同建筑外墙做法。

XXXXXXXX设计院有限公司

会作设计单位 CO-OPERATE WITH	
会签栏	
建筑	结构
给排水	暖通
电气	
出图专用章 AUTHORIZED SEAL	
本图未加盖XXXXXXXX有限公司出图专用章无效	
注册执业印章 REGISTERED SEAL	
备注 NOTES	切勿以比例量度此图，一切应依图内数字所示为准。使用此图时，应同时参照建筑图及其他有关图纸，如发现有任何矛盾之处，应立即通知建筑师和设计师。
项目总负责人 PROJECT DIRECTOR	
所长 DIRECTOR OF DEPARTMENT	
审定人 AUTHORIZED BY	
审核人 AUDITED BY	
专业负责人 DISCIPLINE CHIEF	
校对人 CHECKED BY	
设计人 DESIGNED BY	
制图人 DRAWN BY	
设计编号：PROJECT NUMBER	A2015-08-27
建设单位 CLIENT	安徽XXXXX有限公司
工程名称 PROJECT TITLE	XX县安居苑小区 1# 住宅楼
图名 DRAWING TITLE	二层平面图
设计阶段 PHASE	施工图
专业 DISCIPLINE	建筑
版本 VERSION	1-1
图号 DRAWING No.	建施-06/14
比例 SCALE	1:100
日期 DATE	2016.05

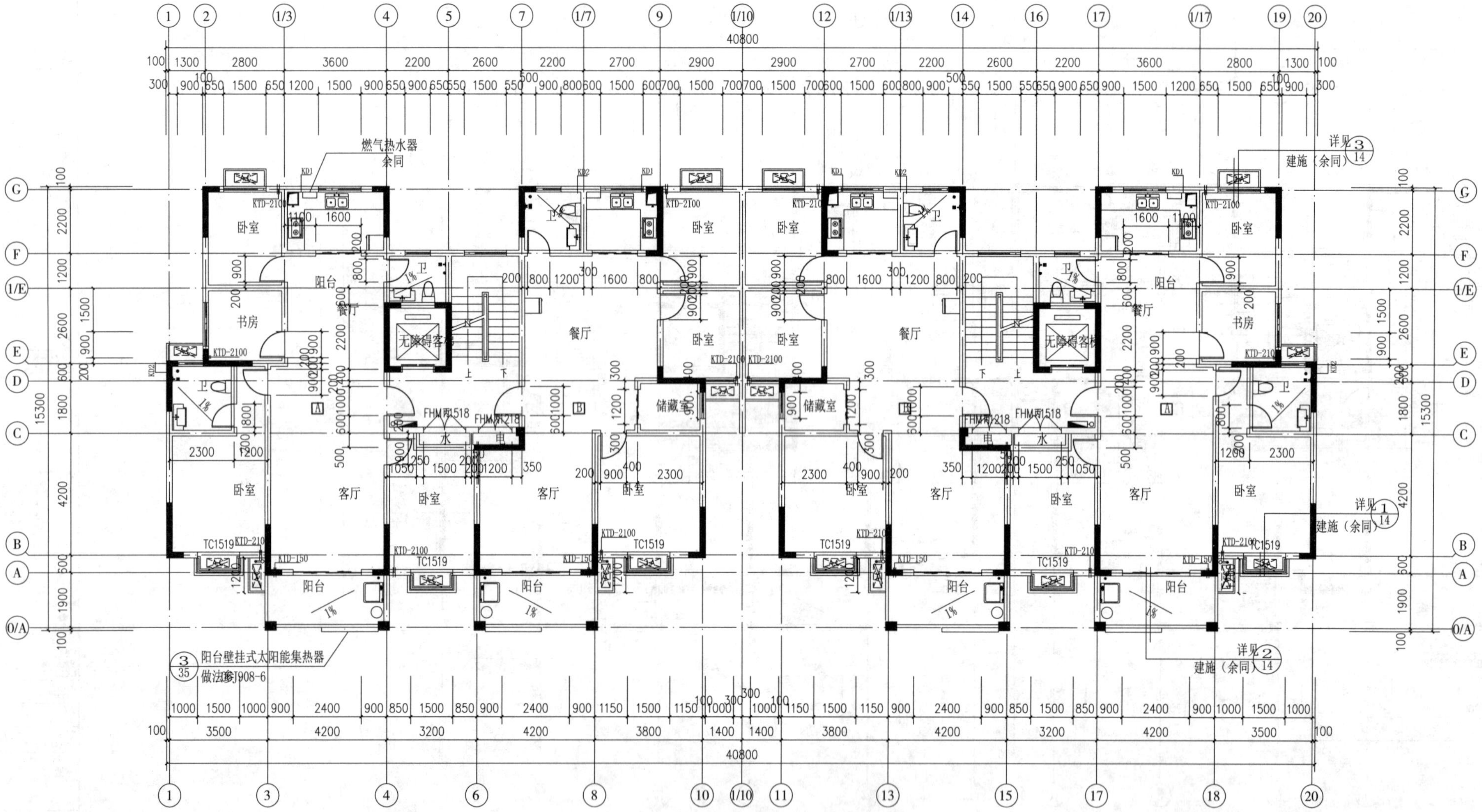

三～九层平面图 1:100

楼层标高：5.800/8.700/11.600/14.500/17.400/20.300/23.200

说明：

1. 剪力墙以结构图所注为准，除剪力墙部分外砌体材料：外墙为200厚非承重煤矸石空心砖，除部分为120厚非承重煤矸石空心砖外其他均为200厚非承重煤矸石空心砖，具体位置见图。
2. 凡未标注的洞口高均为2100。
4. KTD-150　表示柜机空调洞⌀80,穿墙空调套管，中心距楼地面高150。
3. KTD-2100　表示挂机空调洞,⌀80 穿墙空调套管，中心距楼地面高2100。
5. 空调预留洞与水落管重叠处,洞边距墙50 。
6. KD1 表示强排热水器留洞⌀150,洞中心距顶板底100。
7. KD2 表示卫生间排气洞⌀100洞中心距顶板底100。
   各层空调板均预穿⌀50冷凝水管，上设三通接入口。
8. 卫生间、阳台、厨房标高均比同层低 50。并向地漏或雨水口方向做出1.0%泛水坡度，以利排除积水。
9. 入口单元电子防盗门和阳台护栏待主体施工完毕后现场量取尺寸由甲方统一定制
10. 厨房烟道做法见皖2005J112第5页 A-3型，预留孔洞450x400。
11. 构造柱位置详见结施。
12. 未注部分的尺寸及有关说明参照与其相同的部分
13. 外墙面的雨水管、空调冷凝水管刷成与外墙饰面同样颜色。
14. 本工程疏散楼梯，电梯详图分别详见建施第12-13页。
15. 阳台外墙面做法做法同建筑外墙做法。

XXXXXXXX设计院有限公司

地址：
电话：
传真：
邮编：
网址：

资质证书：建筑工程设计甲级 AXXXXXXXXX
工程设计咨询甲级 XXXXXXX
城市规划编制乙级 XXXXXX
房屋安全鉴定 AJ-XXX

合作设计单位 CO-OPERATE WITH

会签栏			
建筑		结构	
给排水		暖通	
电气			

出图专用章 AUTHORIZED SEAL

本图未加盖XXXXXXXX有限公司出图专用章无效

注册执业印章 REGISTERED SEAL

备注 NOTES　切勿以比例量度此图，一切应依图内数字所示为准。使用此图时，应同时参照建筑图及其他有关图纸，如发现有任何矛盾之处，应立即通知建筑师和设计师。

项目总负责人 PROJECT DIRECTOR		
所长 DIRECTOR OF DEPARTMENT		
审定人 AUTHORIZED BY		
审核人 AUDITED BY		
专业负责人 DISCIPLINE CHIEF		
校对人 CHECKED BY		
设计人 DESIGNED BY		
制图人 DRAWN BY		

设计编号 PROJECT NUMBER：A2015-08-27

建设单位 CLIENT：安徽XXXXX有限公司

工程名称 PROJECT TITLE：XX县安居苑小区 1#住宅楼

图名 DRAWING TITLE：三～九层平面图

设计阶段 PHASE	施工图	专业 DISCIPLINE	建筑
版本 VERSION	1-1	图号 DRAWING No.	建施-07/14
比例 SCALE	1:100	日期 DATE	2016.05

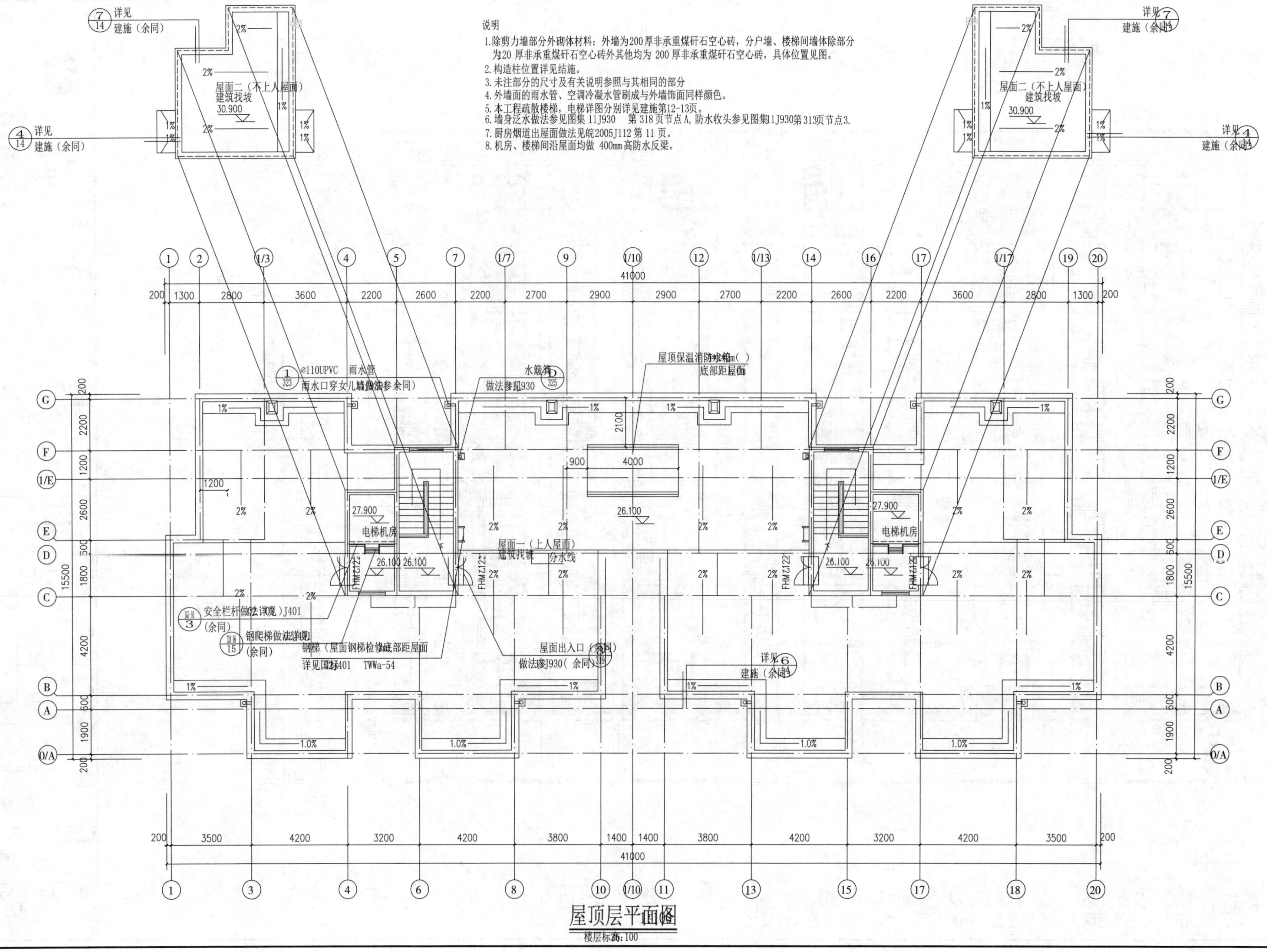

说明

1.除剪力墙部分外砌体材料：外墙为200厚非承重煤矸石空心砖，分户墙、楼梯间墙体除部分为120 厚非承重煤矸石空心砖外其他均为 200 厚非承重煤矸石空心砖，具体位置见图。
2.构造柱位置详见结施。
3.未注部分的尺寸及有关说明参照与其相同的部分
4.外墙面的雨水管、空调冷凝水管刷成与外墙饰面同样颜色。
5.本工程疏散楼梯，电梯详图分别详见建施第12-13页。
6.墙身泛水做法参见图集 11J930　第 318 页节点 A，防水收头参见图集11J930第313页节点3.
7.厨房烟道出屋面做法见皖2005J112 第 11 页。
8.机房、楼梯间沿屋面均做 400mm 高防水反梁。

屋顶层平面图

楼层标高：26.100

XXXXXXXX设计院有限公司

地址：

电话：
传真：
邮编：
网址：

资质证书：建筑工程设计甲级 AXXXXXXXXX
工程设计咨询甲级 XXXXXXX
城市规划编制乙级 XXXXXX
房屋安全鉴定 AJ-XXX

合作设计单位 CO-OPERATE WITH

会签栏			
建筑		结构	
给排水		暖通	
电气			

出图专用章 AUTHORIZED SEAL

本图未加盖XXXXXXXX有限公司出图专用章无效

注册执业章 REGISTERED SEAL

备注 NOTES 切勿以比例量度此图，一切应依图内数字所示为准。使用此图时，应同时参照建筑图及其他有关图纸，如发现有任何矛盾之处，应立即通知建筑师和设计师。

项目总负责人 PROJECT DIRECTOR		
所长 DIRECTOR OF DEPARTMENT		
审定人 AUTHORIZED BY		
审核人 AUDITED BY		
专业负责人 DISCIPLINE CHIEF		
校对人 CHECKED BY		
设计人 DESIGNED BY		
制图人 DRAWN BY		

设计编号 PROJECT NUMBER: A2015-08-27

建设单位 CLIENT: 安徽XXXXX有限公司

工程名称 PROJECT TITLE: XX县安居苑小区 1#住宅楼

图名 DRAWING TITLE: 屋顶层平面图

设计阶段 PHASE	施工图	专业 DISCIPLINE	建筑
版本 VERSION	1-1	图号 DRAWING No.	建施-08/14
比例 SCALE	1:100	日期 DATE	2016.05

材质图例

真石漆涂料深咖色　真石漆涂料①浅黄色

备注：1、外墙面的雨水管、空调冷凝水管刷成与外墙饰面同样颜色。
2、图中未注的空调板、凸窗线条、阳台横向线条均为深咖色真石漆涂料

①～⑳立面图　1:100

XXXXXXXX设计院有限公司

地址：
电话：
传真：
邮编：
网址：

资质证书：建筑工程设计甲级　AXXXXXXXXX
工程设计咨询甲级　XXXXXXX
城市规划编制乙级　XXXXXX
房屋安全鉴定　AJ-XXX

合作设计单位 CO-OPERATE WITH

会签栏			
建筑		结构	
给排水		暖通	
电气			

出图专用章 AUTHORIZED SEAL

本图未加盖XXXXXXXX有限公司出图专用章无效

注册执业印章 REGISTERED SEAL

备注 NOTES　切勿以比例量度此图，一切应依图内数字所示为准。使用此图时，应同时参照建筑图及其他有关图纸，如发现有任何矛盾之处，应立即通知建筑师和设计师。

项目总负责人 PROJECT DIRECTOR		
所长 DIRECTOR OF DEPARTMENT		
审定人 AUTHORIZED BY		
审核人 AUDITED BY		
专业负责人 DISCIPLINE CHIEF		
校对人 CHECKED BY		
设计人 DESIGNED BY		
制图人 DRAWN BY		

设计编号：PROJECT NUMBER　A2015-08-27

建设单位 CLIENT　安徽XXXXX有限公司

工程名称 PROJECT TITLE　XX县安居苑小区1#住宅楼

图名 DRAWING TITLE　①～⑳立面图

设计阶段 PHASE	施工图	专业 DISCIPLINE	建筑
版本 VERSION	1-1	图号 DRAWING No.	建施-09/14
比例 SCALE	1:100	日期 DATE	2016.05

⑳～①立面图 1:100

材质图例

真石漆涂料深咖色　　真石漆涂料浅黄色

备注：1、外墙面的雨水管、空调冷凝水管刷成与外墙饰面同样颜色。
2、图中未注的空调板、凸窗线条、阳台横向线条均为深咖色真石漆涂料

XXXXXXXX设计院有限公司

EXPERT OFFICE

地址：
电话：
传真：
邮编：
网址：

资质证书：建筑工程设计甲级 AXXXXXXXXX
工程设计咨询甲级 XXXXXXX
城市规划编制乙级 XXXXXX
房屋安全鉴定 AJ-XXX

合作设计单位
CO-OPERATE WITH

会签栏

建 筑		结 构	
给排水		暖 通	
电 气			

出图专用章
AUTHORIZED SEAL

本图未加盖XXXXXXXX有限公司出图专用章无效

注册执业印章
REGISTERED SEAL

备 注
NOTES
切勿以比例量度此图，一切应依图内数字所示为准。
使用此图时 应同时参照建筑图及其他有关图纸 如发现有任何矛盾之处，应立即通知建筑师和设计师。

项目总负责人 PROJECT DIRECTOR		
所 长 DIRECTOR OF DEPARTMENT		
审定人 AUTHORIZED BY		
审核人 AUDITED BY		
专业负责人 DISCIPLINE CHIEF		
校对人 CHECKED BY		
设计人 DESIGNED BY		
制图人 DRAWN BY		

设计编号：PROJECT NUMBER A2015-08-27

建设单位 CLIENT
安徽XXXXX有限公司

工程名称 PROJECT TITLE
XX县安居苑小区
1# 住宅楼

图 名 DRAWING TITLE
⑳～①立面图

设计阶段 PHASE	施工图	专 业 DISCIPLINE	建 筑
版 本 VERSION	1-1	图 号 DRAWING No.	建施-10/14
比 例 SCALE	1:100	日 期 DATE	2016.05

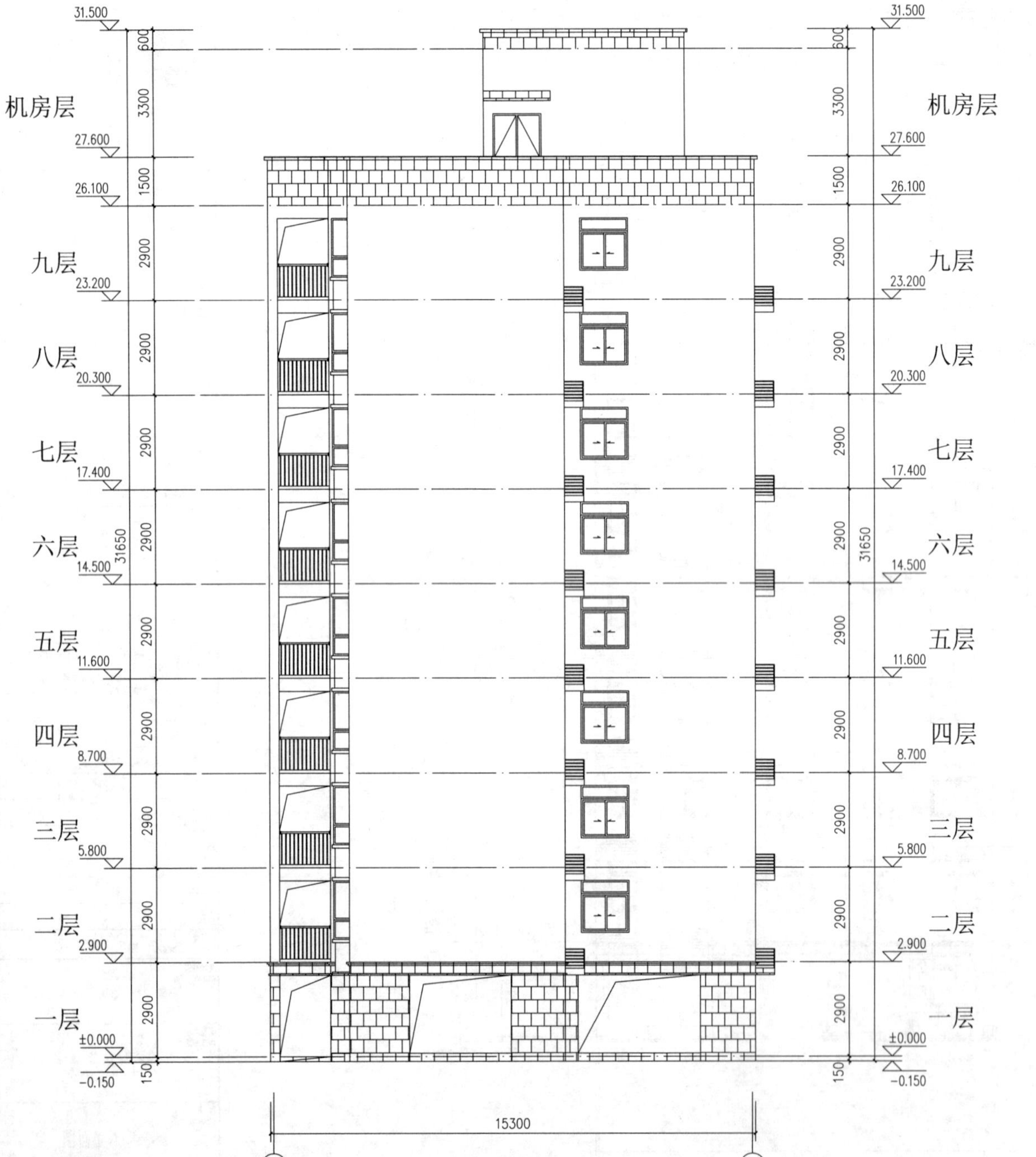

材质图例:
真石漆涂料深咖色
真石漆涂料浅黄色

0/A~G立面图 1:100
G~0/A立面图

备注:1、外墙面的雨水管、空调冷凝水管刷成与外墙饰面同样颜色。
2、图中未注的空调板、凸窗线条、阳台横向线条均为深咖色真石漆涂料

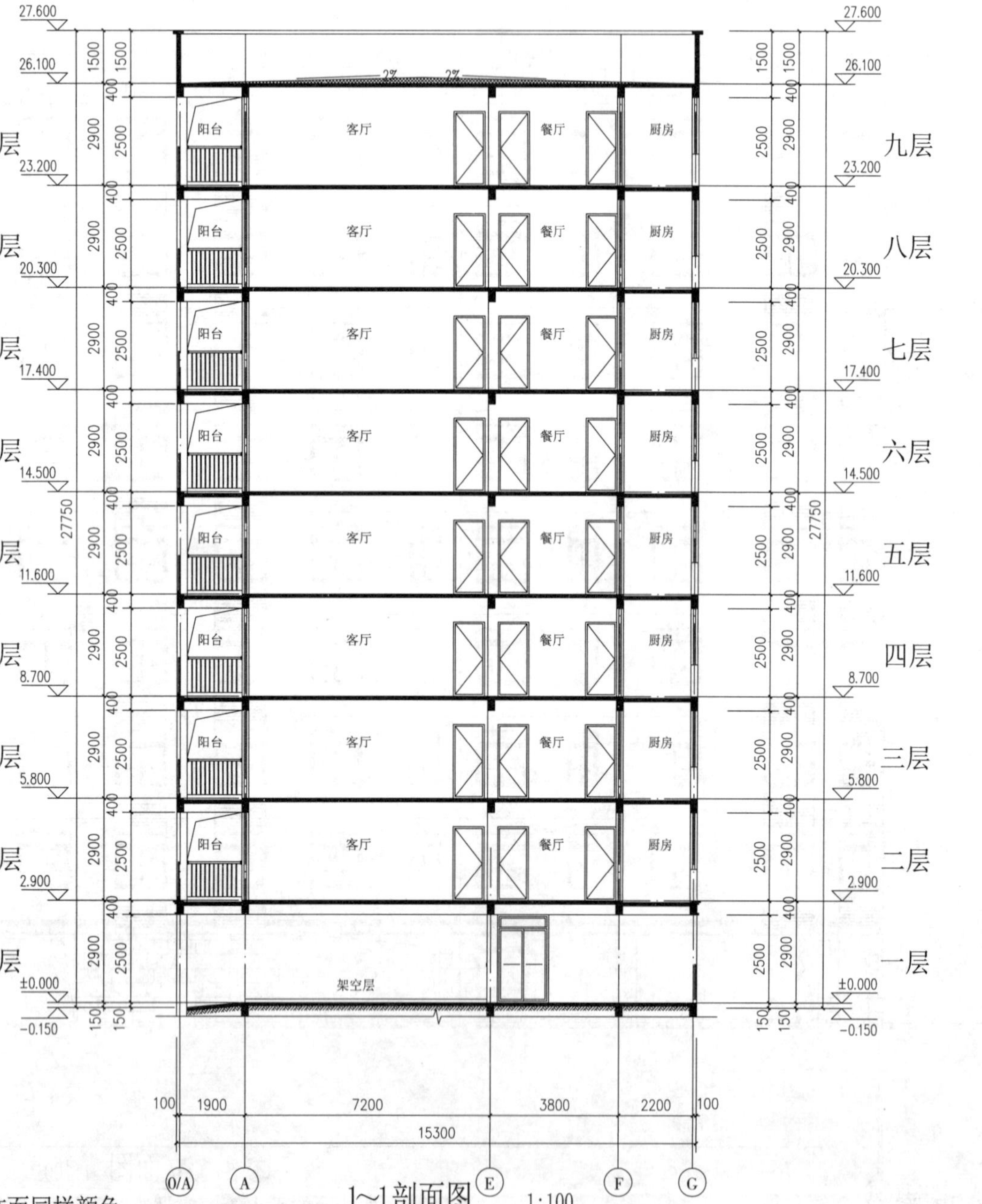

1~1剖面图 1:100

XXXXXXXX设计院有限公司

本图未加盖XXXXXXXX有限公司出图专用章无效

项目编号 PROJECT NUMBER A2015-08-27

建设单位 CLIENT 安徽XXXXX有限公司

工程名称 PROJECT TITLE XX县安居苑小区 1#住宅楼

图名 DRAWING TITLE 0/A~G立面图 G~0/A立面图 1~1剖面图

设计阶段 PHASE 施工图 专业 DISCIPLINE 建筑

版本 VERSION 1-1 图号 DRAWING No. 建施-11/14

比例 SCALE 1:100 日期 DATE 2016.05

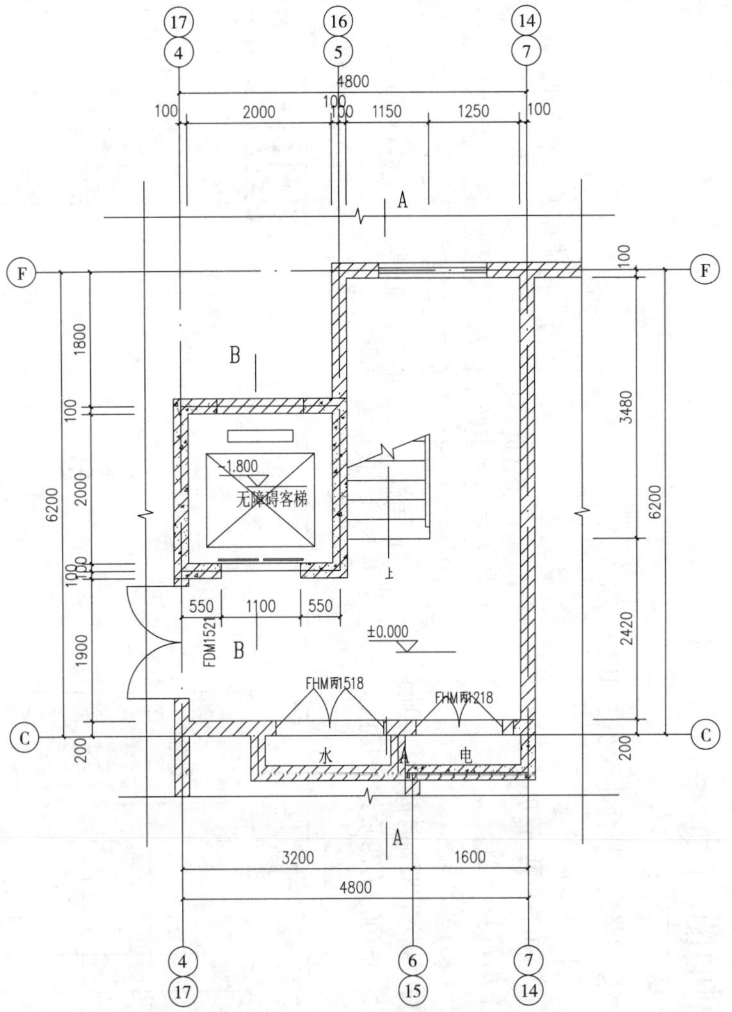

楼梯电梯一层大样图 1:50

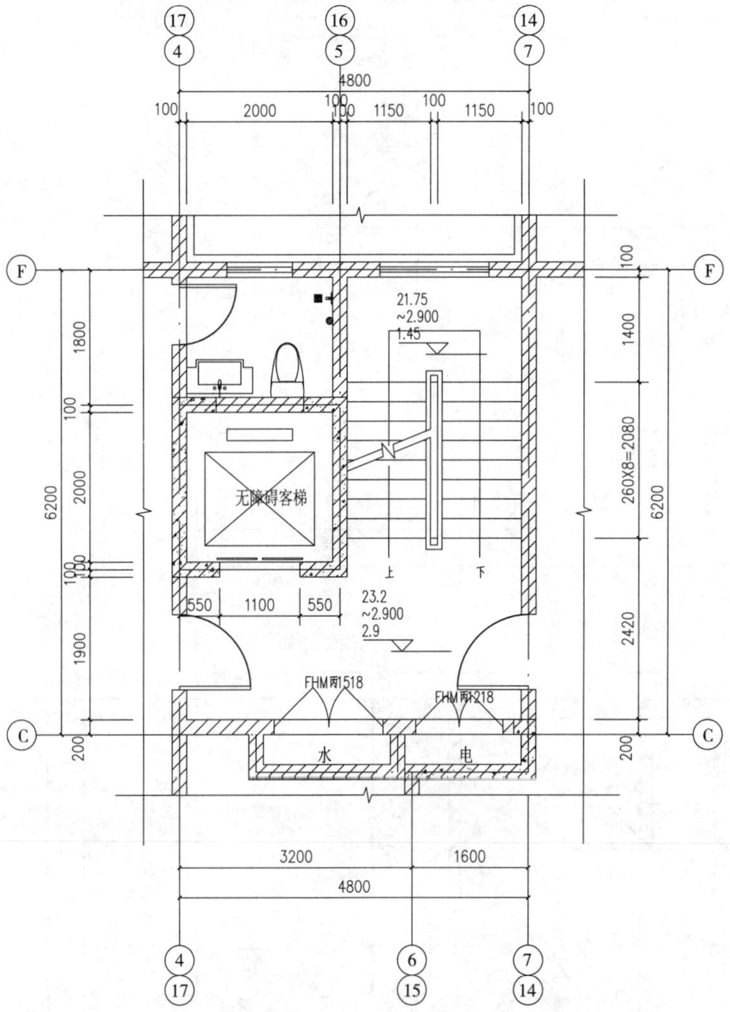

楼梯电梯二～九层大样图 1:50

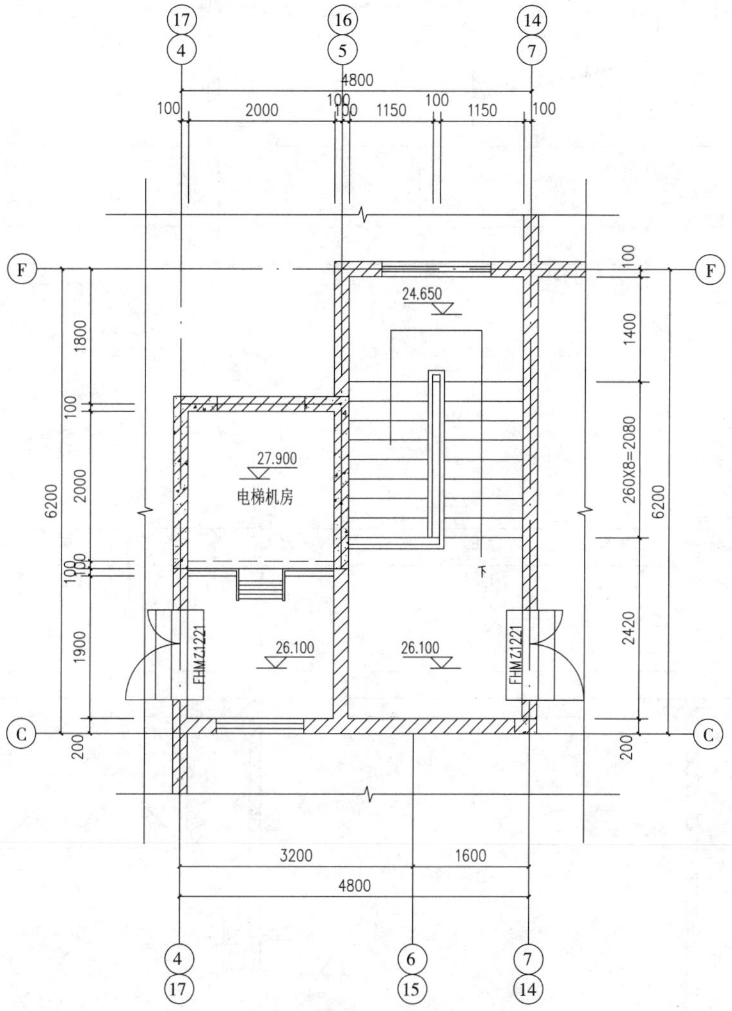

楼梯电梯机房层大样图1:50

说明：

1.楼梯栏杆作法参见国标06J403-1第19页A4a型,楼梯竖向栏杆净距应小于110mm。木扶手为⌀50,做法参见国标 06J403-1 第157 页节点23。

2.楼梯栏杆与踏步的连接作法参见国标 06J403-1第152页节点3 。

3.护窗栏杆做法参见国标06J403-1第77页H2型。

4.楼梯踏步防滑条作法参见国标06J403-1 第149页编号1。

5.斜梯段栏杆扶手高 900mm，水平栏杆长度超过500mm时高为1100mm。

6.楼梯踏步面层为水泥砂浆做法详见国标05J909第79页编号楼1A。

7.楼梯板底表面作法同顶棚做法。

XXXXXXXX设计院有限公司

地址：

电话：
传真：
邮编：
网址：

资质证书：建筑工程设计甲级 AXXXXXXXXX
工程设计咨询甲级 XXXXXXX
城市规划编制乙级 XXXXXX
房屋安全鉴定 AJ-XXX

合作设计单位
CO-OPERATE WITH

会签栏

建 筑		结 构	
给排水		暖 通	
电 气			

出图专用章
AUTHORIZED SEAL

本图未加盖XXXXXXXX有限公司出图专用章无效

注册执业印章
REGISTERED SEAL

备 注
NOTES
切勿以比例量度此图，一切应依图内数字所示为准。
使用此图时，应同时参照建筑图及其他有关图纸，如发现有任何矛盾之处，应立即通知建筑师和设计师。

项目总负责人 PROJECT DIRECTOR		
所 长 DIRECTOR OF DEPARTMENT		
审定人 AUTHORIZED BY		
审核人 AUDITED BY		
专业负责人 DISCIPLINE CHIEF		
校对人 CHECKED BY		
设计人 DESIGNED BY		
制图人 DRAWN BY		

设计编号: PROJECT NUMBER A2015-08-27

建设单位 CLIENT
安徽XXXXX有限公司

工程名称 PROJECT TITLE
XX县安居苑小区
1# 住宅楼

图 名 DRAWING TITLE
楼梯、电梯大样图

设计阶段 PHASE	施工图	专 业 DISCIPLINE	建 筑
版 本 VERSION	1-1	图 号 DRAWING No.	建施-12/14
比 例 SCALE	1:50	日 期 DATE	2016.05

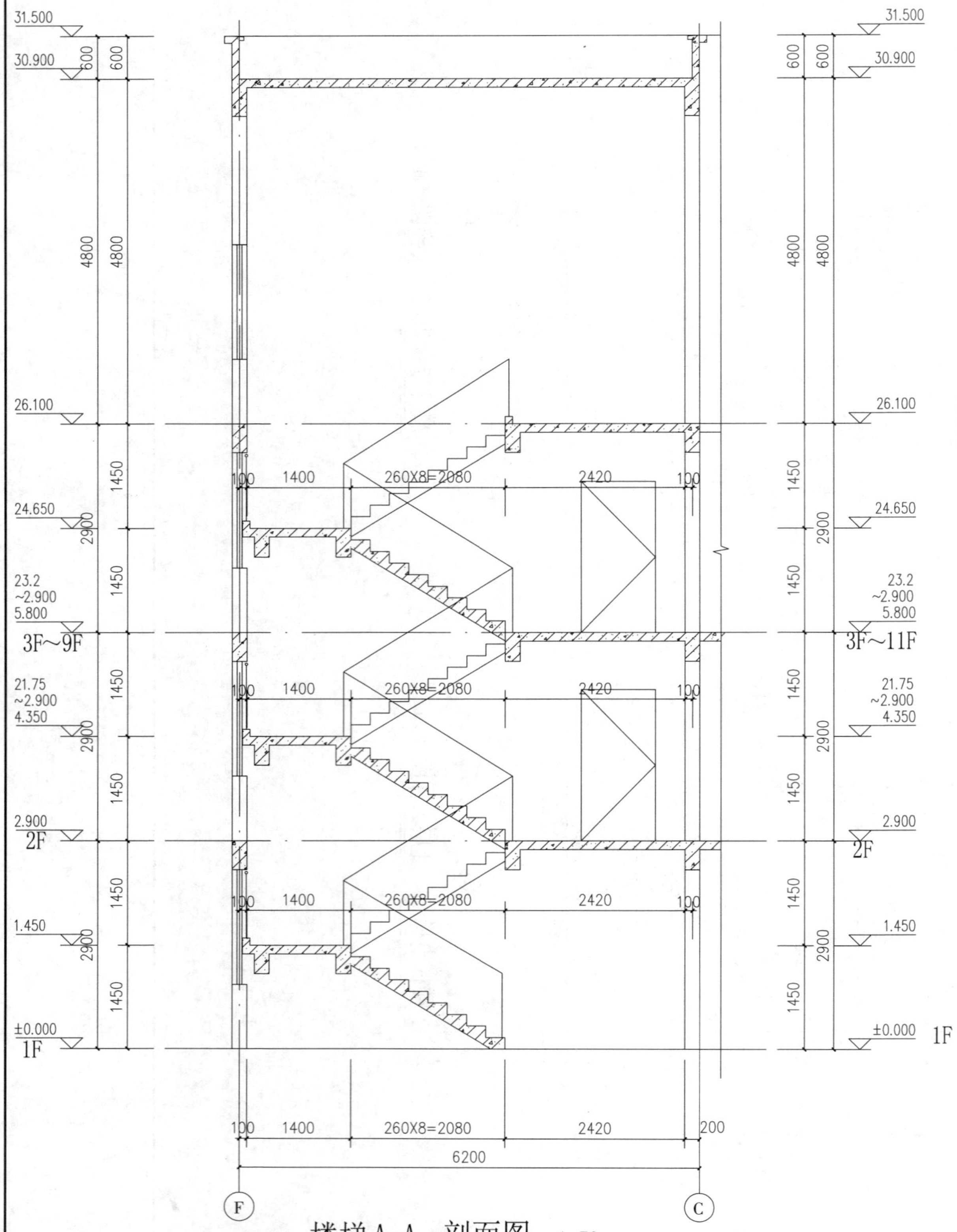

楼梯A-A 剖面图 1:50

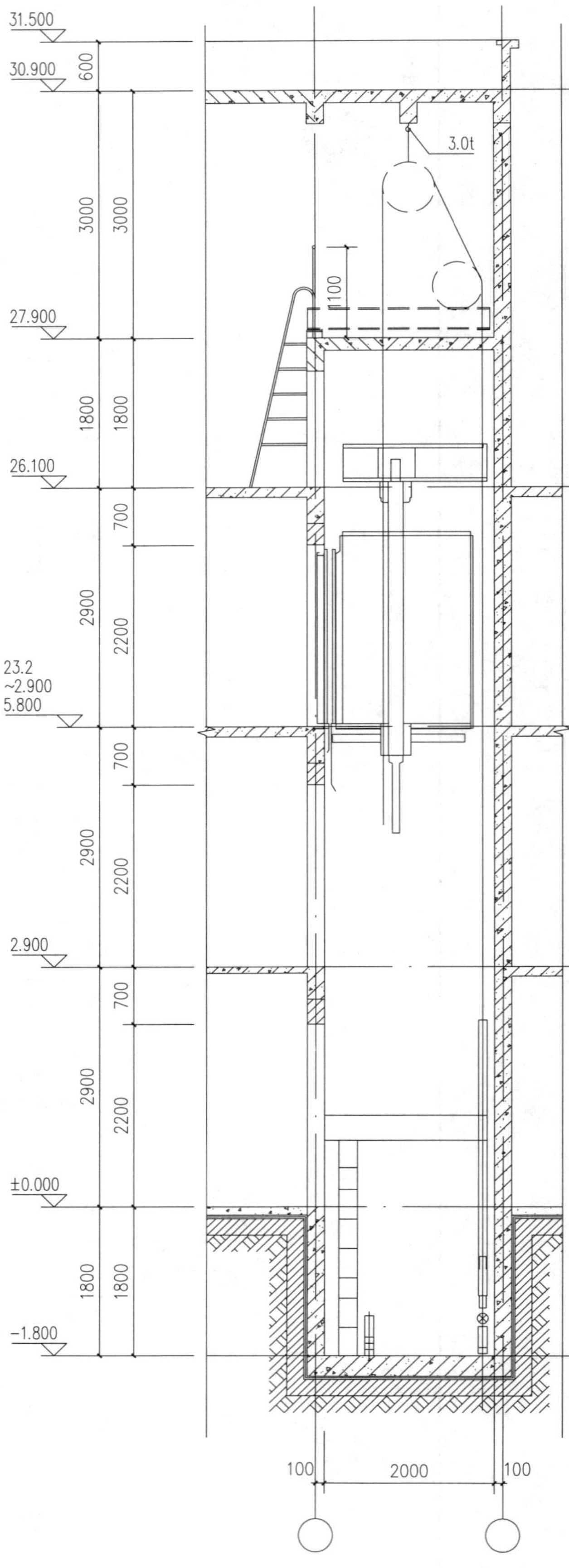

电梯B~B剖面图 1:50

说明:

1. 楼梯栏杆作法参见国标 06J403-1 第19页 A4a型楼梯竖向栏杆净距应小于110mm。木扶手为∅50,做法参见国标06J403-1第157页节点23。
2. 楼梯栏杆与踏步的连接作法参见国标 06J403-1 第152页节点3。
3. 护窗栏杆做法参见参见国标 06J403-1 第77页H2型。
4. 楼梯踏步防滑条作法参见国标06J403-1 第149页编号1。
5. 斜梯段栏杆扶手高900mm，水平栏杆长度超过500mm时高为1100mm。
6. 楼梯踏步面层为水泥砂浆做法详见国标 05J909第79页编号楼1A。
7. 楼梯板底表面作法同顶棚做法。

电梯说明:

1. 混凝土墙、柱、梁详见结施。
2. 基坑底板，外墙外侧防水构造详见《地下建筑防水构造》10J301 第41页节点4。
3. 基坑有关节点防水做法详见《地下建筑防水构造》10J301
4. 梯井道及机房施工前应与厂家提供之土建、安装图核对无误后再施工墙、板所留孔洞以厂家提供的图纸为准。

注: 电梯:1. 载重量:800Kg
2. 速度:1.5m/s ; 3. 井道内净尺寸:2000*2200

XXXXXXXX设计院有限公司

地址:
电话:
传真:
邮编:
网址:

资质证书: 建筑工程设计甲级 AXXXXXXXXX
工程设计咨询甲级 XXXXXXX
城市规划编制乙级 XXXXXX
房屋安全鉴定 AJ-XXX

合作设计单位 CO-OPERATE WITH

会签栏

建筑		结构	
给排水		暖通	
电气			

出图专用章 AUTHORIZED SEAL

本图未加盖XXXXXXXX有限公司出图专用章无效

注册执业印章 REGISTERED SEAL

备注 NOTES: 切勿以比例量度此图，一切应依图内数字所示为准。使用此图时，应同时参照建筑图及其他有关图纸，如发现有任何矛盾之处，应立即通知建筑师和设计师。

项目总负责人 PROJECT DIRECTOR
所长 DIRECTOR OF DEPARTMENT
审定人 AUTHORIZED BY
审核人 AUDITED BY
专业负责人 DISCIPLINE CHIEF
校对人 CHECKED BY
设计人 DESIGNED BY
制图人 DRAWN BY
设计编号 PROJECT NUMBER: A2015-08-27
建设单位 CLIENT: 安徽XXXXX有限公司
工程名称 PROJECT TITLE: XX县安居苑小区 1# 住宅楼
图名 DRAWING TITLE: 楼梯、电梯剖面大样图

设计阶段 PHASE	施工图	专业 DISCIPLINE	建筑
版本 VERSION	1-1	图号 DRAWING No.	建施-13/14
比例 SCALE	1:50	日期 DATE	2016.05

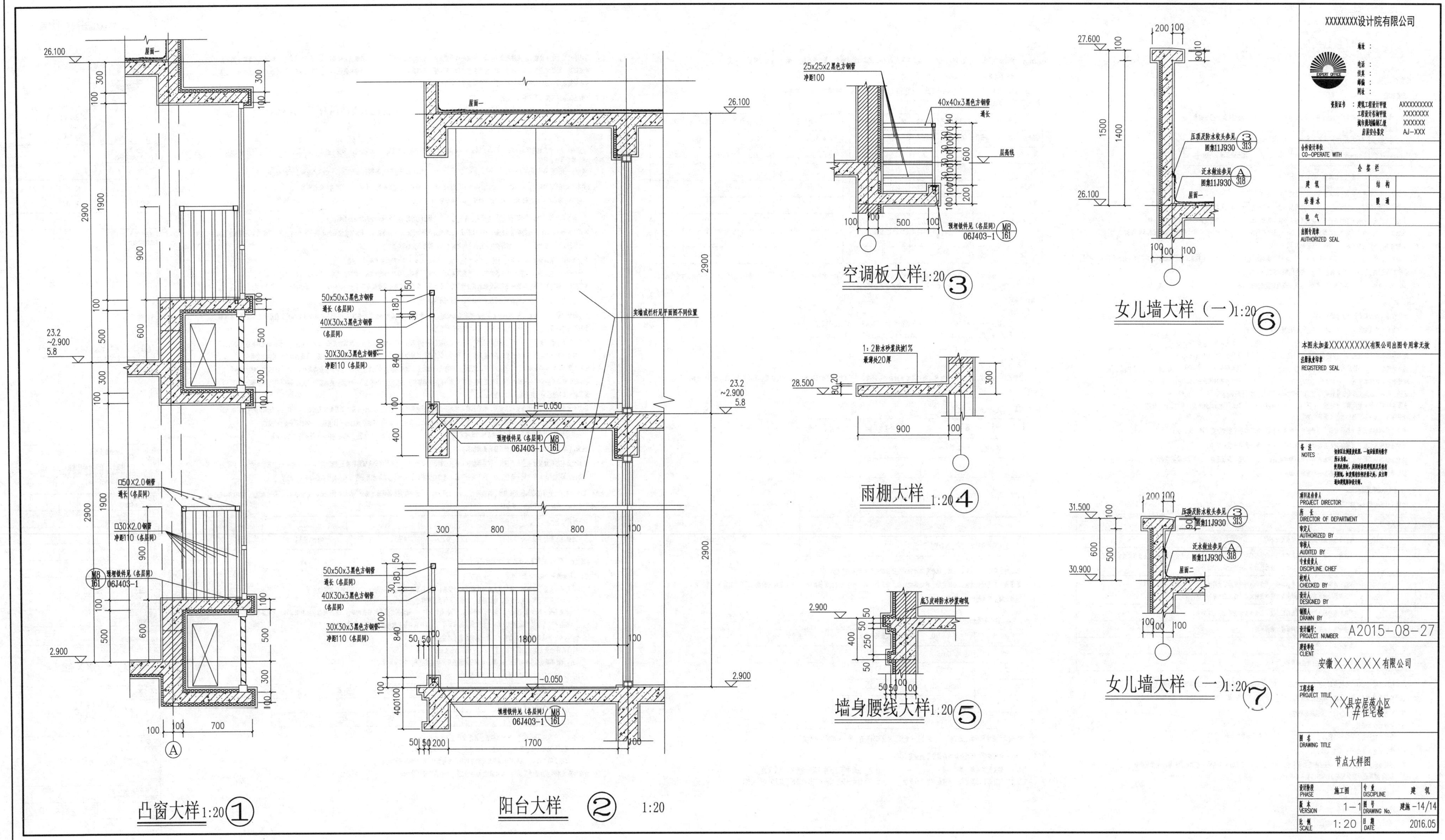

凸窗大样 1:20 ①
阳台大样 ② 1:20
空调板大样 1:20 ③
雨棚大样 1:20 ④
墙身腰线大样 1:20 ⑤
女儿墙大样（一）1:20 ⑥
女儿墙大样（一）1:20 ⑦
□50X2.0钢管
□30X2.0钢管
50x50x3黑色方钢管
40X30x3黑色方钢管
30X30x3黑色方钢管
25x25x2黑色方钢管
40x40x3黑色方钢管
预埋铁件见（各层同）
06J403-1
压顶泛防水收头参见 图集11J930
泛水做法参见 图集11J930
1：2防水砂浆找坡1%
XXXXXXXX设计院有限公司
本图未加盖XXXXXXXX有限公司出图专用章无效
A2015-08-27
安徽XXXXX有限公司
XX县安居苑小区
1#住宅楼
节点大样图
施工图
建筑
1-1
建施-14/14
1:20
2016.05

结构设计总说明

一、工程概况和总则

1. 工程概况:

本工程为XX县安居苑小区1#住宅楼，位于XX省XX市XX县XX路与XX路交口东南角。

层 数	建筑高度(m)	建筑宽度(m)	建筑长度(m)	结构体系	抗震等级
地上9层	26.100	15.300	40.800	剪力墙结构	四 级

±0.000相当的地质报告标高为 30.050m。

2. 在设计考虑的环境类别下，本工程的结构设计使用年限为50年。
3. 计量单位(除注明外)：1)长度: mm; 2)角度: 度; 3)标高: m; 4)强度: N/mm^2。
4. 本建筑物应按建筑图中注明的使用功能使用，未经技术鉴定或设计许可，不得改变结构的用途和使用环境。
5. 凡预留洞、预埋件应严格按照结构图并配合其他工种图纸进行施工，未经结构专业许可，严禁擅自留洞或事后凿洞。
6. 结构施工图中除特别注明外，均以本总说明为准。
7. 现浇的柱、剪力墙、梁等混凝土构件采用"平法表示"，其制图规则详见《混凝土结构施工图平面整体表示方法制图规则和构造详图》(图集编号为11G101-1)。除注明外，构造措施按本图集施工。
8. 本总说明未详尽处，请遵照现行国家有关规范、规程以及规定进行施工。

二、设计依据:

1. 本工程施工图按初步设计批文进行设计。
2. 采用中华人民共和国现行国家标准、规范和规程进行设计，主要有:

混凝土结构设计规范 GB50010-2010；建筑结构荷载规范 GB50009-2012；
建筑地基基础设计规范 GB50007-2011；建筑抗震设计规范 GB50011-2010；
高层建筑混凝土结构技术规程 JGJ3-2010；建筑抗震设防分类标准 GB50223-2008；
建筑地基处理技术规范 JGJ79-2012；建筑桩基技术规范 JGJ94-2008；
混凝土结构工程施工质量验收规范 GB50204-2002(2011年版)；
安徽省住宅工程质量通病防治导则 DB34/1659-2012；国家及地方其他规范、设计条例、规定

3. 采用中华人民共和国现行的标准图集主要有:

混凝土结构施工图平面整体表示方法制图规则和构造详图(现浇混凝土框架、剪力墙、梁、板) 11G101-1
混凝土结构施工图平面整体表示方法制图规则和构造详图(现浇混凝土板式楼梯) 11G101-2
混凝土结构施工图平面整体表示方法制图规则和构造详图(独立基础、条形基础、筏型基础及桩基承台) 11G101-3
建筑物抗震构造详图(多层和高层钢筋混凝土房屋) 11G329-1

4. 基础设计说明见基础图。
5. 混凝土结构的环境类别

环境类别	条 件
一	室内干燥环境；无侵蚀性静水浸没环境。
二a	室内潮湿环境；非严寒和非寒冷地区的露天环境；非严寒和非寒冷地区与无侵蚀性的水或土壤直接接触的环境；严寒和寒冷地区的冰冻线以下与无侵蚀性的水或土壤直接接触的环境。
二b	干湿交替环境；水位频繁变动环境；严寒和寒冷地区的露天环境；严寒和寒冷地区的冰冻线以上与无侵蚀性的水或土壤直接接触的环境。
三a	严寒和寒冷地区冬季水位变动区环境；受除冰盐影响环境；海风环境。
三b	盐渍土环境；受除冰盐作用环境；海岸环境。
四	海水环境。
五	受人为或自然的侵蚀性物质影响的环境。

本工程的混凝土结构的环境类别：室内干燥环境为一类，室内潮湿、露天及与水土直接接触部分环境为二a类。

6. 抗震设防烈度为6 度，设计基本地震加速度0.05g，设计地震分组: 第 一组; 场地类别: 类; 特征周期Tg= 0s35，
建筑结构的阻尼比取0.05。 属抗震有利地段。
7. 建筑结构的设计等级:
7.1 建筑结构的安全等级：二级。 7.2 地基基础设计等级：乙级。
7.3 建筑抗震设防类别：标准设防类。
7.4 建筑物耐火等级：二级，相应各类主要构件的耐火极限，所要求的最小构件尺寸及保护层最小厚度应符合现行《建筑设计防火规范》GB50016的要求。
8. 50年一遇的基本风压：0.35 kN/m^2，房屋总高度大于60m承载力设计时采用基本风压的1.1倍， 地面粗糙度：B类。
9. 50年一遇的基本雪压：0.60kN/m^2。
10. 楼面和屋面活荷载: 按<<建筑结构荷载规范>> GB50009-2012取值，具体数值如表二.10所示。

表二.10 楼面和屋面活荷载

楼面用途	活荷载(kN/m^2)	组合值系数	频遇值系数	准永久值系数	楼面用途	活荷载(kN/m^2)	组合值系数	频遇值系数	准永久值系数
起居室、客厅、卧室、餐厅	2.0	0.7	0.5	0.4	室内楼梯、普通楼梯	2.0	0.7	0.5	0.4
阳台	2.5	0.7	0.6	0.5	电梯机房	7.0	0.9	0.9	0.8
厨房	2.0	0.7	0.6	0.5					
卫生间	2.5	0.7	0.6	0.5					
露台、上人屋面	2.0	0.7	0.5	0.4					
不上人屋面	0.6	0.7	0.5	0.0					

注：1)楼层房间应按照建筑图中注明内容使用，未经设计单位同意，不得任意更改使用用途，不得在楼层梁和板上增设建筑图中未标注的隔墙。
2)屋面需定期检查，防止雨水管堵塞，设计中未考虑积水荷载。

11. 栏杆顶部的水平荷载取1.0kN/m
12. 计算分析软件：
12.1 结构整体分析：PKPM系列结构空间有限元分析与计算软件SATWE(2012年6月版)。
12.2 基础计算：PKPM系列基础工程计算机辅助设计JCCAD(2012年6月版)。

三、材料选用及要求：

本工程使用的所有材料，均应有出厂合格证明和质量试验报告，所有材料必须经有关部门认真复验后方可使用，不得使用无证或不合格材料。

1. 混凝土:

1.1 混凝土强度等级如表三.1.1

标 高	墙、柱砼强度等级	梁、板砼强度等级
基础顶以上	C30	C30
基础砼强度等级C30，基础垫层C15.		

1.2 构造柱、圈梁、压顶梁、过梁、栏板等后浇构件，除特别注明外均采用C25。
1.3 除了施工单位提供试块实验报告外，设计单位依据工程具体要求，可采用随机无损检验，以确认混凝土的施工质量及强度等级是否满足设计要求。
1.4 结构混凝土耐久性的基本要求详见表三.1.5。

表三.1.4 结构混凝土耐久性的基本要求

环境类别	最大水胶比	最大氯离子含量(%)	最大碱含量(kg/m^3)
一	0.60	0.30	不限制
二a	0.55	0.20	3.0
二b	0.50(0.55)	0.15	
三a	0.45(0.50)	0.15	
三b	0.40	0.10	

注：处于严寒或寒冷地区的二b、三a类环境中混凝土应使用引气剂，并可采用括号中的相关参数。

1.5 混凝土结构在设计使用年限内应遵守下列规定
1.5.1 建立定期检测、维修制度； 1.5.2 设计中可更换的混凝土构件应按规定更换；
1.5.3 构件表面的防护层，应按规定维护或更换； 1.5.4 结构出现可见的耐久性缺陷时，应及时进行处理。
1.6 为减小混凝土收缩裂缝，各层楼板及剪力墙，特别是地下室底板，顶板，以及地下室外墙，其混凝土应采用低收缩率的混凝土，控制用水量和水泥用量及塌落度，必要时添加适当高效减水剂，控制粉煤灰和矿粉掺量，不得采用细砂作为细骨料，切实做好混凝土早期保水和养护工作；大体积混凝土还应采用低热水泥，控制入模温度和构件表面与中心温差，温差不应超过25度。
1.7 混凝土应振捣密实，不得漏捣、复捣。
1.8 新旧混凝土结合处，旧混凝土表面凿毛，清除浮渣和尘土，洗净表面，涂布新鲜水泥浆(配合比同混凝土内砂浆)，及时浇筑新混凝土，且新混凝土强度等级需提高一级。

2. 钢材：

钢材材质分别符合《碳素结构钢》(GB700)和《低合金结构钢》(GB/T1591)的规定，并应保证抗拉强度，伸长率，屈服点，冷弯试验，冲击韧性合格和碳，硫，磷含量符合限值。

2.1 ф表示HPB300钢筋(f_y=270N/mm^2, f_{yk}=300N/mm^2)；ф表示HRB335钢筋(f_y=300N/mm^2, f_{yk}=335N/mm^2)；
ф表示HRB400钢筋(f_y=360N/mm^2, f_{yk}=400N/mm^2)。钢筋的强度标准值应具有不小于95%的保证率。
HRB335和HRB400钢筋的外观标记不明显，应严格管理，以防混用。
2.2 钢板和型钢采用: Q235等级B(C，D)的碳素结构钢; Q345等级B(C，D，E)的低合金高强度结构钢。
2.3 抗震等级为一、二、三级的框架及斜撑构件(含梯段)纵向受力钢筋的抗拉强度实测值与屈服强度实测值的比值不应小于1.25，且钢筋的屈服强度实测值与强度标准值的比值不应大于1.3，且钢筋在最大拉力下的总伸长率实测值不应小于9%。
2.4 受力预埋件的锚筋应采用HPB300级，HRB335级或HRB400级钢筋，严禁采用冷加工钢筋。
2.5 吊环(吊钩)应采用HPB300级钢筋制作，严禁使用冷加工钢筋。吊环(吊钩)埋入混凝土的深度不应小于30d。
2.6 施工中任何钢筋的替换，均应按照钢筋受拉承载力设计值相等的原则换算并应满足最小配筋率要求，同时需经设计单位同意后，方可替换。
2.7 梁、柱、剪力墙边缘构件的纵筋不应与箍筋、拉筋及预埋件等焊接。
2.8 受力钢筋的最小锚固长度 L_a，纵向受力钢筋的抗震锚固长度L_{aE}，纵向受力钢筋的绑扎搭接长度 L_{al} 详见《混凝土结构施工图平面整体表示方法制图规则和构造详图》(11G101-1)的第53页~第55页的相关内容。
2.9 轴心受拉及小偏心受拉杆件(如桁架和拱的拉杆)的纵向受力钢筋不得采用绑扎搭接接头。当受拉钢筋的直径d≥25mm时，不应采用绑扎搭接接头。
2.10 同一构件中相邻纵向受力钢筋的绑扎搭接接头宜相互错开。钢筋绑扎搭接接头连接区段的长度为1.3倍搭接长度，凡搭接接头中点位于该连接区段长度内的搭接接头均属于同一连接区段。位于同一连接区段内的受力钢筋搭接接头面积百分率: 对梁类，板类及墙类构件: ≤25%，对柱类构件: ≤50%。
2.11 在纵向受力钢筋搭接接头范围内应配置箍筋，其直径不应小于搭接钢筋较大直径的0.25倍且不小于梁中箍筋直径，箍筋间距不应大于搭接钢筋较小直径的5倍，且不应大于100mm。
2.12 纵向受力钢筋机械连接接头宜相互错开。钢筋机械连接接头连接区段内的长度为35d(d为纵向受力钢筋的较大直径)，凡接头中点位于该连接区段长度内的机械连接接头均属于同一连接区段。当受力较大处设置机械连接接头时: 位于同一连接区段内的受拉钢筋接头面积百分率: ≤50%，机械连接的接头性能应符合《钢筋机械连接通用技术规程》JGJ107-2010的Ⅰ级接头性能; 机械连接优先采用钢筋直螺纹套筒接头。(本工程d≥22的钢筋采用直螺纹套筒接头)
2.13 纵向受力钢筋的焊接接头应相互错开。钢筋焊接接头连接区段的长度为35d(d为纵向受力钢筋的较大直径)且不小于500mm，凡接头中点位于该连接区段长度内的焊接接头均属于同一连接区段。位于同一连接区段内的受力钢筋的焊接接头面积百分率对纵向受拉钢筋接头: ≤50%.
2.14 连续闪光焊所能焊接的钢筋上限直径，应根据表三.2.14焊机容量，钢筋级别等具体情况而定，焊接质量应满足<<钢筋焊接及验收规程>>JGJ18-2012。

表三.2.14 连续闪光焊钢筋上限直径

焊机容量KV.A	160	100	80
钢筋级别，钢筋直径	ф25，ф22，ф20	ф20，ф18，ф16	ф16，ф14，ф12

当超过此上限直径时需采取预热闪光对焊技术。

2.15 受力钢筋的混凝土保护层最小厚度
2.15.1 基础以及地下室侧壁、顶板与土壤的接触面受力钢筋的保护层厚度为50mm；加ф4@150抗裂钢筋网片，钢筋网片应采取有效的定位、绝缘措施；抗裂网片保护层厚度为25mm。
2.15.2 水池池壁：迎水面50mm，其内另加ф4@150抗裂钢筋网片，钢筋网片应采取有效的定位、绝缘措施；抗裂钢筋网片保护层厚度为25mm。
2.15.3 各构件中可采用不低于相应混凝土构件强度的素混凝土小垫块或钢筋支架来控制主筋的保护层厚度。
2.15.4 构件中普通钢筋及预应力筋的混凝土保护层最小厚度应符合下列规定：
a)构件中受力钢筋的保护层厚度不应小于钢筋公称直径d。
b)设计年限为50年的砼构件，最外层钢筋的保护层厚度应符合表2.15.4的规定。

表2.15.4 混凝土保护层厚度最小值

环境类别	一类	二a类	二b类	三a类	三b类
板、墙、壳	15	20	25	30	40
梁、柱、杆	20	25	35	40	50

注：1.砼强度等级不大于C25时，表中保护层厚度数值应增加5mm。
2.基础中混凝土保护层厚度应从垫层顶面算起，且不小于40mm。
3.混凝土保护层：结构构件中钢筋外边缘至构件表面范围用于保护钢筋的混凝土。

2.16 所有外露铁件均应除锈涂防腐漆、面漆两道(颜色另定)，并注意定期维护。

XXXXXXXX设计院有限公司

地址：
电话：
传真：
邮编：
网址：
资质证书：建筑工程设计甲级 AXXXXXXXXX
工程设计咨询甲级 XXXXXXX
城市规划编制乙级 XXXXXX
房屋安全鉴定 AJ-XXX

合作设计单位 CO-OPERATE WITH

会签栏

建 筑		结 构	
给排水		暖 通	
电 气			

出图专用章 AUTHORIZED SEAL

本图未加盖XXXXXXXX有限公司出图专用章无效

注册执业印章 REGISTERED SEAL

备注 NOTES 切勿以比例量度此图，一切应依图内数字所示为准。使用此图时，应同时参照建筑图及其他有关图纸，如发现有任何矛盾之处，应立即通知建筑师和设计师。

项目总负责人 PROJECT DIRECTOR		
所长 DIRECTOR OF DEPARTMENT		
审定人 AUTHORIZED BY		
审核人 AUDITED BY		
专业负责人 DISCIPLINE CHIEF		
校对人 CHECKED BY		
设计人 DESIGNED BY		
制图人 DRAWN BY		

设计编号: PROJECT NUMBER A2015-08-27

建设单位 CLIENT 安徽XXXXX有限公司

工程名称 PROJECT TITLE XX县安居苑小区1#住宅楼

图名 DRAWING TITLE 结构设计总说明(一)

设计阶段 PHASE	施工图	专业 DISCIPLINE	结构
版本 VERSION	1-1	图号 DRAWING No.	结施-01/21
比例 SCALE	1:100	日期 DATE	2016.05

3. 焊条:

3.1 电弧焊焊条的质量，应符合现行国家标准《碳钢焊条》(GB/T5117)或《低合金钢焊条》(GB/T5118)的规定。焊条型号按表三.3.1选用（当不同强度钢材连接时,可采用与低强度钢材相适应的焊接材料），焊接质量应满足<<钢筋焊接及验收规程>>JGJ18-2012.

表三.3.1 电弧焊焊条型号

钢筋(钢材)类别	电弧焊接头型式			
	帮条焊、搭接焊	坡口焊、熔槽帮条焊、预埋件穿孔塞焊	窄间隙焊	钢筋与钢板搭接焊、预埋件T型角焊
HPB300,Q235	E4303	E4303	E4316、E4315	E4303
HRB335,Q345	E5003	E5003	E5016、E5015	E4303
HRB400	E5003	E5503	E6016、E6015	E5003

3.2 自动焊接或半自动焊接采用的焊丝和焊剂，应与主体金属强度相适应，焊丝符合现行国家标准《熔化焊用钢丝》(GB/T14957)或《气体保护焊用钢丝》(GB/T14958)的规定。

4. 填充墙体：填充墙体为非承重墙，材料选用如下：

4.1 填充墙厚度详见建筑平面图。±0.000以下与水土接触部位采用煤矸石实心砖。
其他部位填充墙均采用MU5.0非承重烧结煤矸石空心砖墙（空心砖容重≤9kN/m³，空心率≥40%）。

4.2 ±0.000以下与水土接触部位采用M7.5水泥砂浆砌筑，其他部位采用M5.0混合砂浆砌筑，

4.3 本工程所用砂浆均采用预拌砂浆。

四. 抗震措施：

1. 混凝土框架梁、柱、剪力墙的抗震构造措施，除特别注明外，参照《混凝土结构施工图平面整体表示方法制图规则和构造详图》（11G101-1）第56页~第89页的相关内容。连梁做法参照图集11G101-1第74页，除图中特别注明时，连梁范围内的墙肢水平分布筋应在连梁内拉通作为连梁拉筋。

2. 剪力墙拉筋应呈梅花形布置。可参考图四.2施工。

3. 构造柱平面位置见各层平面图，施工时，应先砌墙后浇构造柱，构造柱钢筋应上下拉通，如不能拉通则应伸入压顶或梁、板内锚固，详见图四.3。

4. 建筑物中填充墙及隔墙的抗震措施结合12G614-1图集施工。

5. 填充墙的位置，厚度见建施图，带形窗下填充墙及屋面女儿墙顶均应做钢筋混凝土压顶，压顶锚入两侧不小于600mm，除特别注明外均参照图四.5。

6. 填充墙应沿全高每隔不大于500mm设置拉筋。
6度时填充墙拉筋伸入填充墙长度不应小于700mm，且拉结钢筋应错开截断，相距不宜小于200mm。
拉结筋做法参照图集12G614-1施工。

7. 楼梯间、人流通道的砌体填充墙应满铺热镀锌电焊网砂浆面层加强。热镀锌电焊网丝径0.9±0.04，网孔 12.7*12.7，锚栓栓牢。

五. 一般构造措施：

1. 钢筋混凝土板。

1.1 楼、屋面板配筋构造详《11G101-1》第92~95页。

1.2 板上留孔。

1.2.1 当板上圆形孔直径D或矩形孔宽度B(B为垂直于板跨度方向的孔宽度)不大于300时，可将受力钢筋绕过孔边，钢筋不切断，可不设置补强钢筋。

1.2.2 当300<D(或B)≤800时，应设置补强钢筋，图五.1.2.2.1；当留圆孔时，还应在孔边设置附加环形钢筋和放射钢筋，图五.1.2.2.2。

1.2.3 板上预留管线孔洞，板钢筋可不切断，其间隙应待管线或设备安装完成后用高一标号混凝土逐层封堵(通风井除外)。

1.2.4 板上留孔应与结构，建筑及设备等专业图纸核对无误后预留，不得随意后凿。

1.3 悬挑板需待混凝土强度达到100%强度后方可拆模。悬挑板折角处钢筋构造见图五.1.3。

1.4 混凝土挑檐、外露栏板、檐口和女儿墙每12m设一道伸缩缝，缝宽20mm,用建筑油膏嵌缝，钢筋不断开。

1.5 板顶标高不同处构造见图五.1.5。

1.6 除特别注明外板负筋分布筋φ6@200，与受力筋搭接不小于150mm。

1.7 现浇板中穿线管配筋构造按图五.1.7。

1.8 除特别注明外板负筋所注尺寸L自梁边算起，详见图五.1.8

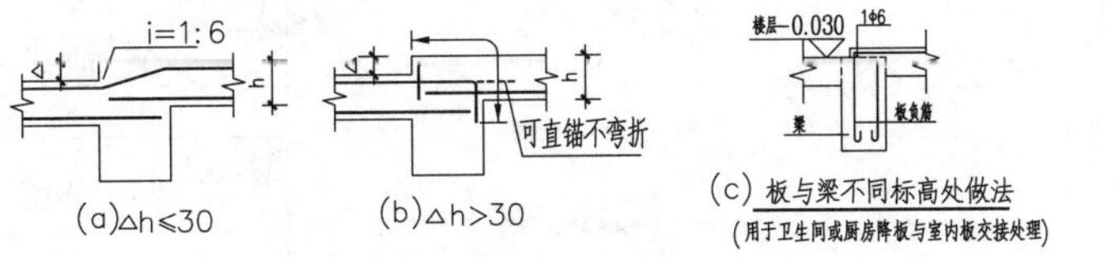

图五.1.5 板面标高不同处钢筋连接图

2 框架和剪力墙

2.1 框架柱和剪力墙边缘构件纵向钢筋的基础插筋详图集《11G101-3》第59页。

2.2 剪力墙竖向分布钢筋的基础插筋详图集《11G101-3》第58页《墙插筋在基础中锚固构造（一）、（二）》。

2.3 框架梁柱纵向受力钢筋的连接方法:

2.3.1 框架柱:一,二级抗震等级及三级抗震等级的底层,宜采用机械连接接头,也可采用绑扎搭接或焊接连接接头;三级抗震等级的其他部位和四级抗震等级,可采用绑扎搭接或焊接接头。

2.3.2 框支梁,框支柱:宜采用机械连接接头.

2.3.3 框架梁:一级宜采用机械连接接头，二、三、四级可采用绑扎搭接或焊接接头.

2.3.4 纵向受力钢筋直径大于22mm时,不应采用绑扎搭接接头.

2.3.5 当接头位置无法避开梁端,柱端箍筋加密区时,应采用机械连接接头。

2.3.6 楼梯间内直接支承楼梯板的楼梯梁,其全部纵向钢筋均按按照主楼的抗震等级进行抗震受拉锚固.

2.3.7 带有悬臂跨的梁,其悬臂支座负筋伸入内跨的长度,除符合"11G101-1"的规定外,还应不小于悬臂净长度

2.3.8 单独悬臂梁支座负筋锚入支座的长度应不小于1.5 L_{aE}，且直线锚固段长度不应小于0.5L_{aE} .

2.4 剪力墙洞口补强构造详《11G101-3》第78页。补强钢筋除图中特别注明时，洞口单侧补强钢筋不少于2Φ12，且不少于同向被截断纵筋总面积的50%.

2.5 梁纵向抗扭钢筋的表达方式及锚固要求按"11G101-1"中的规定进行.

2.6 悬臂梁端部纵向钢筋构造按图五.2.6施工.

2.7 穿过连梁的管道宜预埋套管应严格按《11G101-1》第78页的规定进行. 补强钢筋除图中特别注明时，洞口单侧补强钢筋不少于2Φ16.

2.8 框架柱,框支柱和剪力墙暗柱,不应有洞口穿过。

2.9 梁上开小方洞和小圆洞构造见图五.2.9.

2.10 平面折梁折角处的配筋见图五.2.10.加密箍筋直径同所在跨且不小于搭接钢筋直径的0.25倍,箍筋间距均应≤搭接钢筋直径的5倍,且≤100mm。

2.11 当梁宽与柱或墙宽相同时，梁外侧纵向钢筋应稍微弯折，置于柱、墙主筋的内侧，如图五.2.11。

2.12 悬挑构件需待混凝土强度达到100%强度后方可拆模

2.13 当楼梯板处剪力墙两侧跨层临空时，剪力墙与楼梯板间应设置连接钢筋φ8@200,沿楼梯板布置连接钢筋锚入剪力墙内300,伸入楼梯板内300。

2.14 当悬挑梁下部与土接触时，应在梁下设空隙，详见图五.2.14。

2.15 室外地面以下剪力墙、柱以及梁与土壤接触面均需增加 25mm素混凝土来补偿混凝土的保护层厚度，内部钢筋仍按图中标注的截面尺寸下料，详见图五.2.15。

3 砌体填充墙

3.1 填充墙砌体均不作承重用。

3.2 填充墙中的门窗洞及设备预留孔洞,其洞顶均应设置过梁.过梁除图中另有注明外,统一按下述处理:

3.2.1 采用钢筋混凝土过梁,梁宽同墙厚,梁的支座长度为250,梁高,底筋,架立筋和箍筋详见表七.3.2.1;按下表选择的过梁不应带有雨篷;表中底筋根数用于墙厚不大于240mm的情况;当墙厚大于240mm但小于370mm时底筋根数为3根;当墙厚墙厚大于370mm但小于500mm时底筋根数为4根.

3.2.2 当洞顶与结构梁(板)底的距离小于上述各类过梁的高度时,过梁应与主体结构梁(板)浇成整体,图五.3.2.2。

3.2.3 当洞边墙垛长度小于250时,主体结构上的相应位置应预埋插筋,插筋的品种直径同过梁底筋,对应过梁底筋位置的插筋根数同底筋,对应过梁架立筋位置的插筋根数同架立筋,插筋锚入主体结构内不小于l_{aE},伸出主体结构不小于300mm,并与过梁底筋和架立筋单面焊长10倍插筋直径.

3.3 当填充墙墙长≤240，且与混凝土墙（或柱、GZ）相邻时，应与墙（或柱、GZ）一起浇注，多浇的部分按图五.3.4。

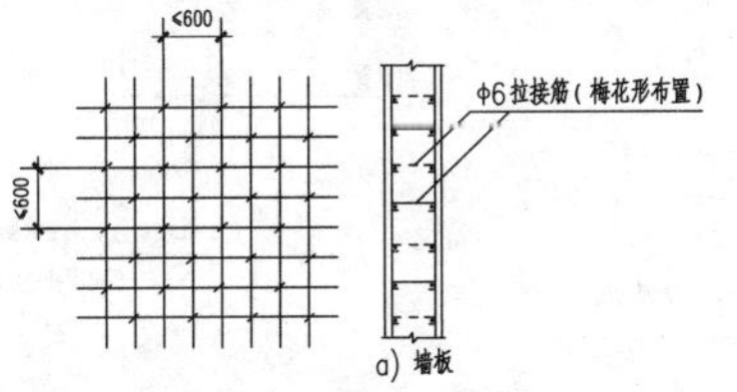

图四.2 墙板拉结筋设置

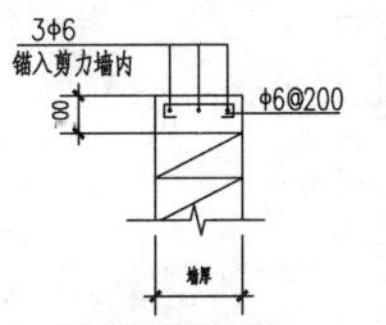

压顶截面可根据建筑调整

图四.5 压顶

(压顶伸入两侧墙体不小于600mm)

六. 其余注意事项：

1. 结构布置及预留孔预埋件等,应与建筑及设备相关专业图纸核对无误后方可施工.

2. 电梯井道,底坑,机房等,应与电梯厂家相关图纸复核无误后方可施工.

3. 结构中间验收:

3.1 结构主体完工,砌筑砌体之前,应进行中间验收。未经中间验收或验收不合格,不得进行下一道工序施工。

3.2 结构施工中的缺陷,未经设计单位同意,不得采用水泥砂浆修补。

3.3 桩基施工完工后,承台施工之前,必须组织有关单位进行桩基验收。验收合格后方可进行下一道工序施工。

4. 建筑物沉降观测:

4.1 沉降观测点的位置详见一层结构模板图。变形观测按照JGJ8-2007执行。

4.2 沉降观测在浇筑基础时开始观测，然后每施工三~四层应观测一次，主体工程完成后，在装修期间，每个月观测一次，工程竣工后，第一年内每隔2~3个月观测一次，以后每隔4~6个月观测一次。沉降停测标准可采用连续两次半年沉降量不超过2mm。对于突然发生严重裂缝或大量沉降等特殊情况，则应增加观测次数。沉降观测采用二等水准测量。沉降观测点应在地下室底板施工前由施工单位根据有关规范和施工情况确定,并经设计人员认可后实施。沉降观测点的埋设见图六.4.2

5. 当梁、板跨度L≥4000时，要求支模时按《混凝土结构工程施工质量验收规范》(GB50204-2002)(2011年版)的规定起拱，起拱高度为跨度的1‰~2‰。

6. 冬期施工应满足《混凝土外加剂应用技术规范》(GB50119-2013)中防冻剂的要求。

7. 电梯预留孔详见图六.7.1、图六.7.2（施工前需电梯厂家确认），电梯吊钩详见图六.7.3。

8. 厨房、卫生间和有防水要求的楼板及层间退台屋面、露台、平台等周边应设一道高度不小于300mm的混凝土防水反梁，与楼板同时浇筑（影响进出的门洞范围不设），详见本图大样一。

9. 本说明未尽事宜均应按照现行有关规范规程及规定执行。在施工过程中若发现图中有不妥之处，请及时与设计院联系。

10. 施工中若采用后锚固技术，需满足《混凝土结构加固设计规范》(GB50367-2013)，并由有相应资质的专业施工单位进行施工。

11. 全套图纸须经图纸会审后方可施工，施工中如遇到问题或有不明之处，请及时通知设计人员共商解决。

12. 未经技术鉴定或设计许可，不得改变结构的用途和使用环境。

13. 本图应结合安徽省住宅工程质量通病防治导则 DB34/1659-2012要求进行施工。

表七.3.2.1 钢筋混凝土过梁

洞宽L	梁高	底筋	架立筋	箍筋或分布筋
L≤900	120	2Φ10		φ6-200
900<L≤1200	120	2Φ10		φ6-200
1200<L≤1500	150	2Φ12	2φ8	φ6-200
1500<L≤1800	180	2Φ12	2φ8	φ6-200
1800<L≤2100	180	2Φ12	2φ8	φ6-200
2100<L≤2400	180	2Φ14	2φ8	φ6-200
2400<L≤3000	240	2Φ14	2Φ10	φ6-200
3000<L≤3600	300	2Φ14	2Φ10	φ6-200

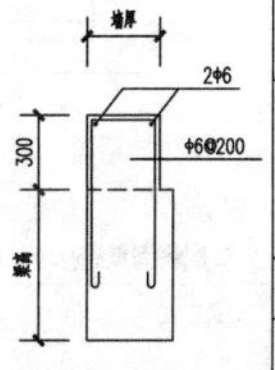

大样一 防水反梁

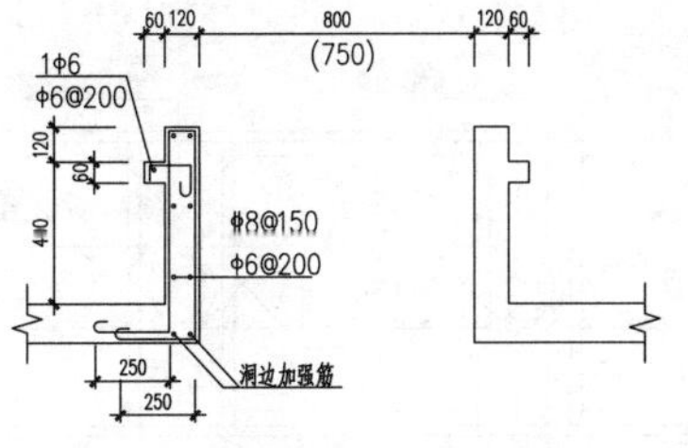

出屋面人孔剖面 1:20

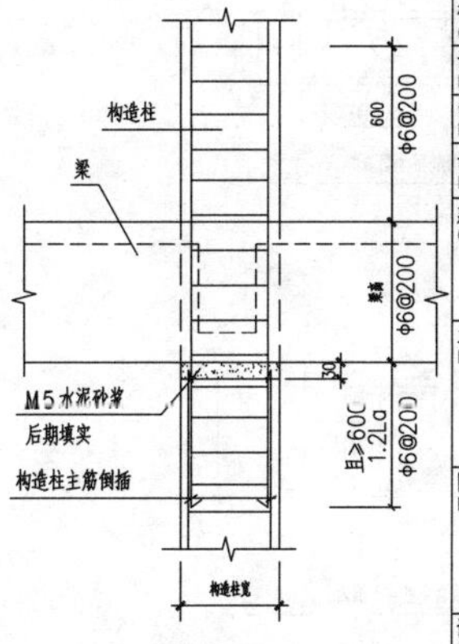

图四.3 构造柱

XXXXXXXX设计院有限公司

地址：
电话：
传真：
邮编：
网址：

资质证书：建筑工程设计甲级 AXXXXXXXXX
工程设计咨询甲级 XXXXXXX
城市规划编制乙级 XXXXXX
房屋安全鉴定 AJ-XXX

合作设计单位 CO-OPERATE WITH

会签栏

建筑		结构	
给排水		暖通	
电气			

出图专用章 AUTHORIZED SEAL

本图未加盖XXXXXXXX有限公司出图专用章无效

注册执业印章 REGISTERED SEAL

备注 NOTES 切勿以比例量度此图，一切应依图内数字所示为准。使用此图时，应同时参照建筑图及其他有关图纸，如发现有任何矛盾之处，应立即通知建筑师和设计师。

项目总负责人 PROJECT DIRECTOR		
所长 DIRECTOR OF DEPARTMENT		
审定人 AUTHORIZED BY		
审核人 AUDITED BY		
专业负责人 DISCIPLINE CHIEF		
校对人 CHECKED BY		
设计人 DESIGNED BY		
制图人 DRAWN BY		

设计编号: PROJECT NUMBER A2015-08-27

建设单位 CLIENT 安徽XXXXX有限公司

工程名称 PROJECT TITLE XX县安居苑小区 1# 住宅楼

图名 DRAWING TITLE 结构设计总说明（二）

设计阶段 PHASE	施工图	专业 DISCIPLINE	结构
版本 VERSION	1-1	图号 DRAWING No.	结施-02/21
比例 SCALE	1:100	日期 DATE	2016.05

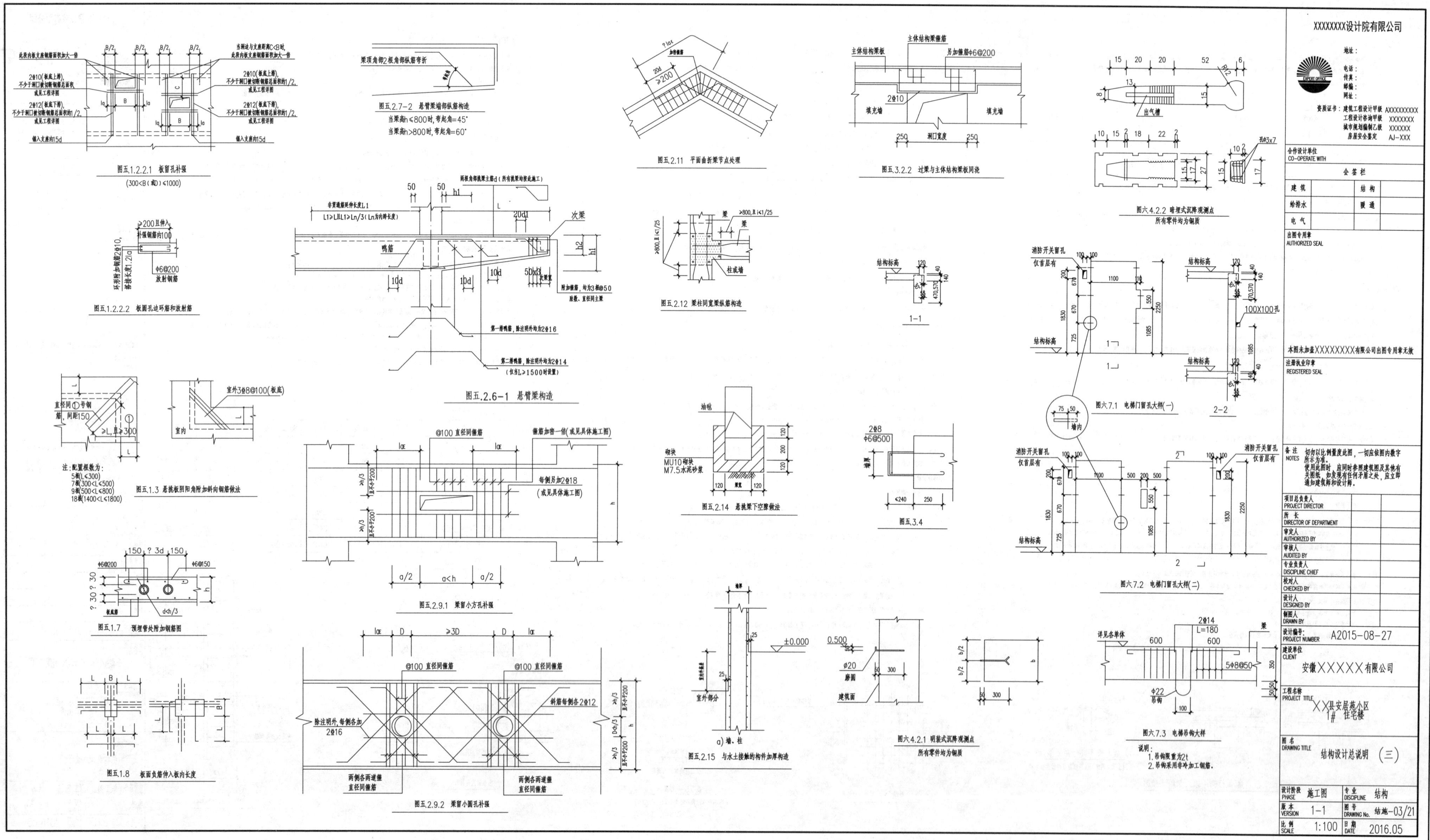

图五.1.2.2.1 板留孔补强
(300<B(或D)≤1000)
图五.1.2.2.2 板留孔边环筋和放射筋
图五.1.3 悬挑板阴阳角附加斜向钢筋做法
图五.1.7 预埋管处附加钢筋图
图五.1.8 板面负筋伸入板内长度
图五.2.7-2 悬臂梁端部纵筋构造
当梁高h<800时,弯起角=45°
当梁高h>800时,弯起角=60°
图五.2.6-1 悬臂梁构造
图五.2.9.1 梁留小方孔补强
图五.2.9.2 梁留小圆孔补强
图五.2.11 平面曲折梁节点处理
图五.2.12 梁柱同宽梁纵筋构造
图五.2.14 悬挑梁下空腔做法
图五.2.15 与水土接触的构件加厚构造
图五.3.2.2 过梁与主体结构梁板同浇
图五.3.4
图六.4.2.1 明装式沉降观测点
所有零件均为钢质
图六.4.2.2 暗埋式沉降观测点
所有零件均为钢质
图六.7.1 电梯门留孔大样(一)
图六.7.2 电梯门留孔大样(二)
图六.7.3 电梯吊钩大样
说明:
1.吊钩限重为2t
2.吊钩采用非冷加工钢筋。
XXXXXXXX设计院有限公司
本图未加盖XXXXXXXX有限公司出图专用章无效
A2015-08-27
安徽XXXXX有限公司
XX县安居苑小区 1# 住宅楼
结构设计总说明(三)
施工图
结构
1-1
结施-03/21
1:100
2016.05

大体积混凝土施工要求:

1.大体积混凝土施工前应编制专项施工方案，并进行大体积混凝土控温计算，必要时设置抗裂钢筋(丝)网.

2.大体积混凝土施工应符合现行国家标准《大体积混凝土施工规范》GB50496的规定.

3.大体积结构混凝土配合比应经过试配确定. 原材料应符合相关标准的要求，宜选用中低水化热低碱水泥，掺入适量的粉煤灰和缓凝型外加剂，并控制水泥用量.

4.大体积混凝土浇筑、振捣应满足下列规定:

a、宜避免高温施工；当必须暑期高温施工时，应采取措施降低混凝土拌合物和混凝土内部温度.

b、根据面积、厚度等因素，宜采取整体分层连续浇筑或推移式连续浇筑法；混凝土供应速度应大于混凝土初凝速度，下层混凝土初凝前应进行第二层混凝土浇筑.

c、分层设置水平施工缝时，除应符合设计要求外，尚应根据混凝土浇筑过程中温度裂缝控制的要求、混凝土的供应能力、钢筋工程的施工、预埋管件安装等因素确定其位置及间隔时间.

d、宜采用二次振捣工艺，浇筑面应及时进行二次抹压处理.

5.大体积混凝土养护、测温应符合下列规定:

a、大体积混凝土浇筑后，应在12h内采取保湿、控温措施. 混凝土浇筑体的里表温差不宜大于25℃，混凝土浇筑体表面与大气温差不宜大于20℃ ，养护时间不少于14天.

b、宜采用自动测温系统测量温度，并设专人负责；测温点设置应具代表性，测温频次应符合相关标准的规定.

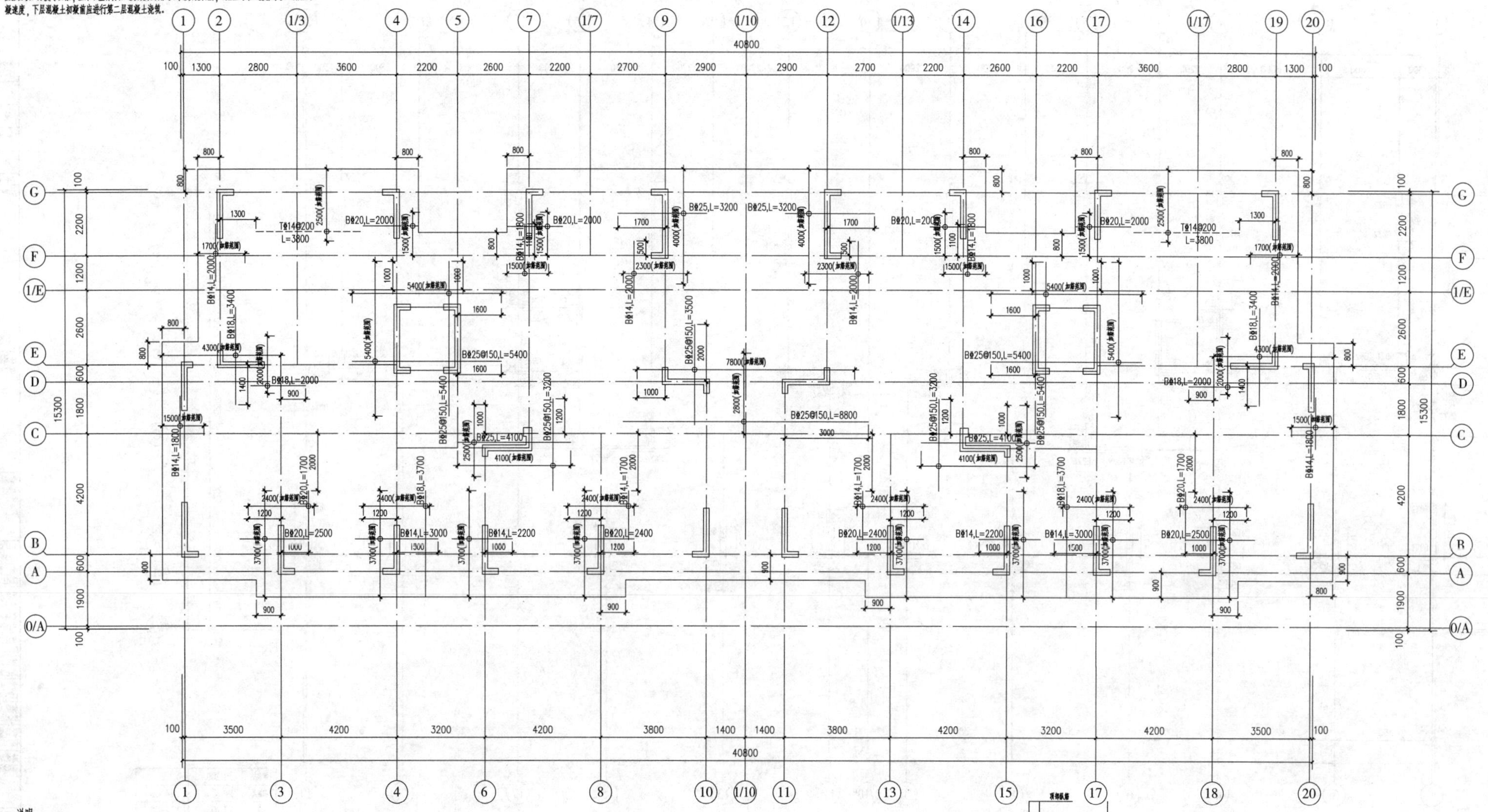

基础平面布置图　1:100

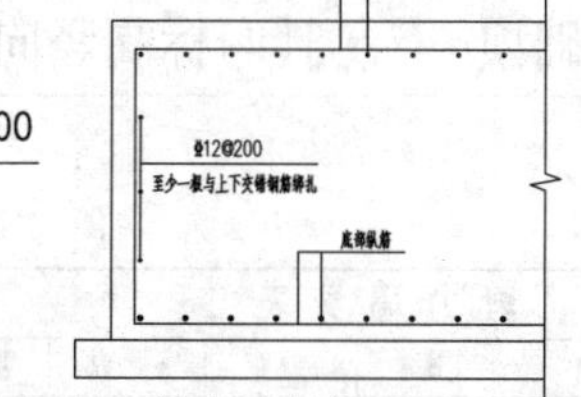

筏板基础边缘部位钢筋构造

说明:

1.本工程基础设计等级为乙级，未注明基础底标高 -2.400m
基础持力层为第2层粘土，地基承载力特征值fak=300kPa，
基坑开挖必须挖至持力层，且进入持力层不少于200mm.

2.基坑开挖至距设计标高200mm左右后，应及时通知地质勘察部门、设计和质监部有关人员进行验槽，经验槽后应立即清理基坑、施工垫层，基坑不得暴露过久或浸水，并防止任意践踏坑底.

3.基坑开挖时应注意做好基坑支护工作，保证周围道路、建筑物、构筑物等的安全.
基础验收后应及时分层回填并分层夯实(分层厚度为300mm左右).
回填土不允许含有淤泥、腐植土、冻土、耕土及其它杂质. 回填应按规范要求施工，确保回填土的密实度. 回填土的压实系数不小于 0.94. 回填土的质量应进行专门检验，质量检验工作应随施工进度分层进行.

1.在上部结构施工前，场地土应回填至室外地面标高处.

5.基础混凝土强度等级为 C30，基础垫层混凝土强度等级为C15，垫层厚100mm，每边宽出基础100mm.

6.未注明筏板厚度为500mm. 未注明筏板采用Φ18@200双层双向通长配筋，平行于字母轴方向钢筋置于筏板外层.

7.图中画出并标注TΦXX表示筏板顶部另加钢筋，图中画出并标注BΦXX表示筏板底部另加钢筋.
未注明另加钢筋间距为@200，另加钢筋置于筏板同向钢筋第二排.

8.筏板每隔1000mm设置Φ16马凳，梅花型布置.

9.应按规定做好施工及使用期的沉降观测，发现问题应及时通知相关部门进行处理.

10.板边缘侧面封边构造详图集《11G101-3》第84页节点(b)，侧面构造纵筋 Φ12@200.

XXXXXXXX设计院有限公司

地址：
电话：
传真：
邮编：
网址：

资质证书：建筑工程设计甲级 AXXXXXXXXX
工程设计咨询甲级 XXXXXXX
城市规划编制乙级 XXXXXX
房屋安全鉴定 AJ-XXX

合作设计单位 CO-OPERATE WITH

会签栏			
建筑		结构	
给排水		暖通	
电气			

出图专用章 AUTHORIZED SEAL

本图未加盖XXXXXXXX有限公司出图专用章无效

注册执业印章 REGISTERED SEAL

备注 NOTES：切勿以比例量度此图，一切应依图内数字所示为准。
使用此图时，应同时参照建筑图及其他有关图纸，如发现有任何矛盾之处，应立即通知建筑师和设计师。

项目总负责人 PROJECT DIRECTOR		
所长 DIRECTOR OF DEPARTMENT		
审定人 AUTHORIZED BY		
审核人 AUDITED BY		
专业负责人 DISCIPLINE CHIEF		
校对人 CHECKED BY		
设计人 DESIGNED BY		
制图人 DRAWN BY		

设计编号: PROJECT NUMBER　A2015-08-27

建设单位 CLIENT　安徽XXXXX有限公司

工程名称 PROJECT TITLE　XX县安居苑小区 1# 住宅楼

图名 DRAWING TITLE　基础平面布置图

设计阶段 PHASE	施工图	专业 DISCIPLINE	结构
版本 VERSION	1-1	图号 DRAWING No.	结施-05/21
比例 SCALE	1:50	日期 DATE	2016.05

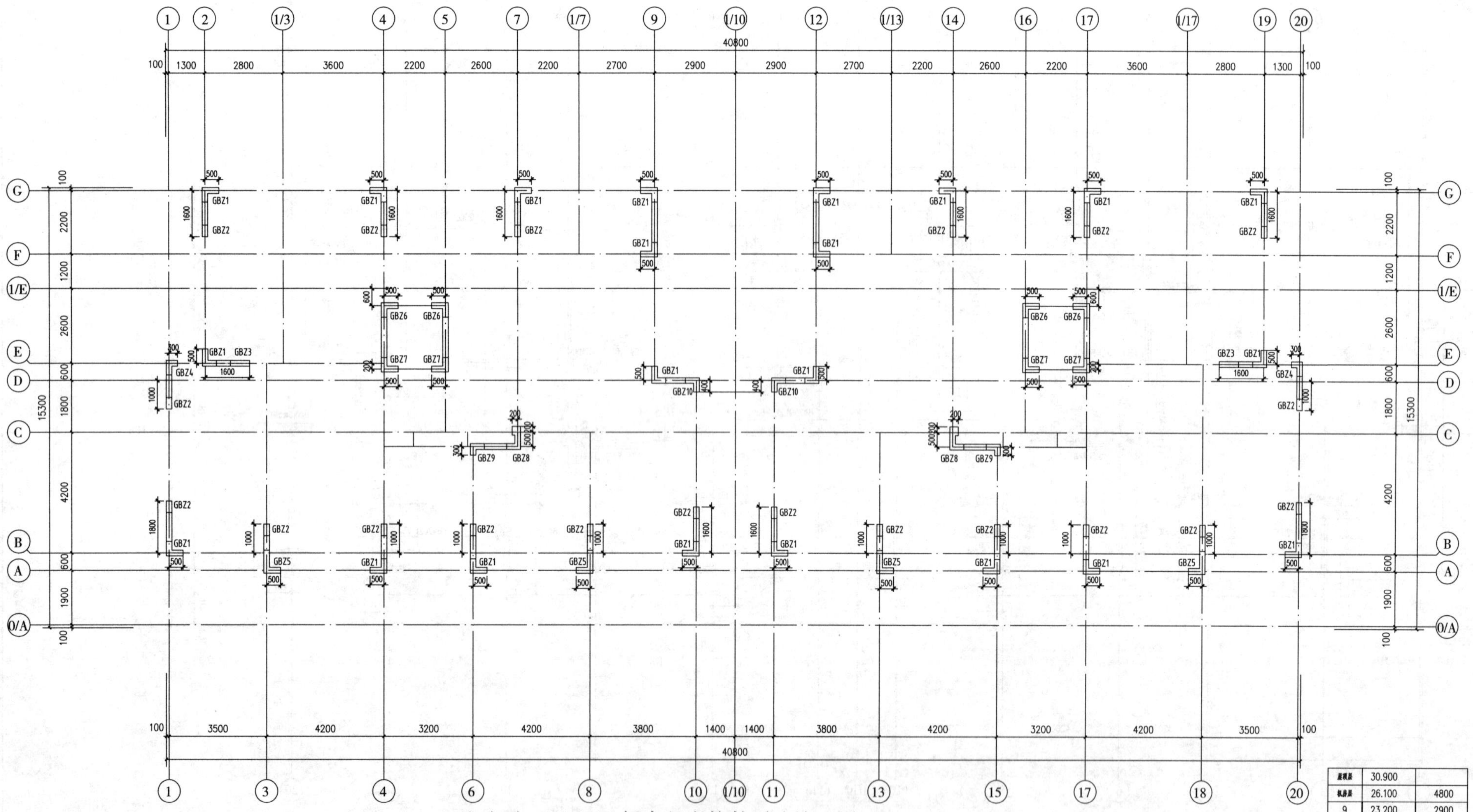

基础顶~26.100标高竖向构件平法施工图 1:100

注：

1. 未注明剪力墙、柱定位均为轴线分中定位或与墙边齐.
2. 未注明墙身为Q1；墙身配筋见本图上剪力墙身表 所有墙身分布钢筋均为2排.
3. 剪力墙施工图配合标准图集11G101-1进行施工.
4. 拉筋弯钩构造详见图集11G101-1第56页,拉筋同时勾住竖筋和水平筋.
5. 剪力墙上留洞尺寸应与其他专业图纸仔细核对，如遇矛盾及时与设计单位联系解决.

剪力墙身表

编号	标高	墙厚	水平分布筋	垂直分布筋	拉筋
Q1	基础顶~26.100	200	Φ8@200	Φ10/Φ8@200	Φ6@600

层号	标高 (m)	层高 (mm)
屋顶层	30.900	
机房层	26.100	4800
9	23.200	2900
8	20.300	2900
7	17.400	2900
6	14.500	2900
5	11.600	2900
4	8.700	2900
3	5.800	2900
2	2.900	2900
1	-0.100	3000

结构层楼面标高，结构层高

XXXXXXXX设计院有限公司

地址：
电话：
传真：
邮编：
网址：
资质证书：建筑工程设计甲级 AXXXXXXXXX
工程设计咨询甲级 XXXXXXX
城市规划编制乙级 XXXXXX
房屋安全鉴定 AJ-XXX

合作设计单位 CO-OPERATE WITH

会签栏

建筑		结构	
给排水		暖通	
电气			

出图专用章 AUTHORIZED SEAL

本图未加盖XXXXXXXX有限公司出图专用章无效

注册执业印章 REGISTERED SEAL

备注 NOTES：切勿以比例量度此图，一切应依图内数字所示为准。使用此图时，应同时参照建筑图及其他有关图纸，如发现有任何矛盾之处，应立即通知建筑师和设计师。

项目总负责人 PROJECT DIRECTOR
所长 DIRECTOR OF DEPARTMENT
审定人 AUTHORIZED BY
审核人 AUDITED BY
专业负责人 DISCIPLINE CHIEF
校对人 CHECKED BY
设计人 DESIGNED BY
制图人 DRAWN BY

设计编号: PROJECT NUMBER A2015-08-27

建设单位 CLIENT 安徽XXXXX有限公司

工程名称 PROJECT TITLE XX县安居苑小区 1# 住宅楼

图名 DRAWING TITLE 基础顶~26.100标高竖向构件平法施工图

设计阶段 PHASE 施工图　专业 DISCIPLINE 结构
版本 VERSION 1-1　图号 DRAWING No. 结施-06/21
比例 SCALE 1:50　日期 DATE 2016.05

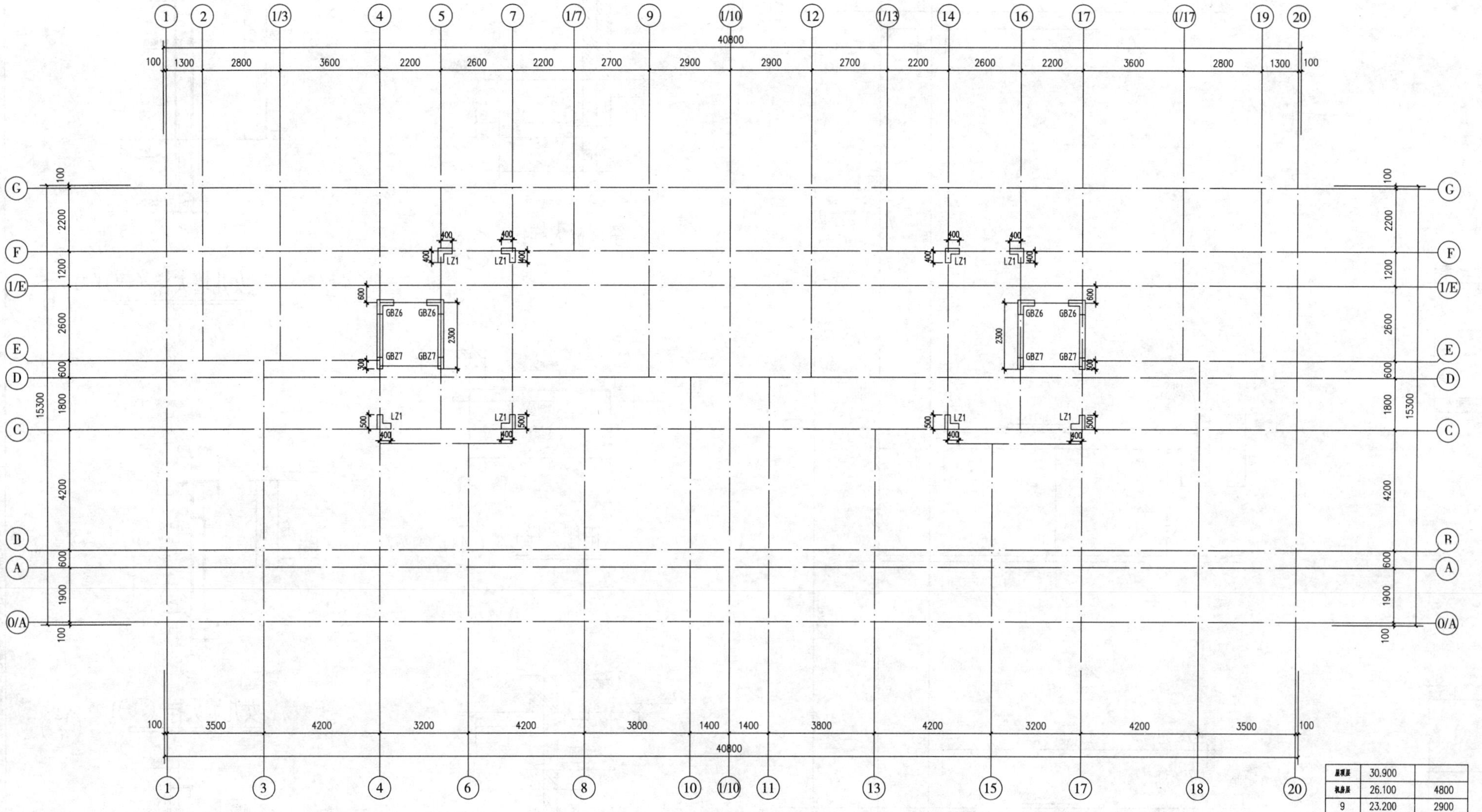

26.100~30.900标高竖向构件平法施工图 1:100

注：

1. 未注明剪力墙、柱定位均为轴线分中定位或与墙边齐。
2. 未注明墙身为Q1；墙身配筋见本图上剪力墙身表，所有墙身分布钢筋均为2排。
3. 剪力墙施工图配合标准图集11G101-1进行施工。
4. 拉筋弯钩构造详见图集11G101-1第56页，拉筋同时勾住竖筋和水平筋。
5. 剪力墙上留洞尺寸应与其他专业图纸仔细核对，如遇矛盾及时与设计单位联系解决。

剪力墙身表

编号	标高	墙厚	水平分布筋	垂直分布筋	拉筋
Q1	26.100~30.900	200	⌀8@200	⌀10/⌀8@200	ϕ6@600

屋顶层	30.900	
机房层	26.100	4800
9	23.200	2900
8	20.300	2900
7	17.400	2900
6	14.500	2900
5	11.600	2900
4	8.700	2900
3	5.800	2900
2	2.900	2900
1	-0.100	3000
层号	标高（m）	层高（mm）

结构层楼面标高，结构层高

XXXXXXXX设计院有限公司

地址：
电话：
传真：
邮编：
网址：
资质证书：建筑工程设计甲级 AXXXXXXXXX
工程设计咨询甲级 XXXXXXX
城市规划编制乙级 XXXXXX
房屋安全鉴定 AJ-XXX

合作设计单位 CO-OPERATE WITH

会签栏

建筑		结构	
给排水		暖通	
电气			

出图专用章 AUTHORIZED SEAL

本图未加盖XXXXXXXX有限公司出图专用章无效

注册执业印章 REGISTERED SEAL

备注 NOTES：切勿以比例量度此图，一切应依图内数字所示为准。使用此图时 应同时参照建筑图及其他有关图纸 如发现有任何矛盾之处，应立即通知建筑师和设计师。

项目总负责人 PROJECT DIRECTOR		
所长 DIRECTOR OF DEPARTMENT		
审定人 AUTHORIZED BY		
审核人 AUDITED BY		
专业负责人 DISCIPLINE CHIEF		
校对人 CHECKED BY		
设计人 DESIGNED BY		
制图人 DRAWN BY		

设计编号：PROJECT NUMBER A2015-08-27

建设单位 CLIENT：安徽XXXXX有限公司

工程名称 PROJECT TITLE：XX县安居苑小区 1# 住宅楼

图名 DRAWING TITLE：26.100~30.900 标高竖向构件平法施工图

设计阶段 PHASE	施工图	专业 DISCIPLINE	结构
版本 VERSION	1-1	图号 DRAWING No.	结施-07/21
比例 SCALE	1:50	日期 DATE	2016.05

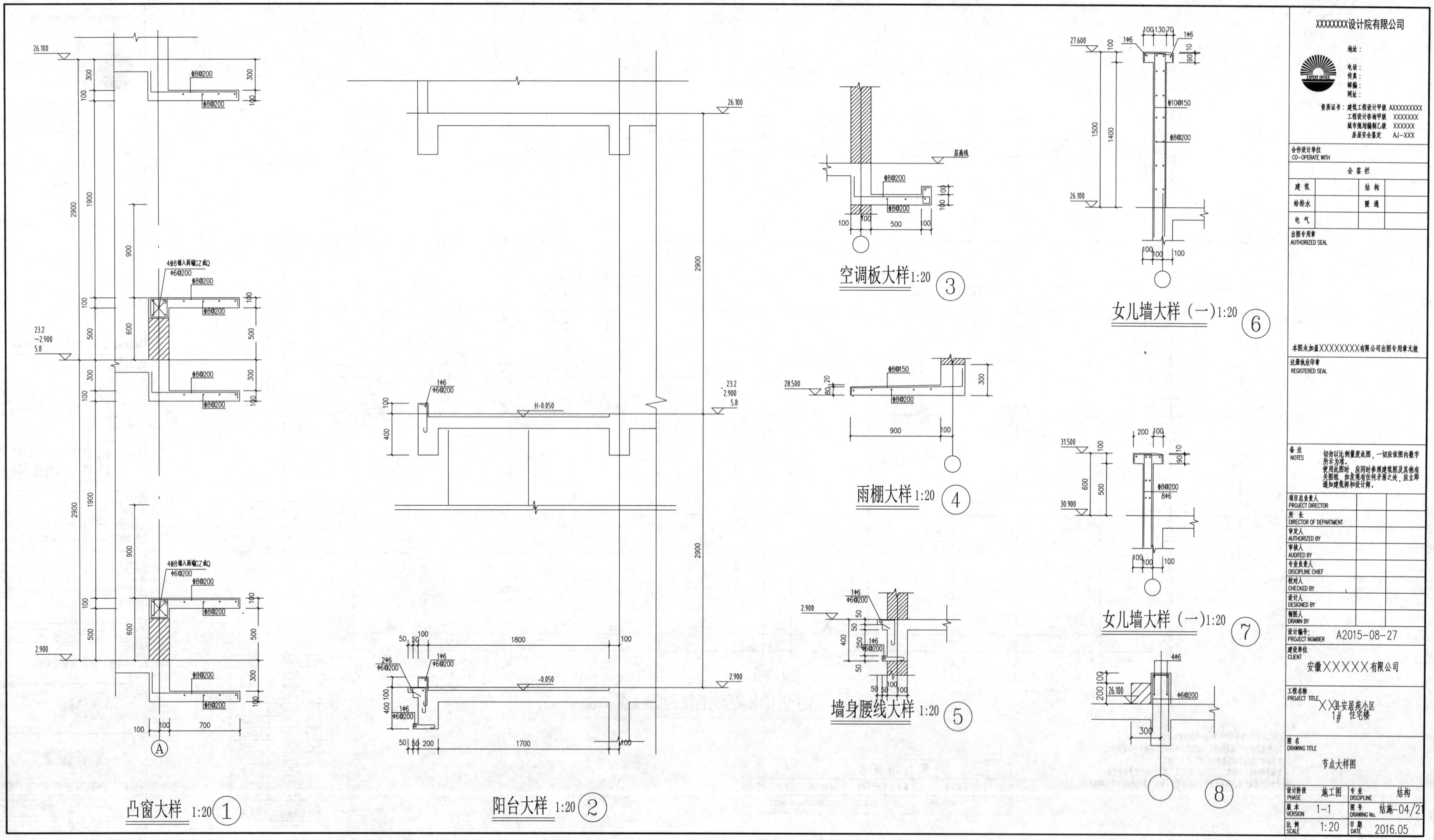
凸窗大样 1:20 ①
阳台大样 1:20 ②
空调板大样 1:20 ③
雨棚大样 1:20 ④
墙身腰线大样 1:20 ⑤
女儿墙大样（一）1:20 ⑥
女儿墙大样（一）1:20 ⑦
⑧
4Φ8锚入两端GZ或Q
Φ6@200
Φ8@200
Φ8@150
Φ10@150
Φ8@200
8Φ6
1Φ6
2Φ6
4Φ6
H-0.050
-0.050
层高线
26.100
27.600
28.500
31.500
30.900
2.900
23.2
~2.900
5.8
XXXXXXXX设计院有限公司
地址：
电话：
传真：
邮编：
网址：
资质证书：建筑工程设计甲级 AXXXXXXXXX
工程设计咨询甲级 XXXXXXX
城市规划编制乙级 XXXXXX
房屋安全鉴定 AJ-XXX
合作设计单位
CO-OPERATE WITH
会签栏
建筑
结构
给排水
暖通
电气
出图专用章
AUTHORIZED SEAL
本图未加盖XXXXXXXX有限公司出图专用章无效
注册执业印章
REGISTERED SEAL
备注
NOTES
切勿以比例量度此图，一切应依图内数字所示为准。
使用此图时，应同时参照建筑图及其他有关图纸，如发现有任何矛盾之处，应立即通知建筑师和设计师。
项目总负责人
PROJECT DIRECTOR
所长
DIRECTOR OF DEPARTMENT
审定人
AUTHORIZED BY
审核人
AUDITED BY
专业负责人
DISCIPLINE CHIEF
校对人
CHECKED BY
设计人
DESIGNED BY
制图人
DRAWN BY
设计编号：
PROJECT NUMBER
A2015-08-27
建设单位
CLIENT
安徽XXXXX有限公司
工程名称
PROJECT TITLE
XX县安居苑小区
1# 住宅楼
图名
DRAWING TITLE
节点大样图
设计阶段
PHASE
施工图
专业
DISCIPLINE
结构
版本
VERSION
1-1
图号
DRAWING No.
结施-04/21
比例
SCALE
1:20
日期
DATE
2016.05

剪力墙柱表

截面	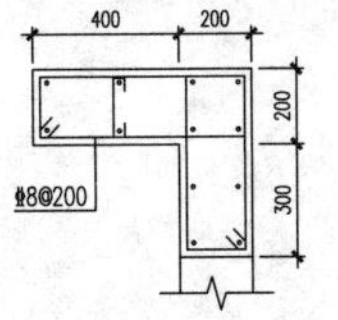	截面	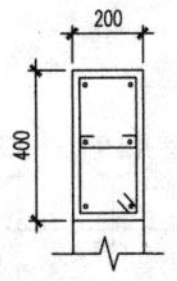
编号	GBZ1	编号	GBZ2
标高	基础顶~26.100	标高	基础顶~26.100
纵筋	12Φ12	纵筋	6Φ12
箍筋	Φ6@200	箍筋	Φ6@200
截面	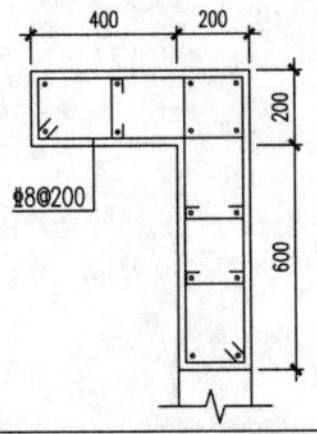	截面	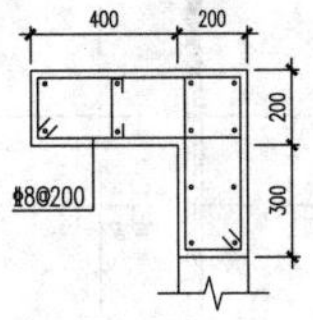
编号	GBZ5	编号	GBZ6
标高	基础顶~26.100	标高	基础顶~30.900
纵筋	14Φ12	纵筋	12Φ12
箍筋	Φ6@200	箍筋	Φ6@200
截面	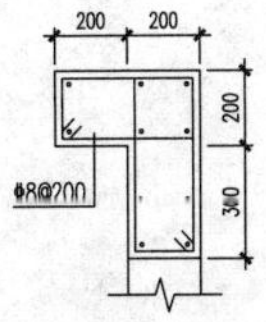	截面	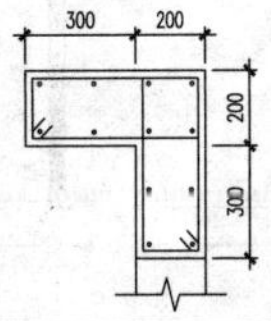
编号	GBZ9	编号	GBZ10
标高	基础顶~26.100	标高	基础顶~26.100
纵筋	10Φ14	纵筋	12Φ12
箍筋	Φ6@200	箍筋	Φ6@200
截面		截面	
编号		编号	
标高		标高	
纵筋		纵筋	
箍筋		箍筋	

剪力墙柱表

截面	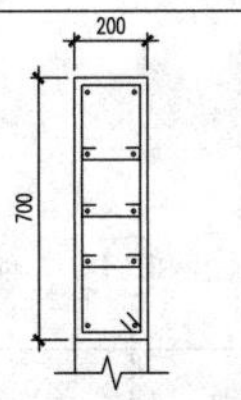	截面	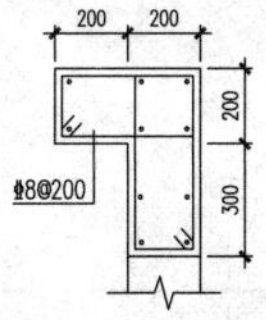
编号	GBZ2	编号	GBZ4
标高	基础顶~26.100	标高	基础顶~26.100
纵筋	10Φ12	纵筋	10Φ12
箍筋	Φ6@200	箍筋	Φ6@200
截面	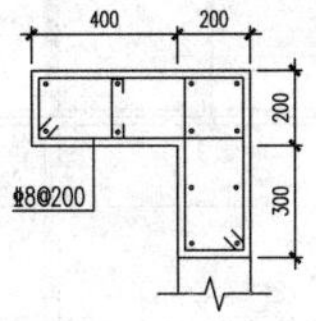	截面	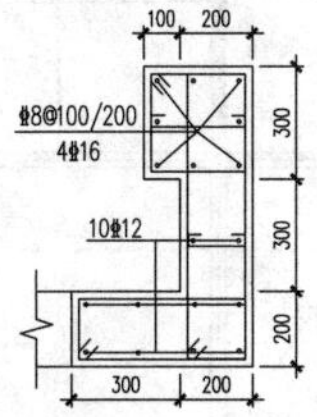
编号	GBZ7	编号	GBZ8
标高	基础顶~27.900	标高	基础顶~26.100
纵筋	12Φ12	纵筋	10Φ12+4Φ14+4Φ16
箍筋	Φ6@200	箍筋	Φ6@200
截面	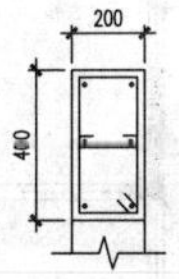	截面	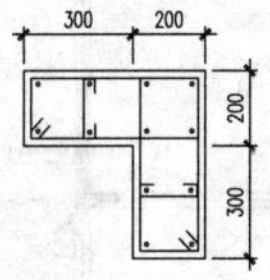
编号	GBZ7	编号	LZ1
标高	27.900~30.900	标高	26.100~30.900
纵筋	6Φ12	纵筋	12Φ16
箍筋	Φ6@200	箍筋	Φ8@100
截面		截面	
编号		编号	
标高		标高	
纵筋		纵筋	
箍筋		箍筋	

XXXXXXXX设计院有限公司

地址：

电话：
传真：
邮编：
网址：

资质证书：建筑工程设计甲级 AXXXXXXXXX
工程设计咨询甲级 XXXXXXX
城市规划编制乙级 XXXXXX
房屋安全鉴定 AJ-XXX

合作设计单位 CO-OPERATE WITH

会签栏

建筑		结构	
给排水		暖通	
电气			

出图专用章 AUTHORIZED SEAL

本图未加盖XXXXXXXX有限公司出图专用章无效

注册执业印章 REGISTERED SEAL

备注 NOTES：切勿以比例量度此图，一切应依图内数字所示为准。使用此图时 应同时参照建筑图及其他有关图纸 如发现有任何矛盾之处，应立即通知建筑师和设计师。

项目总负责人 PROJECT DIRECTOR		
所长 DIRECTOR OF DEPARTMENT		
审定人 AUTHORIZED BY		
审核人 AUDITED BY		
专业负责人 DISCIPLINE CHIEF		
校对人 CHECKED BY		
设计人 DESIGNED BY		
制图人 DRAWN BY		

设计编号: PROJECT NUMBER A2015-08-27

建设单位 CLIENT 安徽XXXXX有限公司

工程名称 PROJECT TITLE XX县安居苑小区 1# 住宅楼

图名 DRAWING TITLE 剪力墙大样表

设计阶段 PHASE	施工图	专业 DISCIPLINE	结构
版本 VERSION	1-1	图号 DRAWING No.	结施-08/2
比例 SCALE	1:50	日期 DATE	2016.05

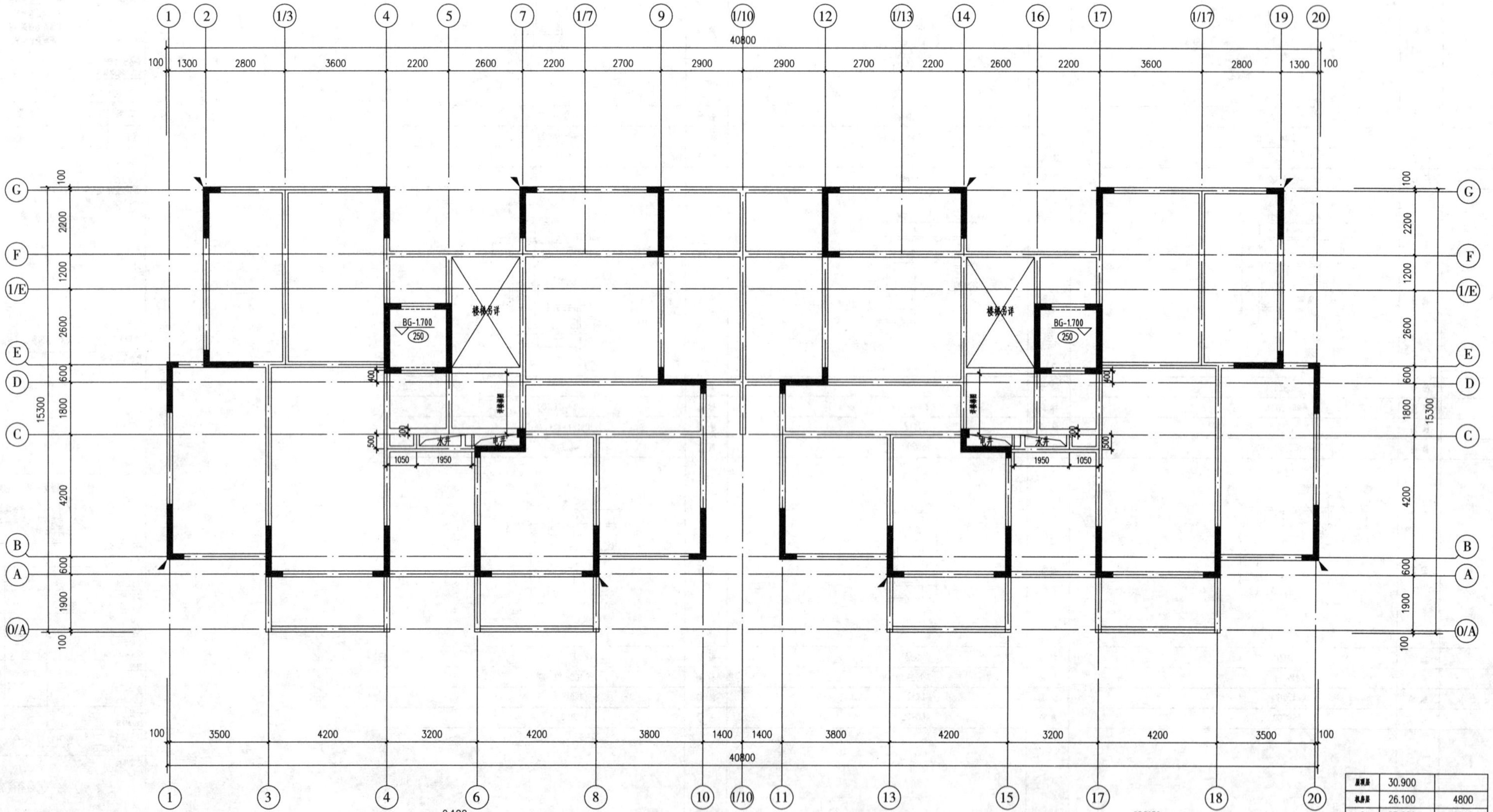

一层板配筋图 1:100

说明:

1. 墙梁定位除注明外均为轴线分中定位.
2. BG为本图标高表中粗线所示标高.
3. ◪ 为楼板预留洞口,板筋不得截断，待设备管道安装完毕后用高一级混凝土逐层封堵.
   ◩ 为楼板预留永久洞口，板筋截断.
4. 建筑物外围构件节点做法必须同时参建施，并按其要求设置预埋件. 如遇矛盾及时与设计单位联系解决.
5. 穿梁(墙)预埋套管位置详见建筑、设备等相关图纸.
6. 未注明板厚均为0,250厚板采用ϕ12@150双层双向配筋.
7. ◥表示沉降观测点，做法见结构设计总说明.

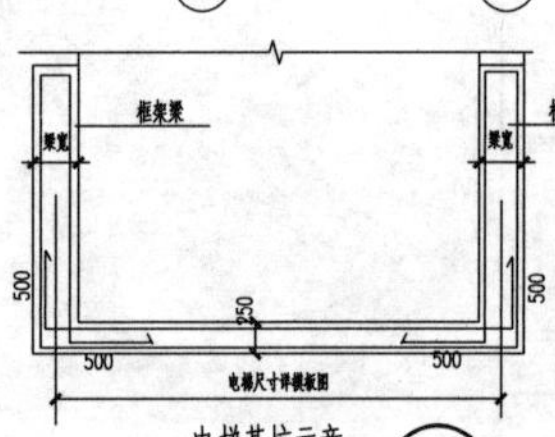

电梯基坑示意 ① 1:20

未注明配筋均为ϕ12@150

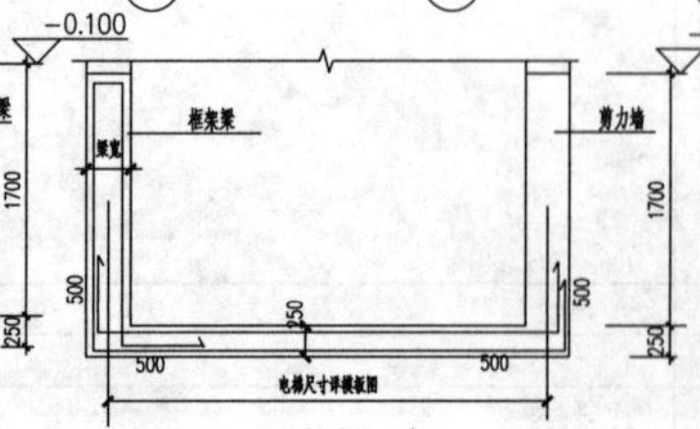

电梯基坑示意 ② 1:20

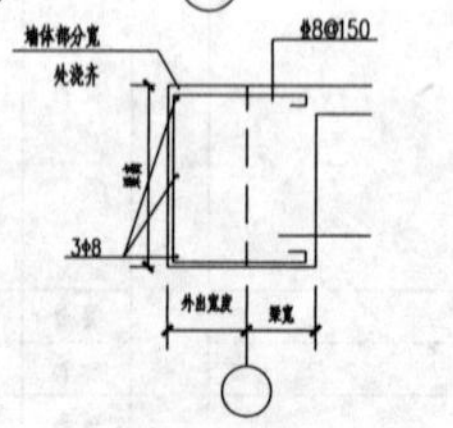

注：该剖面用于墙体部分落在梁外处.

③

层号	标高 (m)	层高 (mm)
屋顶层	30.900	
机房层	26.100	4800
9	23.200	2900
8	20.300	2900
7	17.400	2900
6	14.500	2900
5	11.600	2900
4	8.700	2900
3	5.800	2900
2	2.900	2900
1	-0.100	3000

结构层楼面标高,结构层高

XXXXXXXX设计院有限公司

地址：

电话：
传真：
邮编：
网址：

资质证书：建筑工程设计甲级 AXXXXXXXXX
工程设计咨询甲级 XXXXXXX
城市规划编制乙级 XXXXXX
房屋安全鉴定 AJ-XXX

合作设计单位 CO-OPERATE WITH

会签栏

建 筑		结 构	
给排水		暖 通	
电 气			

出图专用章 AUTHORIZED SEAL

本图未加盖XXXXXXXX有限公司出图专用章无效

注册执业印章 REGISTERED SEAL

备注 NOTES：切勿以比例量度此图，一切应依图内数字所示为准。使用此图时 应同时参照建筑图及其他有关图纸，如发现有任何矛盾之处，应立即通知建筑师和设计师。

项目总负责人 PROJECT DIRECTOR		
所 长 DIRECTOR OF DEPARTMENT		
审定人 AUTHORIZED BY		
审核人 AUDITED BY		
专业负责人 DISCIPLINE CHIEF		
校对人 CHECKED BY		
设计人 DESIGNED BY		
制图人 DRAWN BY		

设计编号: PROJECT NUMBER A2015-08-27

建设单位 CLIENT 安徽XXXXX有限公司

工程名称 PROJECT TITLE XX县安居苑小区 1# 住宅楼

图名 DRAWING TITLE 一层板配筋图

设计阶段 PHASE	施工图	专业 DISCIPLINE	结 构
版本 VERSION	1-1	图号 DRAWING No.	结施-16/21
比例 SCALE	1:50	日期 DATE	2016.05

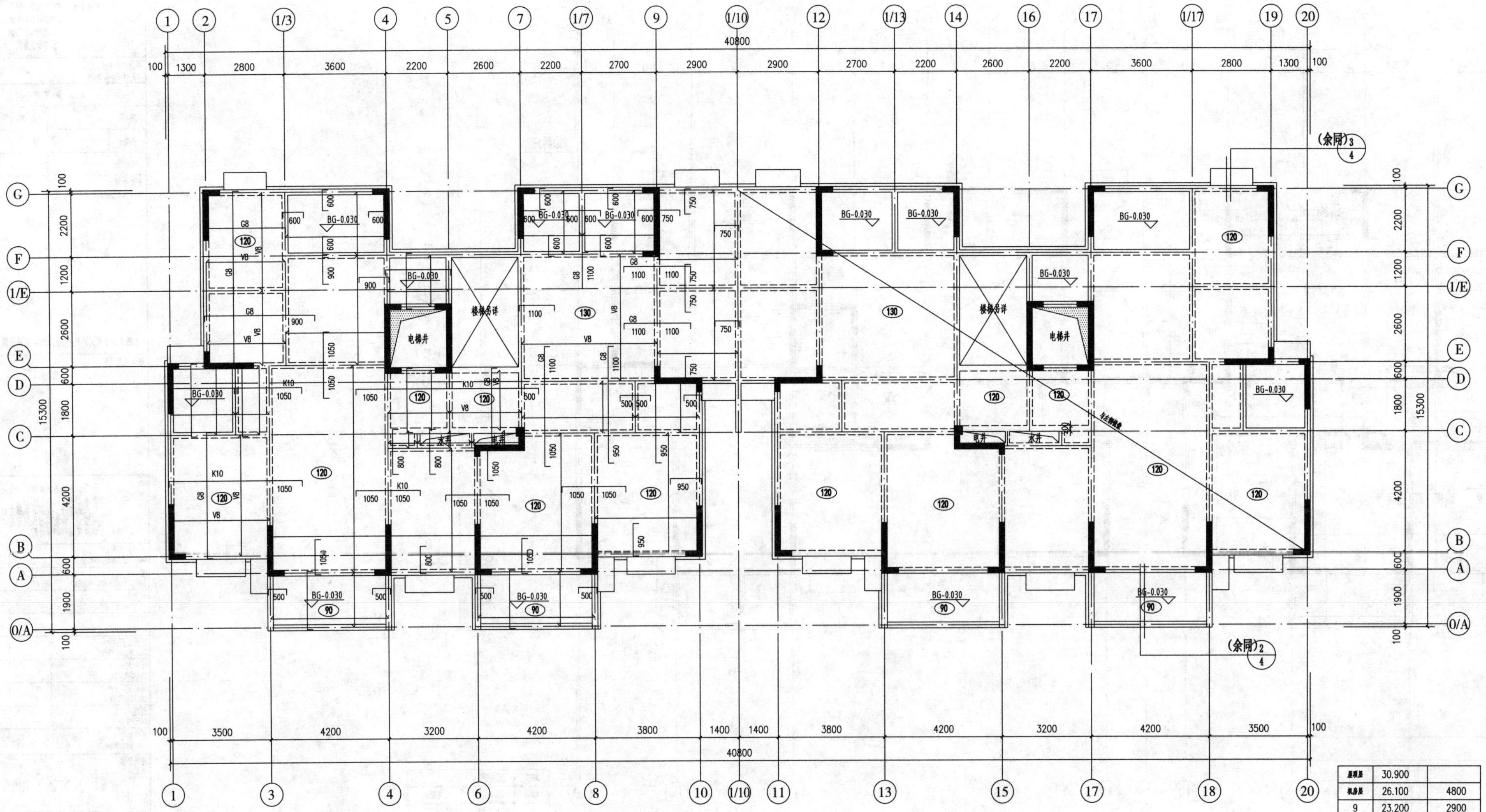

二层板配筋图　1:100

说明:

1. 墙梁定位除注明外均为轴线分中定位。
2. BG为本图标高表中粗线所示标高。
3. ◩ 为楼板预留洞口，板筋不得截断，待设备管道安装完毕后用高一级混凝土逐层封堵。
   ◪ 为楼板预留永久洞口，板筋截断。
4. 建筑物外围构件节点做法必须同时参建施，并按其要求设置预埋件。如遇矛盾及时与设计单位联系解决。
5. 穿梁(墙)预埋套管位置详见建筑、设备等相关图纸。
6. 未注明板厚均为100，图中画出但未注明的现浇板支座负筋和板底正筋均为ф8@200。
钢筋等代关系为:　G8：ф8@150　V8：ф8@175　K10：ф10@200

层号	标高 (m)	层高 (mm)
屋顶层	30.900	
机房层	26.100	4800
9	23.200	2900
8	20.300	2900
7	17.400	2900
6	14.500	2900
5	11.600	2900
4	8.700	2900
3	5.800	2900
2	2.900	2900
1	-0.100	3000

结构层楼面标高，结构层高

XXXXXXXX设计院有限公司

地址：

电话：
传真：
邮编：
网址：

资质证书：建筑工程设计甲级 AXXXXXXXXX
工程设计咨询甲级 XXXXXXX
城市规划编制乙级 XXXXXX
房屋安全鉴定 AJ-XXX

合作设计单位
CO-OPERATE WITH

会签栏

建筑		结构	
给排水		暖通	
电气			

出图专用章
AUTHORIZED SEAL

本图未加盖XXXXXXXX有限公司出图专用章无效

注册执业印章
REGISTERED SEAL

备注
NOTES
切勿以比例量度此图，一切应依图内数字所示为准。
使用此图时 应同时参照建筑图及其他有关图纸 如发现有任何矛盾之处，应立即通知建筑师和设计师。

项目总负责人 PROJECT DIRECTOR		
所长 DIRECTOR OF DEPARTMENT		
审定人 AUTHORIZED BY		
审核人 AUDITED BY		
专业负责人 DISCIPLINE CHIEF		
校对人 CHECKED BY		
设计人 DESIGNED BY		
制图人 DRAWN BY		

设计编号：PROJECT NUMBER　A2015-08-27

建设单位 CLIENT
安徽XXXXX有限公司

工程名称 PROJECT TITLE
XX县安居苑小区
1# 住宅楼

图名 DRAWING TITLE
二层板配筋图

设计阶段 PHASE	施工图	专业 DISCIPLINE	结构
版本 VERSION	1-1	图号 DRAWING No.	结施-17/21
比例 SCALE	1:50	日期 DATE	2016.05

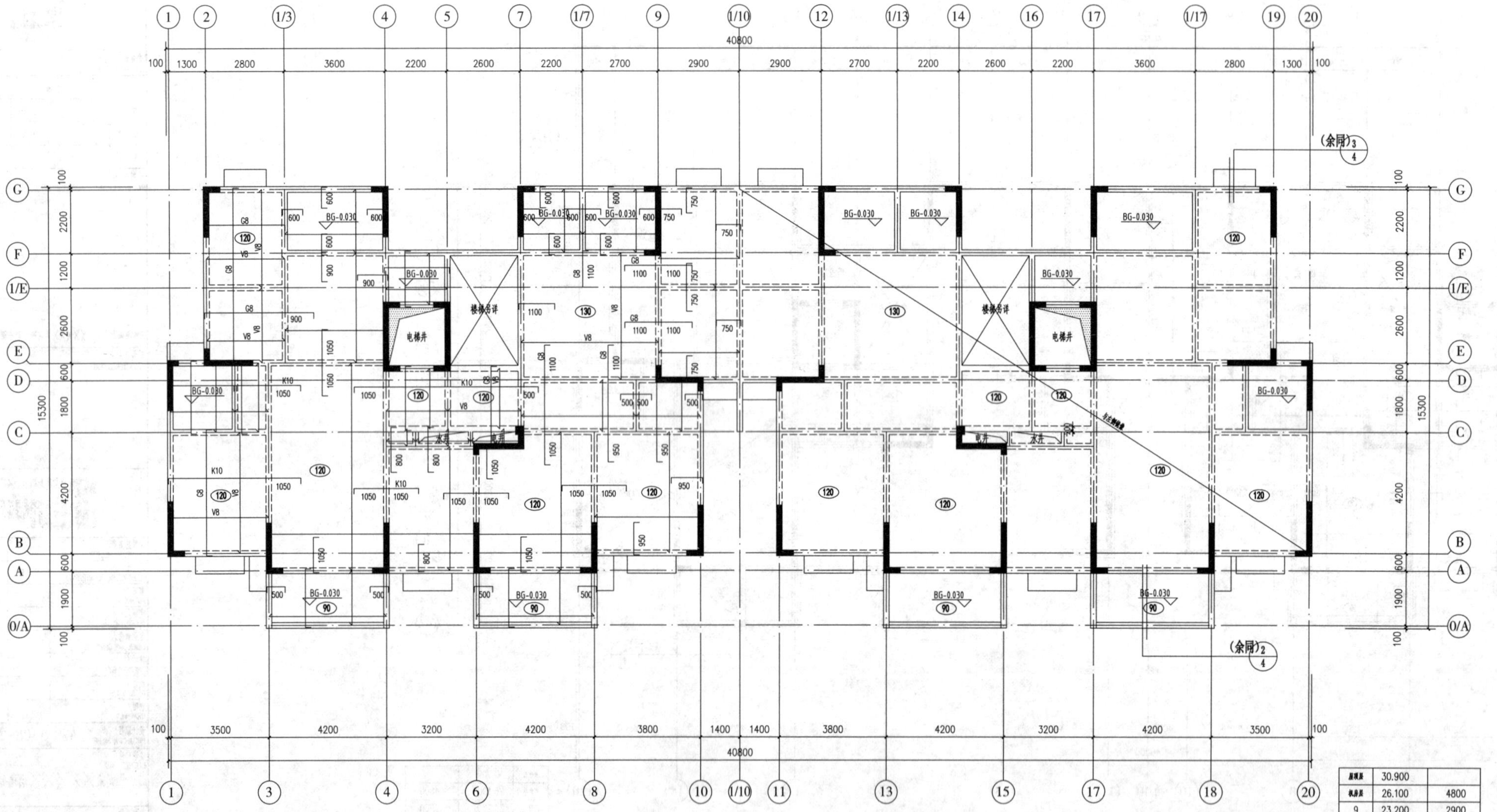

三至九层板配筋图　1:100

说明:

1. 墙梁定位除注明外均为轴线分中定位.
2. BG为本图标高表中粗线所示标高.
3. ◸ 为楼板预留洞口,板筋不得截断，待设备管道安装完毕后用高一级混凝土逐层封堵.
   ◪ 为楼板预留永久洞口，板筋截断.
4. 建筑物外围构件节点做法必须同时参建施，并按其要求设置预埋件. 如遇矛盾及时与设计单位联系解决.
5. 穿梁(墙)预埋套管位置详见建筑、设备等相关图纸.
6. 未注明板厚均为100,图中画出但未注明的现浇板支座负筋和板底正筋均为Φ8@200.

钢筋等代关系为:　G8:Φ8@150　V8:Φ8@175　K10:Φ10@200

屋顶层	30.900	
机房层	26.100	4800
9	23.200	2900
8	20.300	2900
7	17.400	2900
6	14.500	2900
5	11.600	2900
4	8.700	2900
3	5.800	2900
2	2.900	2900
1	-0.100	3000
层号	标高 (m)	层高 (mm)

结构层楼面标高, 结构层高

XXXXXXXX设计院有限公司

地址：
电话：
传真：
邮编：
网址：

资质证书：建筑工程设计甲级 AXXXXXXXXX
工程设计咨询甲级 XXXXXXX
城市规划编制乙级 XXXXXX
房屋安全鉴定 AJ-XXX

合作设计单位 CO-OPERATE WITH

会签栏

建筑		结构	
给排水		暖通	
电气			

出图专用章 AUTHORIZED SEAL

本图未加盖XXXXXXXX有限公司出图专用章无效

注册执业印章 REGISTERED SEAL

备注 NOTES　切勿以比例量度此图，一切应依图内数字所示为准.
使用此图时，应同时参照建筑图及其他有关图纸，如发现有任何矛盾之处，应立即通知建筑师和设计师.

项目总负责人 PROJECT DIRECTOR		
所长 DIRECTOR OF DEPARTMENT		
审定人 AUTHORIZED BY		
审核人 AUDITED BY		
专业负责人 DISCIPLINE CHIEF		
校对人 CHECKED BY		
设计人 DESIGNED BY		
制图人 DRAWN BY		

设计编号: PROJECT NUMBER　A2015-08-27

建设单位 CLIENT　安徽XXXXX有限公司

工程名称 PROJECT TITLE　XX县安居苑小区 1# 住宅楼

图名 DRAWING TITLE　三至九层板配筋图

设计阶段 PHASE	施工图	专业 DISCIPLINE	结构
版本 VERSION	1-1	图号 DRAWING No.	结施-18/21
比例 SCALE	1:50	日期 DATE	2016.05

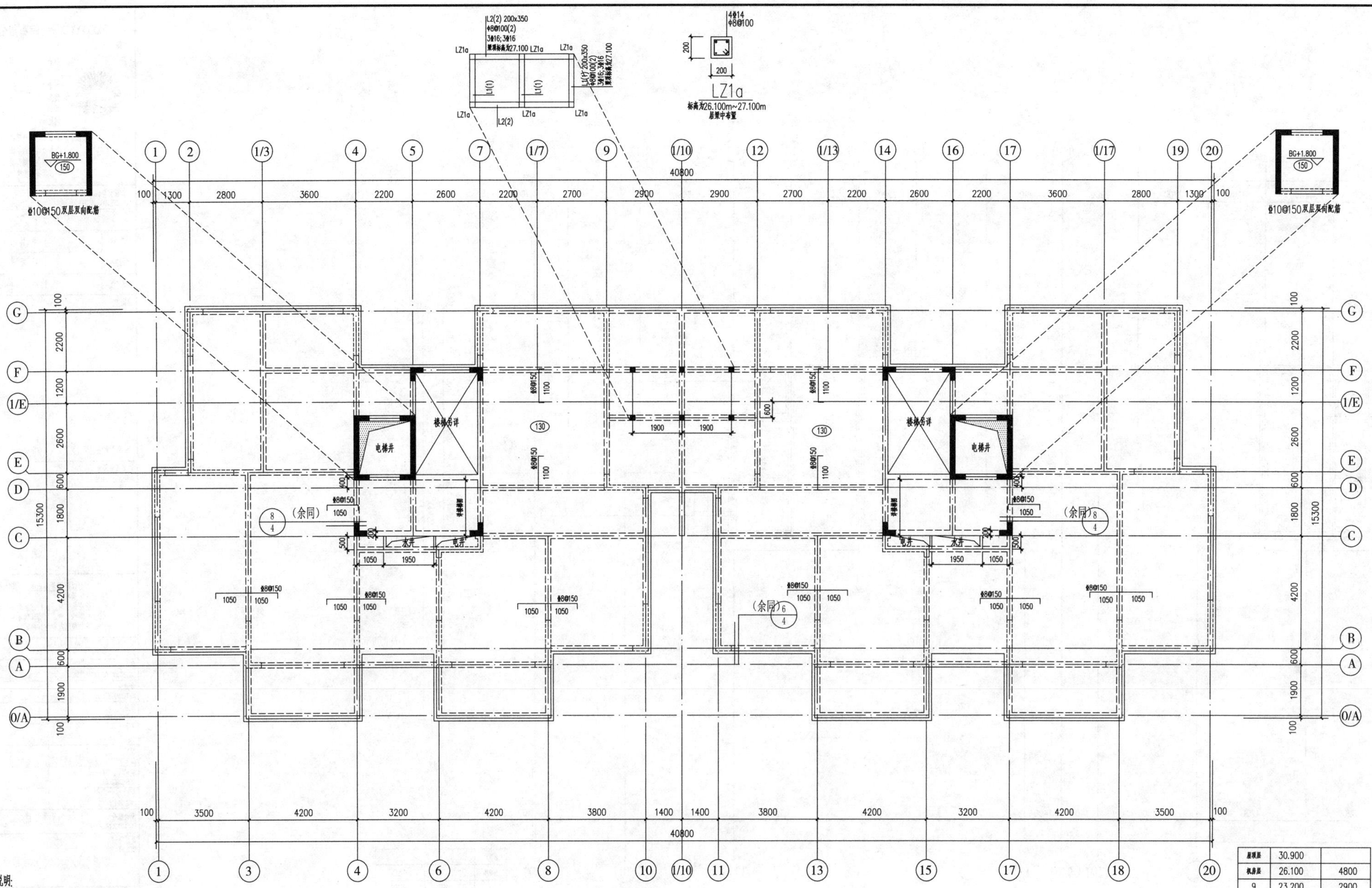

机房层板配筋图

1:100

说明:

1. 墙梁定位除注明外均为轴线分中定位.
2. DC为本图标高表中粗线所示标高.
3. ◩ 为楼板预留洞口,板筋不得截断,待设备管道安装完毕后用高一级混凝土逐层封堵.
   ◪ 为楼板预留永久洞口,板筋截断.
4. 建筑物外围构件节点做法必须同时参建施,并按其要求设置预埋件.如遇矛盾及时与设计单位联系解决.
5. 穿梁(墙)预埋套管位置详见建筑、设备等相关图纸.
6. 未注明120厚板板顶采用ф8@150双向通长配筋.
   板底采用ф8@175双向通长配筋.
   图中所画出的为另外增加的钢筋.

屋顶层	30.900	
机房层	26.100	4800
9	23.200	2900
8	20.300	2900
7	17.400	2900
6	14.500	2900
5	11.600	2900
4	8.700	2900
3	5.800	2900
2	2.900	2900
1	-0.100	3000
层号	标高 (m)	层高 (mm)

结构层楼面标高,结构层高

XXXXXXXX设计院有限公司

地址:
电话:
传真:
邮编:
网址:

资质证书: 建筑工程设计甲级 AXXXXXXXXX
工程设计咨询甲级 XXXXXXX
城市规划编制乙级 XXXXXX
房屋安全鉴定 AJ-XXX

合作设计单位 CO-OPERATE WITH

会签栏

建筑		结构	
给排水		暖通	
电气			

出图专用章 AUTHORIZED SEAL

本图未加盖XXXXXXXX有限公司出图专用章无效

注册执业印章 REGISTERED SEAL

备注 NOTES: 切勿以比例量度此图,一切应依图内数字所示为准。使用此图时 应同时参照建筑图及其他有关图纸 如发现有任何矛盾之处,应立即通知建筑师和设计师.

项目总负责人 PROJECT DIRECTOR		
所长 DIRECTOR OF DEPARTMENT		
审定人 AUTHORIZED BY		
审核人 AUDITED BY		
专业负责人 DISCIPLINE CHIEF		
校对人 CHECKED BY		
设计人 DESIGNED BY		
制图人 DRAWN BY		

设计编号: PROJECT NUMBER A2015-08-27

建设单位 CLIENT 安徽XXXXX有限公司

工程名称 PROJECT TITLE XX县安居苑小区 1# 住宅楼

图名 DRAWING TITLE 机房层板配筋图

设计阶段 PHASE	施工图	专业 DISCIPLINE	结构
版本 VERSION	1-1	图号 DRAWING No.	结施-19/21
比例 SCALE	1:50	日期 DATE	2016.05

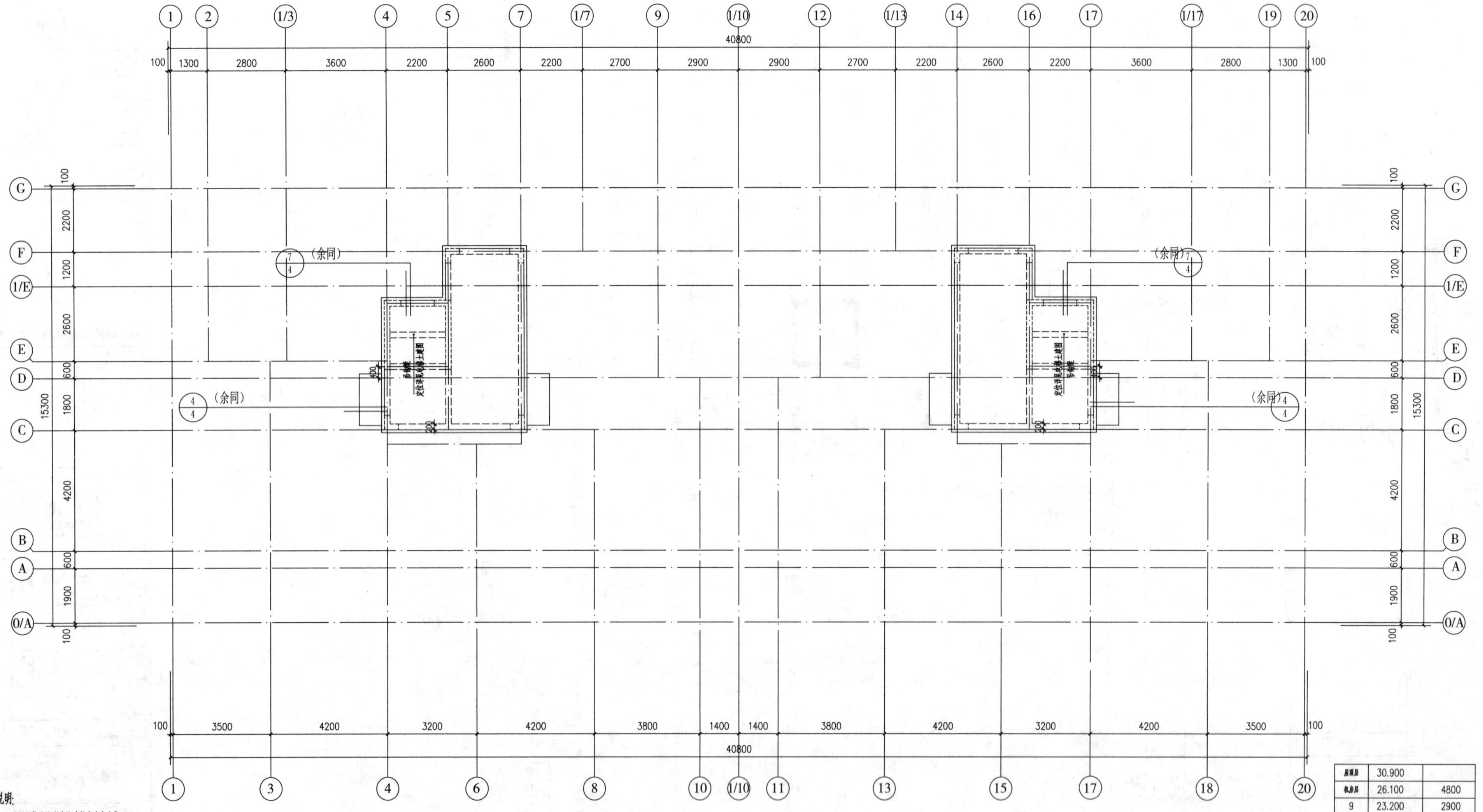

屋顶层板配筋图　1:100

说明:

1. 墙梁定位除注明外均为轴线分中定位.
2. BG为本图标高表中粗线所示标高.
3. ◪ 为楼板预留洞口,板筋不得截断,待设备管道安装完毕后用高一级混凝土逐层封堵.
   ◩ 为楼板预留永久洞口,板筋截断.
4. 建筑物外围构件节点做法必须同时参建施,并按其要求设置预埋件. 如遇矛盾及时与设计单位联系解决.
5. 穿梁(墙)预埋套管位置详见建筑、设备等相关图纸.
6. 未注明120厚板板顶采用Φ8@150双向通长配筋.
   板底采用Φ8@175双向通长配筋.
   图中所画出的为另外增加的钢筋.

屋顶层	30.900	
机房层	26.100	4800
9	23.200	2900
8	20.300	2900
7	17.400	2900
6	14.500	2900
5	11.600	2900
4	8.700	2900
3	5.800	2900
2	2.900	2900
1	-0.100	3000
层号	标高 (m)	层高 (mm)

结构层楼面标高, 结构层高

XXXXXXXX设计院有限公司

地址:
电话:
传真:
邮编:
网址:
资质证书: 建筑工程设计甲级 AXXXXXXXXX
工程设计咨询甲级 XXXXXXX
城市规划编制乙级 XXXXXX
房屋安全鉴定 AJ-XXX

合作设计单位 CO-OPERATE WITH

会签栏

建 筑		结 构	
给排水		暖 通	
电 气			

出图专用章 AUTHORIZED SEAL

本图未加盖XXXXXXXX有限公司出图专用章无效

注册执业印章 REGISTERED SEAL

备注 NOTES　切勿以比例量度此图,一切应依图内数字所示为准。使用此图时,应同时参照建筑图及其他有关图纸,如发现有任何矛盾之处,应立即通知建筑师和设计师。

项目总负责人 PROJECT DIRECTOR		
所 长 DIRECTOR OF DEPARTMENT		
审定人 AUTHORIZED BY		
审核人 AUDITED BY		
专业负责人 DISCIPLINE CHIEF		
校对人 CHECKED BY		
设计人 DESIGNED BY		
制图人 DRAWN BY		

设计编号: PROJECT NUMBER　A2015-08-27

建设单位 CLIENT　安徽XXXXX有限公司

工程名称 PROJECT TITLE　XX县安居苑小区 1# 住宅楼

图名 DRAWING TITLE　屋顶层板配筋图

设计阶段 PHASE	施工图	专业 DISCIPLINE	结 构
版本 VERSION	1-1	图号 DRAWING No.	结施-20/21
比例 SCALE	1:50	日期 DATE	2016.05

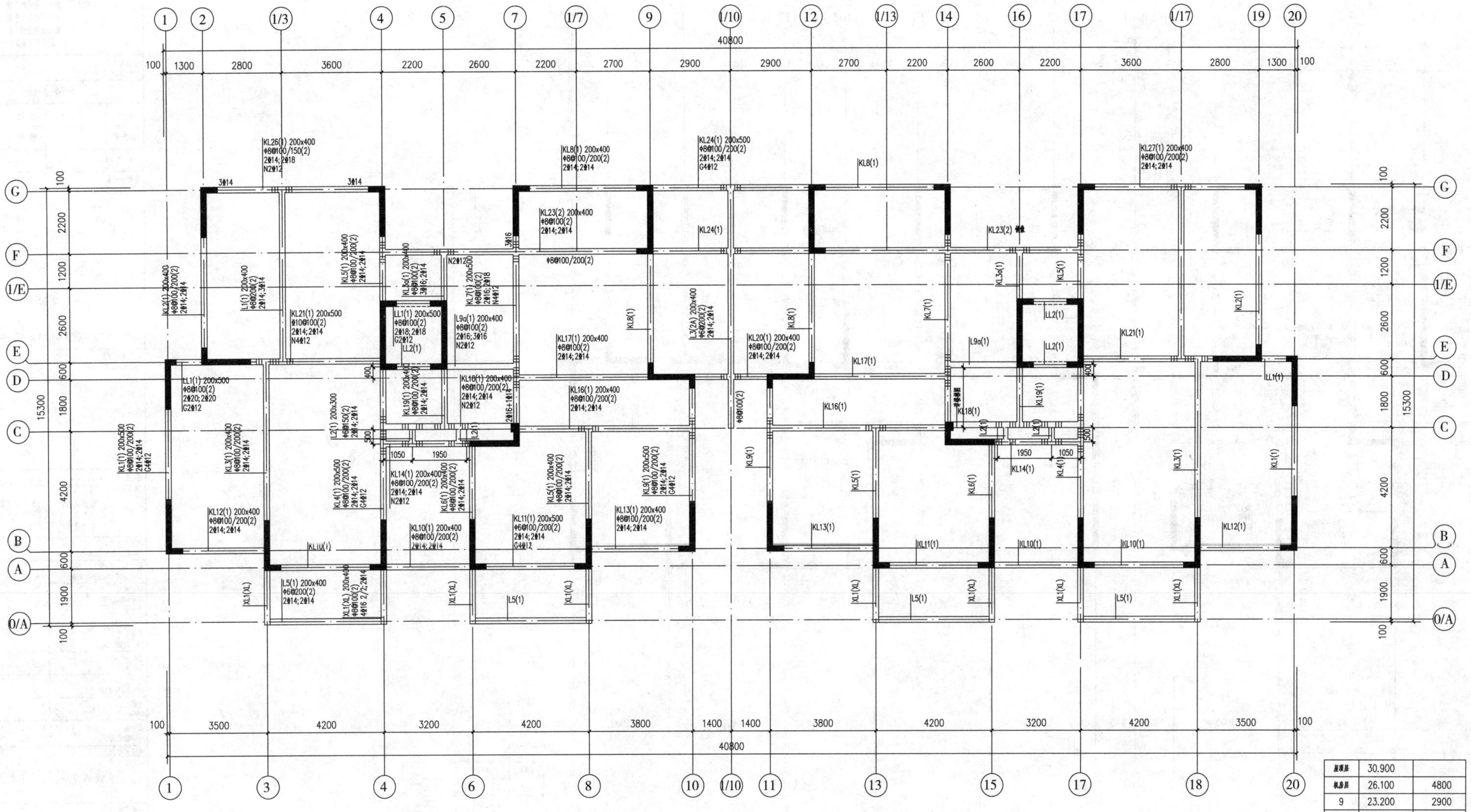

一层梁平法施工图　1:100

屋顶层	30.900	
机房层	26.100	4800
9	23.200	2900
8	20.300	2900
7	17.400	2900
6	14.500	2900
5	11.600	2900
4	8.700	2900
3	5.800	2900
2	2.900	2900
1	-0.100	3000
层号	标高 (m)	层高 (mm)

结构层楼面标高, 结构层高

说明:

1. 梁偏心定位详见相应的模板图.
2. 梁纵向抗扭钢筋的表达方式及锚固要求按"11G101-1"中的规定进行.
3. 若几组多跨梁共一编号时，在未注明钢筋同号梁的多跨与标注钢筋的原位梁的多跨互为对称关系的情况下，则同号梁与原位梁的配筋也互为对称关系.
4. 不同编号梁负筋通长筋相同时宜拉通.

XXXXXXXX设计院有限公司

EXPERT OFFICE

地址：
电话：
传真：
邮编：
网址：

资质证书：建筑工程设计甲级 AXXXXXXXXX
工程设计咨询甲级 XXXXXXX
城市规划编制乙级 XXXXXX
房屋安全鉴定 AJ-XXX

合作设计单位
CO-OPERATE WITH

会签栏

建筑		结构	
给排水		暖通	
电气			

出图专用章
AUTHORIZED SEAL

本图未加盖XXXXXXXX有限公司出图专用章无效

注册执业印章
REGISTERED SEAL

备注 NOTES
切勿以比例量度此图，一切应依图内数字所示为准。
使用此图时 应同时参照建筑图及其他有关图纸 如发现有任何矛盾之处，应立即通知建筑师和设计师.

项目总负责人 PROJECT DIRECTOR		
所长 DIRECTOR OF DEPARTMENT		
审定人 AUTHORIZED BY		
审核人 AUDITED BY		
专业负责人 DISCIPLINE CHIEF		
校对人 CHECKED BY		
设计人 DESIGNED BY		
制图人 DRAWN BY		

设计编号: PROJECT NUMBER　A2015-08-27

建设单位 CLIENT　安徽XXXXX有限公司

工程名称 PROJECT TITLE　XX县安居苑小区 1# 住宅楼

图名 DRAWING TITLE　一层梁平法施工图

设计阶段 PHASE	施工图	专业 DISCIPLINE	结构
版本 VERSION	1-1	图号 DRAWING No.	结施-09/21
比例 SCALE	1:50	日期 DATE	2016.05

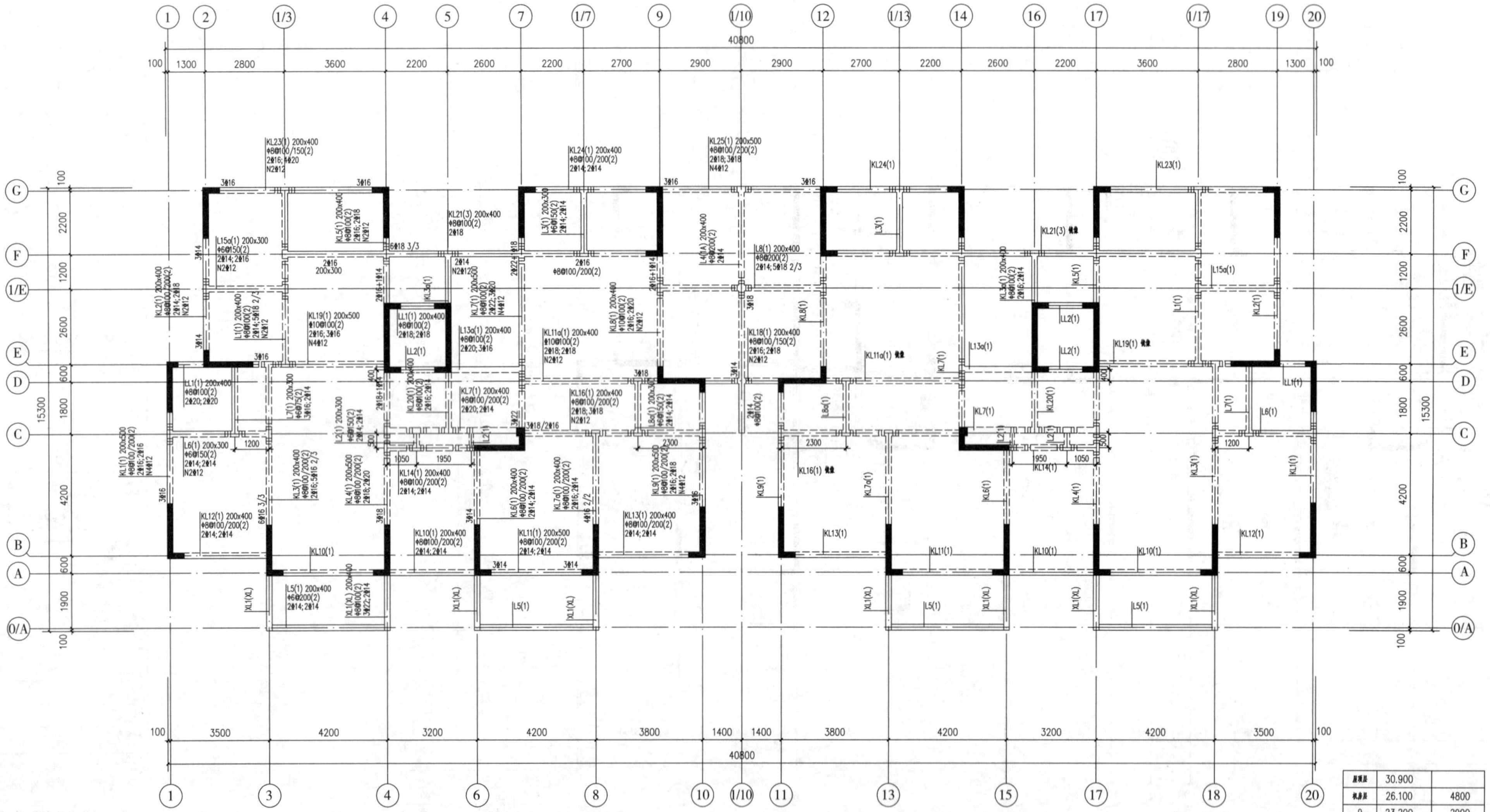

二层梁平法施工图　　1:100

说明:

1. 梁偏心定位详见相应的模板图。
2. 梁纵向抗扭钢筋的表达方式及锚固要求按"11G101-1"中的规定进行.
3. 若几组多跨梁共一编号时，在未注明钢筋同号梁的多跨与标注钢筋的原位梁的多跨互为对称关系的情况下，则同号梁与原位梁的配筋也互为对称关系。
4. 不同编号梁负筋通长筋相同时宜拉通。

屋顶层	30.900	
机房层	26.100	4800
9	23.200	2900
8	20.300	2900
7	17.400	2900
6	14.500	2900
5	11.600	2900
4	8.700	2900
3	5.800	2900
2	2.900	2900
1	-0.100	3000
层号	标高 (m)	层高 (mm)

结构层楼面标高, 结构层高

XXXXXXXX设计院有限公司

地址：

电话：
传真：
邮编：
网址：

资质证书：建筑工程设计甲级 AXXXXXXXXX
工程设计咨询甲级 XXXXXXX
城市规划编制乙级 XXXXXX
房屋安全鉴定 AJ-XXX

合作设计单位 CO-OPERATE WITH

会签栏

建 筑		结 构	
给排水		暖 通	
电 气			

出图专用章 AUTHORIZED SEAL

本图未加盖XXXXXXXX有限公司出图专用章无效

注册执业印章 REGISTERED SEAL

备注 NOTES　切勿以比例量度此图，一切应依图内数字所示为准。使用此图时，应同时参照建筑图及其他有关图纸，如发现有任何矛盾之处，应立即通知建筑师和设计师。

项目总负责人 PROJECT DIRECTOR		
所 长 DIRECTOR OF DEPARTMENT		
审定人 AUTHORIZED BY		
审核人 AUDITED BY		
专业负责人 DISCIPLINE CHIEF		
校对人 CHECKED BY		
设计人 DESIGNED BY		
制图人 DRAWN BY		

设计编号: PROJECT NUMBER　A2015-08-27

建设单位 CLIENT　安徽XXXXX有限公司

工程名称 PROJECT TITLE　XX县安居苑小区 1# 住宅楼

图名 DRAWING TITLE　二层梁平法施工图

设计阶段 PHASE	施工图	专业 DISCIPLINE	结 构
版本 VERSION	1-1	图号 DRAWING No.	结施-10/21
比例 SCALE	1:50	日期 DATE	2016.05

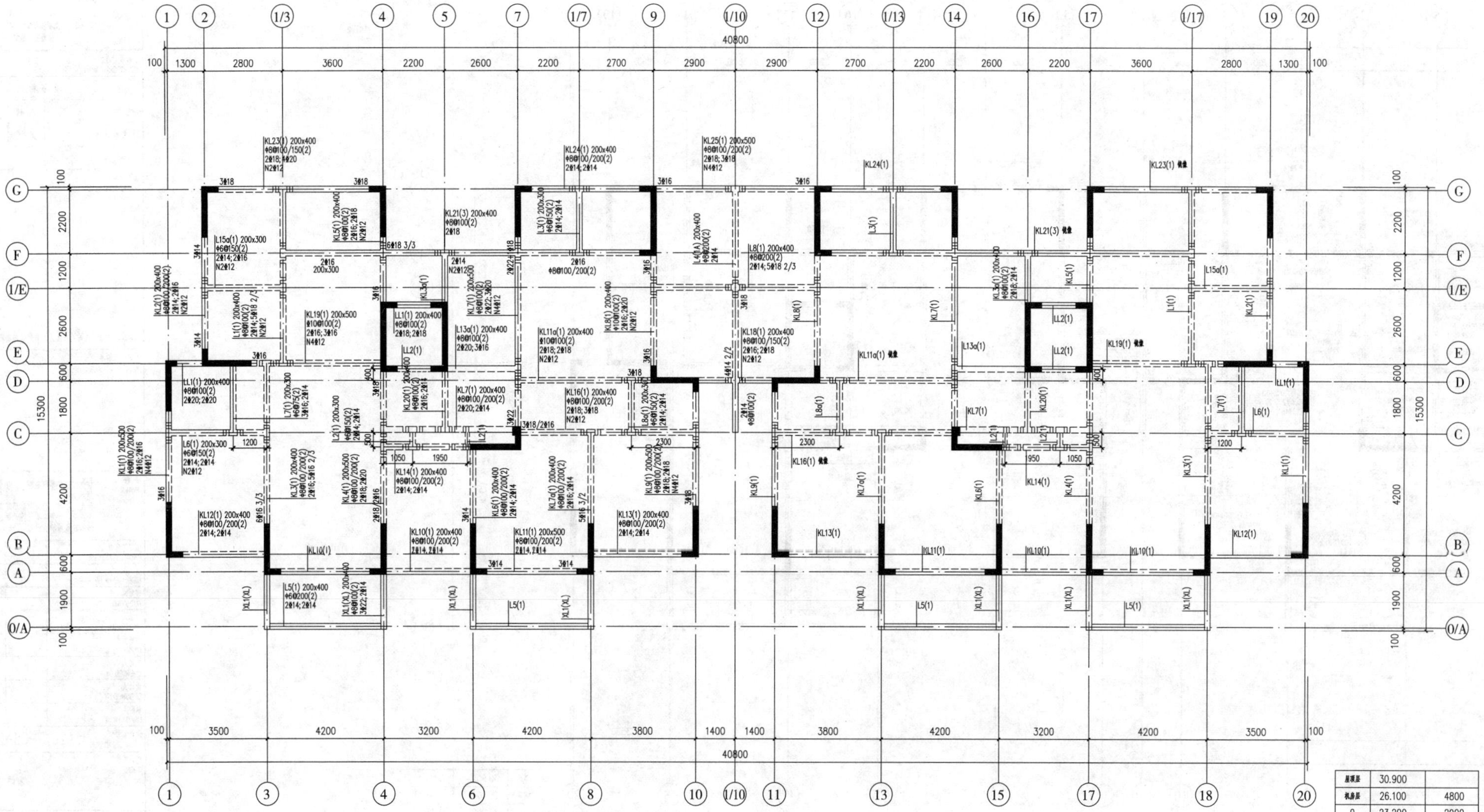

三、四层梁平法施工图　1:100

屋顶层	30.900	
机房层	26.100	4800
9	23.200	2900
8	20.300	2900
7	17.400	2900
6	14.500	2900
5	11.600	2900
4	8.700	2900
3	5.800	2900
2	2.900	2900
1	-0.100	3000
层号	标高（m）	层高（mm）

结构层楼面标高，结构层高

说明:

1. 梁偏心定位详见相应的模板图.
2. 梁纵向抗扭钢筋的表达方式及锚固要求按"11G101-1"中的规定进行.
3. 若几组多跨梁共一编号时，在未注明钢筋同号梁的多跨与标注钢筋的原位梁的多跨互为对称关系的情况下，则同号梁与原位梁的配筋也互为对称关系.
4. 不同编号梁负筋通长筋相同时宜拉通.

XXXXXXXX设计院有限公司

地址：
电话：
传真：
邮编：
网址：
资质证书：建筑工程设计甲级 AXXXXXXXXX
工程设计咨询甲级 XXXXXXX
城市规划编制乙级 XXXXXX
房屋安全鉴定 AJ-XXX

合作设计单位
CO-OPERATE WITH

会签栏

建筑		结构	
给排水		暖通	
电气			

出图专用章
AUTHORIZED SEAL

本图未加盖XXXXXXXX有限公司出图专用章无效

注册执业印章
REGISTERED SEAL

备注 NOTES：切勿以比例量度此图，一切应依图内数字所示为准。使用此图时 应同时参照建筑图及其他有关图纸，如发现有任何矛盾之处，应立即通知建筑师和设计师。

项目总负责人 PROJECT DIRECTOR		
所长 DIRECTOR OF DEPARTMENT		
审定人 AUTHORIZED BY		
审核人 AUDITED BY		
专业负责人 DISCIPLINE CHIEF		
校对人 CHECKED BY		
设计人 DESIGNED BY		
制图人 DRAWN BY		

设计编号: PROJECT NUMBER A2015-08-27

建设单位 CLIENT 安徽XXXXX有限公司

工程名称 PROJECT TITLE XX县安居苑小区 1# 住宅楼

图名 DRAWING TITLE 三、四层梁平法施工图

设计阶段 PHASE	施工图	专业 DISCIPLINE	结构
版本 VERSION	1-1	图号 DRAWING No.	结施-11/21
比例 SCALE	1:50	日期 DATE	2016.05

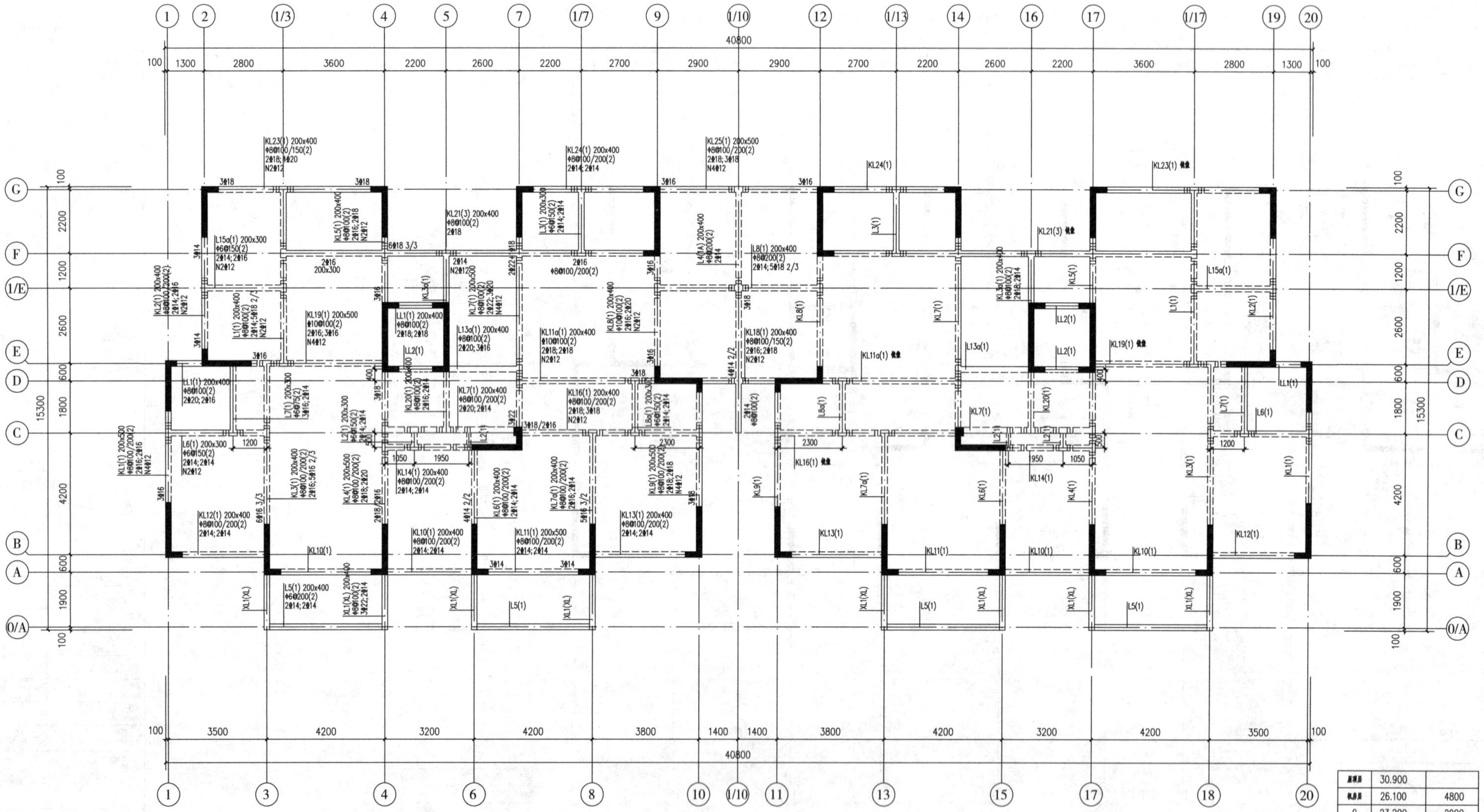

五、六、七层梁平法施工图　1:100

说明:

1. 梁偏心定位详见相应的模板图。
2. 梁纵向抗扭钢筋的表达方式及锚固要求按"11G101-1"中的规定进行.
3. 若几组多跨梁共一编号时，在未注明钢筋同号梁的多跨与标注钢筋的原位梁的多跨互为对称关系的情况下，则同号梁与原位梁的配筋也互为对称关系。
4. 不同编号梁负筋通长筋相同时宜拉通。

屋顶层	30.900	
机房层	26.100	4800
9	23.200	2900
8	20.300	2900
7	17.400	2900
6	14.500	2900
5	11.600	2900
4	8.700	2900
3	5.800	2900
2	2.900	2900
1	-0.100	3000
层号	标高 (m)	层高 (mm)

结构层楼面标高，结构层高

XXXXXXXX设计院有限公司

地址：

电话：
传真：
邮编：
网址：

资质证书：建筑工程设计甲级 AXXXXXXXXX
工程设计咨询甲级 XXXXXXX
城市规划编制乙级 XXXXXX
房屋安全鉴定 AJ-XXX

合作设计单位
CO-OPERATE WITH

会签栏

建筑		结构	
给排水		暖通	
电气			

出图专用章
AUTHORIZED SEAL

本图未加盖XXXXXXXX有限公司出图专用章无效

注册执业印章
REGISTERED SEAL

备注
NOTES
切勿以比例量度此图，一切应依图内数字所示为准。
使用此图时，应同时参照建筑图及其他有关图纸，如发现有任何矛盾之处，应立即通知建筑师和设计师。

项目总负责人 PROJECT DIRECTOR		
所长 DIRECTOR OF DEPARTMENT		
审定人 AUTHORIZED BY		
审核人 AUDITED BY		
专业负责人 DISCIPLINE CHIEF		
校对人 CHECKED BY		
设计人 DESIGNED BY		
制图人 DRAWN BY		

设计编号: PROJECT NUMBER　A2015-08-27

建设单位 CLIENT　安徽XXXXX有限公司

工程名称 PROJECT TITLE　XX县安居苑小区 1# 住宅楼

图名 DRAWING TITLE　五、六、七层梁平法施工图

设计阶段 PHASE	施工图	专业 DISCIPLINE	结构
版本 VERSION	1-1	图号 DRAWING No.	结施-12/21
比例 SCALE	1:50	日期 DATE	2016.05

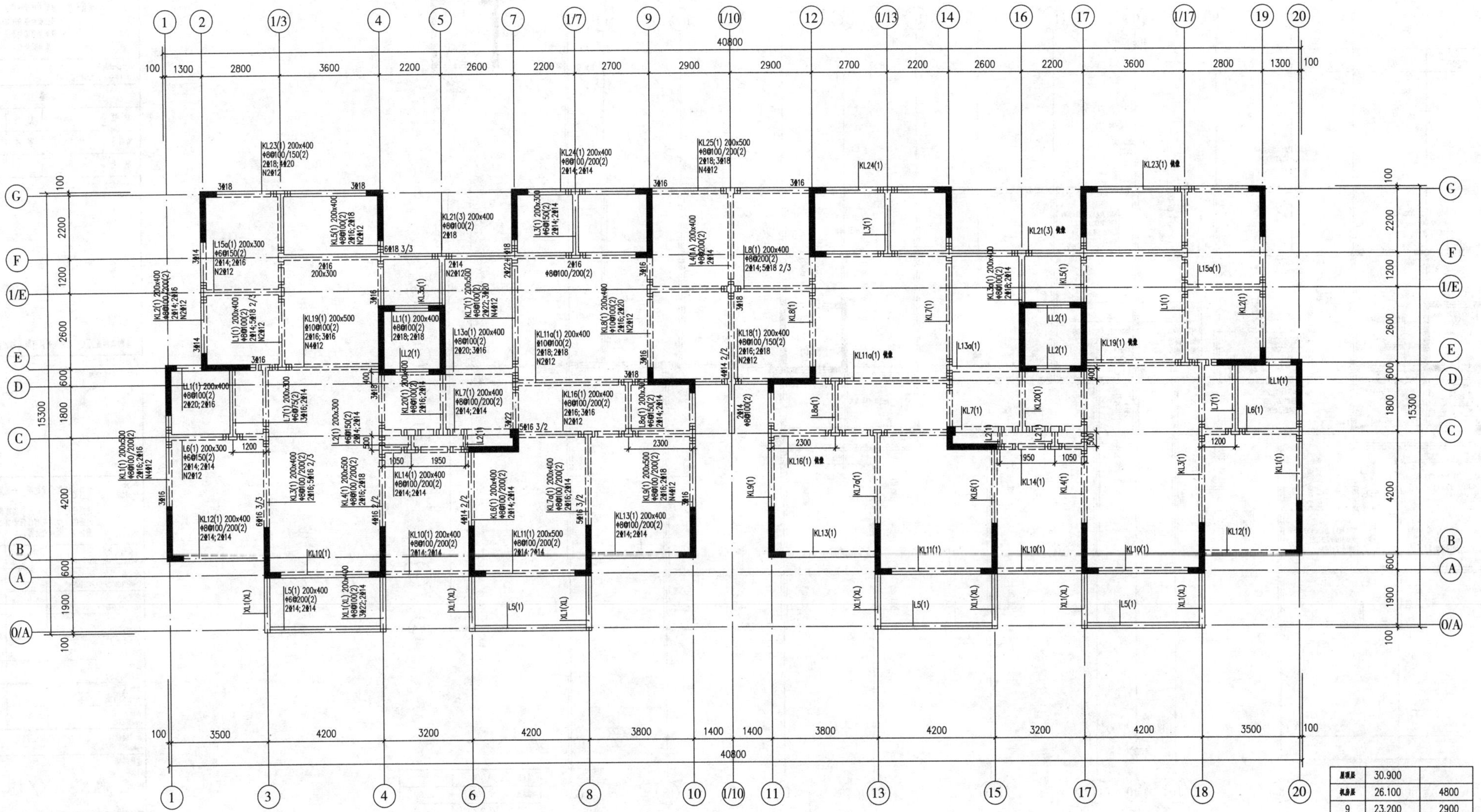

八、九层梁平法施工图　　1:100

屋顶层	30.900	
机房层	26.100	4800
9	23.200	2900
8	20.300	2900
7	17.400	2900
6	14.500	2900
5	11.600	2900
4	8.700	2900
3	5.800	2900
2	2.900	2900
1	−0.100	3000
层号	标高 (m)	层高 (mm)

结构层楼面标高, 结构层高

说明:

1. 梁偏心定位详见相应的模板图.
2. 梁纵向抗扭钢筋的表达方式及锚固要求按"11G101−1"中的规定进行.
3. 若几组多跨梁共一编号时，在未注明钢筋同号梁的多跨与标注钢筋的原位梁的多跨互为对称关系的情况下，则同号梁与原位梁的配筋也互为对称关系.
4. 不同编号梁负筋通长筋相同时宜拉通.

XXXXXXXX设计院有限公司

地址：
电话：
传真：
邮编：
网址：
资质证书：建筑工程设计甲级 AXXXXXXXXX
工程设计咨询甲级 XXXXXXX
城市规划编制乙级 XXXXXX
房屋安全鉴定 AJ−XXX

合作设计单位 CO−OPERATE WITH

会签栏

建 筑		结 构	
给排水		暖 通	
电 气			

出图专用章 AUTHORIZED SEAL

本图未加盖XXXXXXXX有限公司出图专用章无效

注册执业印章 REGISTERED SEAL

备注 NOTES　切勿以比例量度此图，一切应依图内数字所示为准。使用此图时 应同时参照建筑图及其他有关图纸 如发现有任何矛盾之处，应立即通知建筑师和设计师。

项目总负责人 PROJECT DIRECTOR		
所 长 DIRECTOR OF DEPARTMENT		
审定人 AUTHORIZED BY		
审核人 AUDITED BY		
专业负责人 DISCIPLINE CHIEF		
校对人 CHECKED BY		
设计人 DESIGNED BY		
制图人 DRAWN BY		

设计编号: PROJECT NUMBER　A2015−08−27

建设单位 CLIENT　安徽XXXXX有限公司

工程名称 PROJECT TITLE　XX县安居苑小区 1# 住宅楼

图名 DRAWING TITLE　八、九层梁平法施工图

设计阶段 PHASE	施工图	专业 DISCIPLINE	结 构
版本 VERSION	1−1	图号 DRAWING No.	结施−13/21
比例 SCALE	1:50	日期 DATE	2016.05

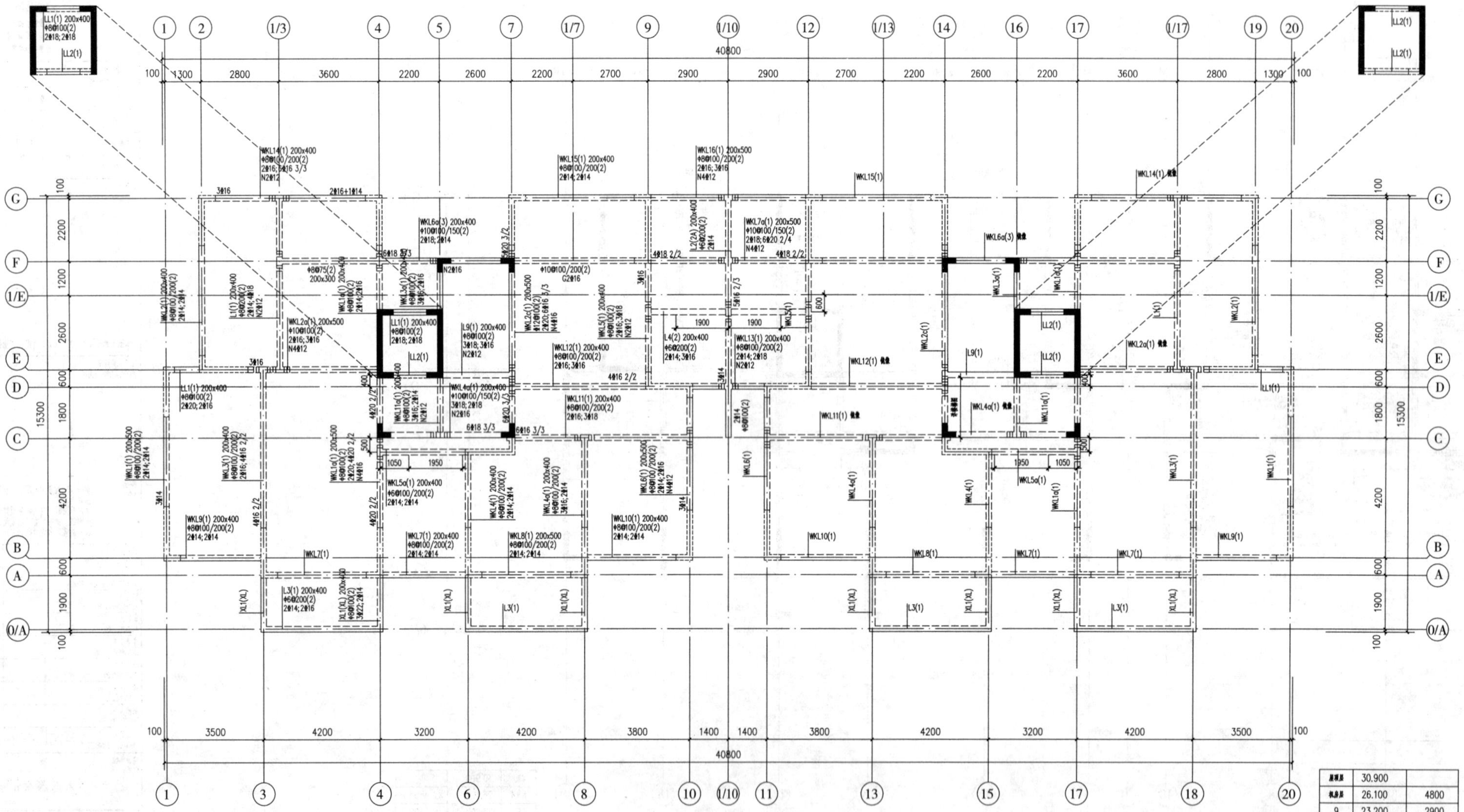

机房层梁平法施工图　1:100

说明:

1. 梁偏心定位详见相应的模板图.
2. 梁纵向抗扭钢筋的表达方式及锚固要求按"11G101-1"中的规定进行.
3. 若几组多跨梁共一编号时，在未注明钢筋同号梁的多跨与标注钢筋的原位梁的多跨互为对称关系的情况下，则同号梁与原位梁的配筋也互为对称关系.
4. 不同编号梁负筋通长筋相同时宜拉通.

层号	标高 (m)	层高 (mm)
屋顶层	30.900	
机房层	26.100	4800
9	23.200	2900
8	20.300	2900
7	17.400	2900
6	14.500	2900
5	11.600	2900
4	8.700	2900
3	5.800	2900
2	2.900	2900
1	-0.100	3000

结构层楼面标高, 结构层高

XXXXXXXX设计院有限公司

地址：

电话：
传真：
邮编：
网址：

资质证书：建筑工程设计甲级 AXXXXXXXXX
工程设计咨询甲级 XXXXXXX
城市规划编制乙级 XXXXXX
房屋安全鉴定 AJ-XXX

合作设计单位
CO-OPERATE WITH

会 签 栏

建 筑		结 构	
给排水		暖 通	
电 气			

出图专用章
AUTHORIZED SEAL

本图未加盖XXXXXXXX有限公司出图专用章无效

注册执业印章
REGISTERED SEAL

备 注
NOTES
切勿以比例量度此图，一切应依图内数字所示为准。
使用此图时，应同时参照建筑图及其他有关图纸，如发现有任何矛盾之处，应立即通知建筑师和设计师。

项目总负责人 PROJECT DIRECTOR		
所 长 DIRECTOR OF DEPARTMENT		
审定人 AUTHORIZED BY		
审核人 AUDITED BY		
专业负责人 DISCIPLINE CHIEF		
校对人 CHECKED BY		
设计人 DESIGNED BY		
制图人 DRAWN BY		

设计编号: PROJECT NUMBER　A2015-08-27

建设单位 CLIENT
安徽XXXXX有限公司

工程名称 PROJECT TITLE
XX县安居苑小区
1# 住宅楼

图 名 DRAWING TITLE
机房层梁平法施工图

设计阶段 PHASE	施工图	专业 DISCIPLINE	结 构
版本 VERSION	1-1	图号 DRAWING No.	结施-14/21
比例 SCALE	1:50	日期 DATE	2016.05

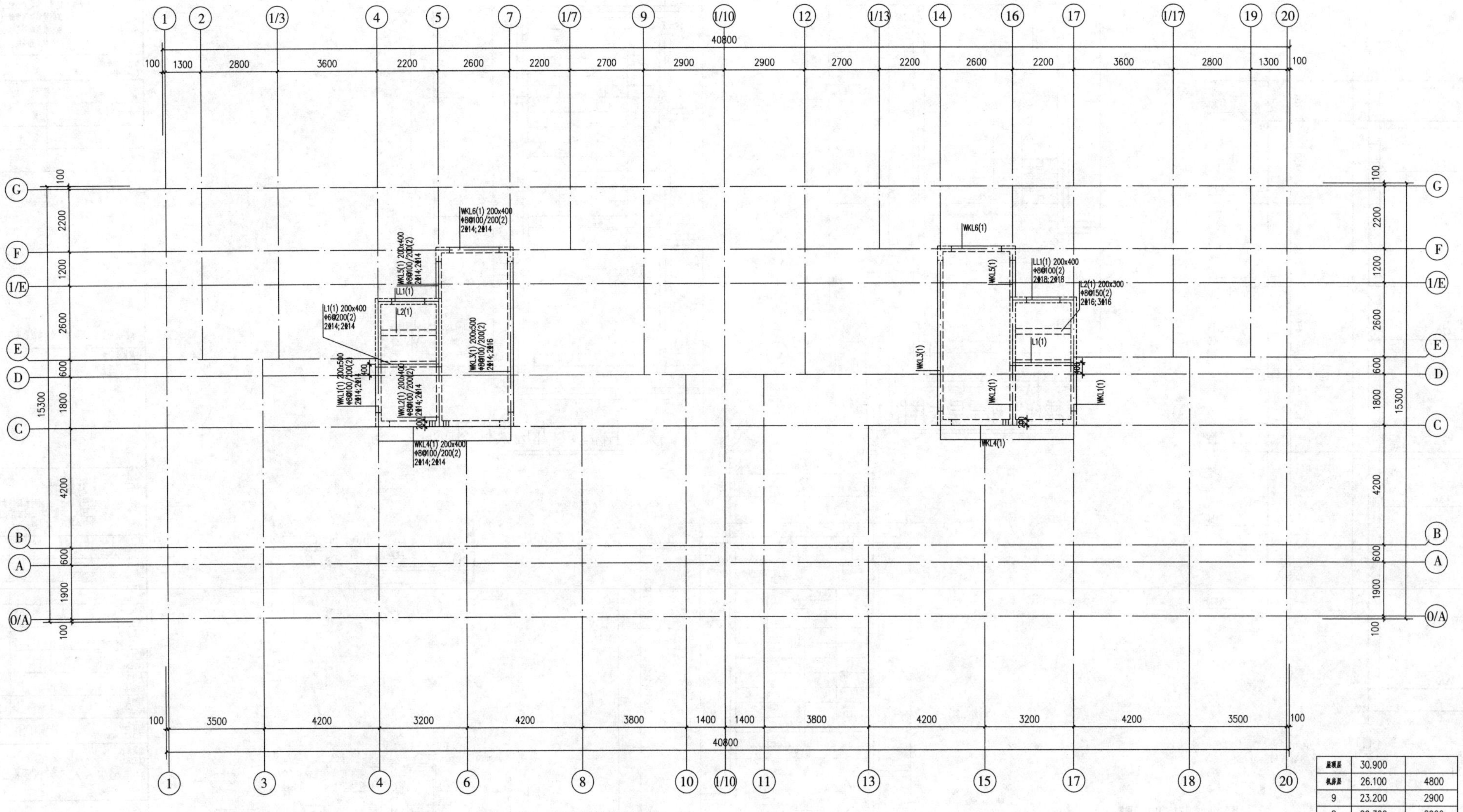

屋顶层梁平法施工图 1:100

屋顶层	30.900	
机房层	26.100	4800
9	23.200	2900
8	20.300	2900
7	17.400	2900
6	14.500	2900
5	11.600	2900
4	8.700	2900
3	5.800	2900
2	2.900	2900
1	-0.100	3000
层号	标高 (m)	层高 (mm)

结构层楼面标高，结构层高

说明：

1. 梁偏心定位详见相应的模板图。
2. 梁纵向抗扭钢筋的表达方式及锚固要求按"11G101-1"中的规定进行。
3. 若几组多跨梁共一编号时，在未注明钢筋同号梁的多跨与标注钢筋的原位梁的多跨互为对称关系的情况下，则同号梁与原位梁的配筋也互为对称关系。
4. 不同编号梁负筋通长筋相同时宜拉通。

XXXXXXXX设计院有限公司

地址：
电话：
传真：
邮编：
网址：

资质证书：建筑工程设计甲级 AXXXXXXXXX
工程设计咨询甲级 XXXXXXX
城市规划编制乙级 XXXXXX
房屋安全鉴定 AJ-XXX

合作设计单位 CO-OPERATE WITH

会签栏			
建筑		结构	
给排水		暖通	
电气			

出图专用章 AUTHORIZED SEAL

本图未加盖XXXXXXXX有限公司出图专用章无效

注册执业印章 REGISTERED SEAL

备注 NOTES：切勿以比例量度此图，一切应依图内数字所示为准。使用此图时，应同时参照建筑图及其他有关图纸，如发现有任何矛盾之处，应立即通知建筑师和设计师。

项目总负责人 PROJECT DIRECTOR		
所长 DIRECTOR OF DEPARTMENT		
审定人 AUTHORIZED BY		
审核人 AUDITED BY		
专业负责人 DISCIPLINE CHIEF		
校对人 CHECKED BY		
设计人 DESIGNED BY		
制图人 DRAWN BY		

设计编号: PROJECT NUMBER A2015-08-27

建设单位 CLIENT 安徽XXXXX有限公司

工程名称 PROJECT TITLE XX县安居苑小区 1# 住宅楼

图名 DRAWING TITLE 屋顶层梁平法施工图

设计阶段 PHASE	施工图	专业 DISCIPLINE	结构
版本 VERSION	1-1	图号 DRAWING No.	结施-15/21
比例 SCALE	1:50	日期 DATE	2016.05

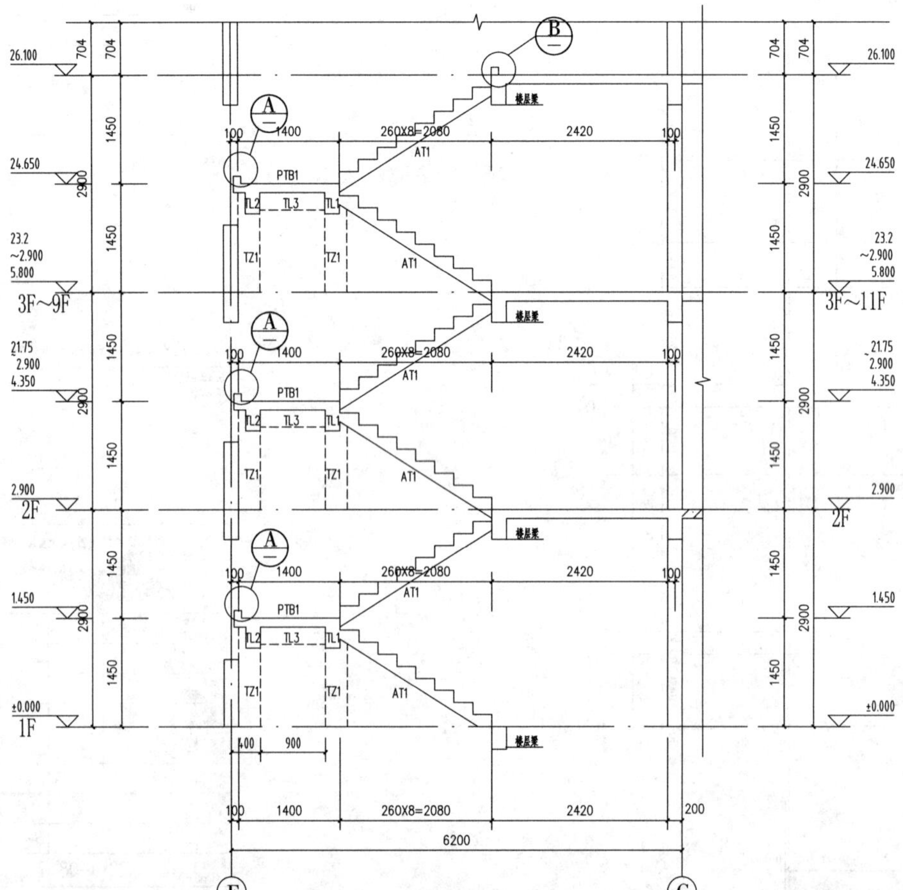

楼梯A-A剖面图 1:50

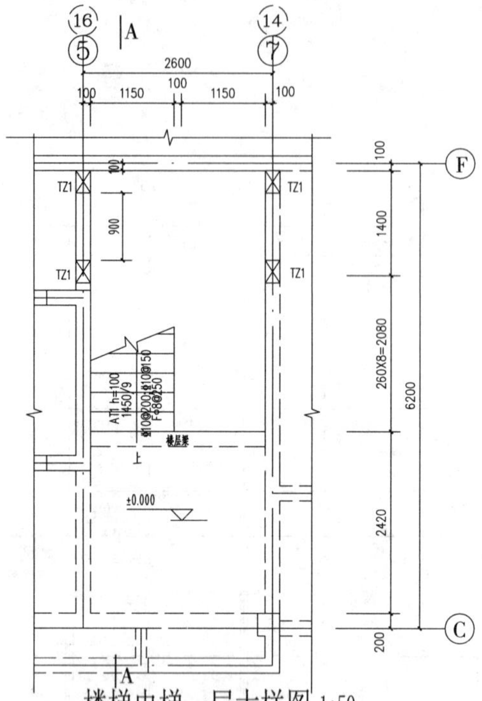

楼梯电梯一层大样图 1:50

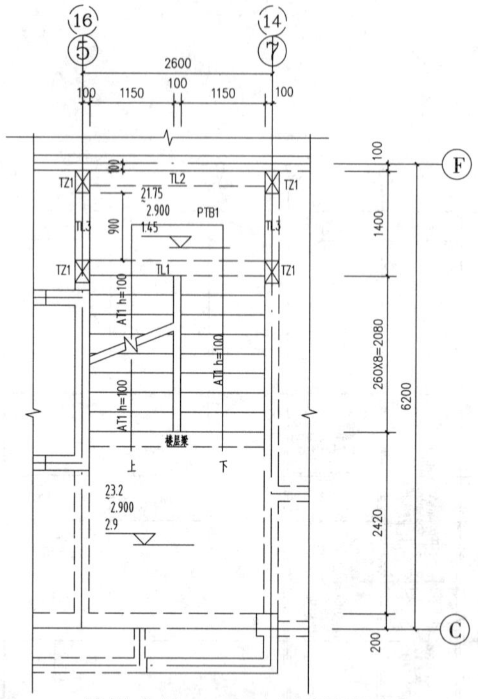

楼梯电梯二～九层大样图 1:50

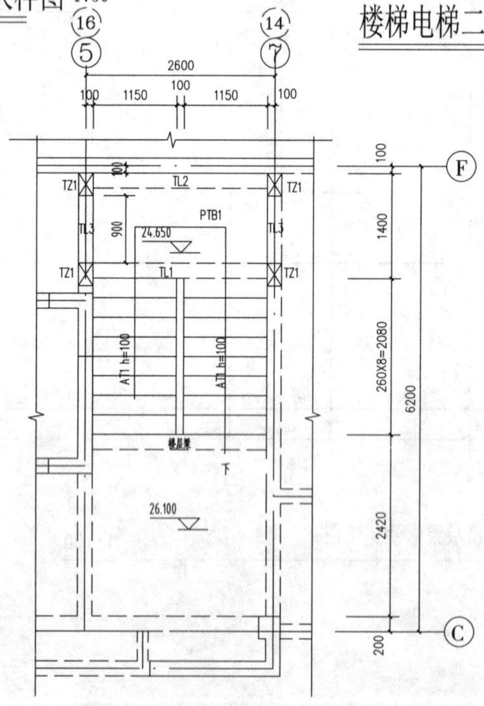

楼梯电梯机房层大样图 1:50

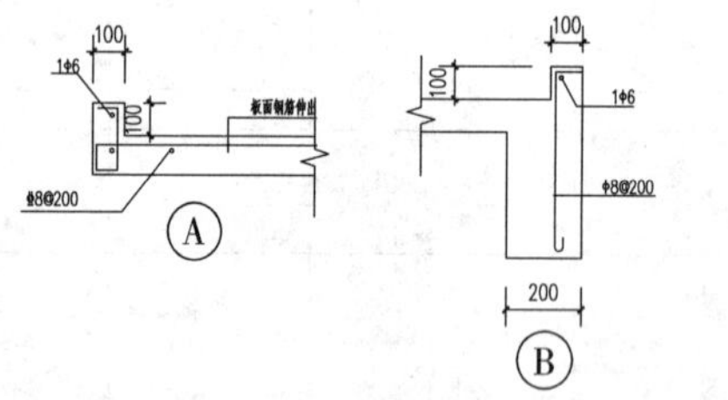

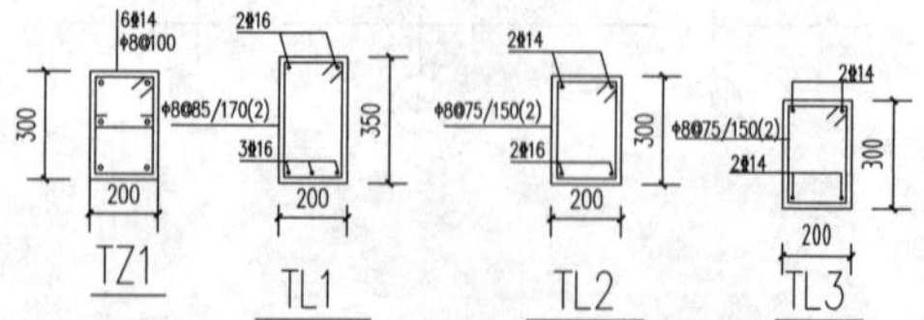

说明:

1. 楼梯平法表示详见11G101-2图集
(变更:图集中板面钢筋通长布置)
2. 砼强度等级同相应楼层梁板砼强度.
3. 楼梯分布筋:Φ8@250
4. 平面中框架柱位置仅为示意,具体以结构平面布置图为准.
5. 未注明PTB(h=110),Φ8@175双层双向配筋.

XXXXXXXX设计院有限公司

地址:
电话:
传真:
邮编:
网址:

资质证书:建筑工程设计甲级 AXXXXXXXXX
工程设计咨询甲级 XXXXXXX
城市规划编制乙级 XXXXXX
房屋安全鉴定 AJ-XXX

合作设计单位 CO-OPERATE WITH

会签栏

建筑		结构	
给排水		暖通	
电气			

出图专用章 AUTHORIZED SEAL

本图未加盖XXXXXXXX有限公司出图专用章无效

注册执业印章 REGISTERED SEAL

备注 NOTES
切勿以比例量度此图,一切应依图内数字所示为准.
使用此图时,应同时参照建筑图及其他有关图纸,如发现有任何矛盾之处,应立即通知建筑师和设计师.

项目总负责人 PROJECT DIRECTOR		
所长 DIRECTOR OF DEPARTMENT		
审定人 AUTHORIZED BY		
审核人 AUDITED BY		
专业负责人 DISCIPLINE CHIEF		
校对人 CHECKED BY		
设计人 DESIGNED BY		
制图人 DRAWN BY		

设计编号: PROJECT NUMBER A2015-08-27

建设单位 CLIENT 安徽XXXXX有限公司

工程名称 PROJECT TITLE XX县安居苑小区 1# 住宅楼

图名 DRAWING TITLE 楼梯大样图

设计阶段 PHASE	施工图	专业 DISCIPLINE	结构
版本 VERSION	1-1	图号 DRAWING No.	结施-21/21
比例 SCALE	1:50	日期 DATE	2016.05

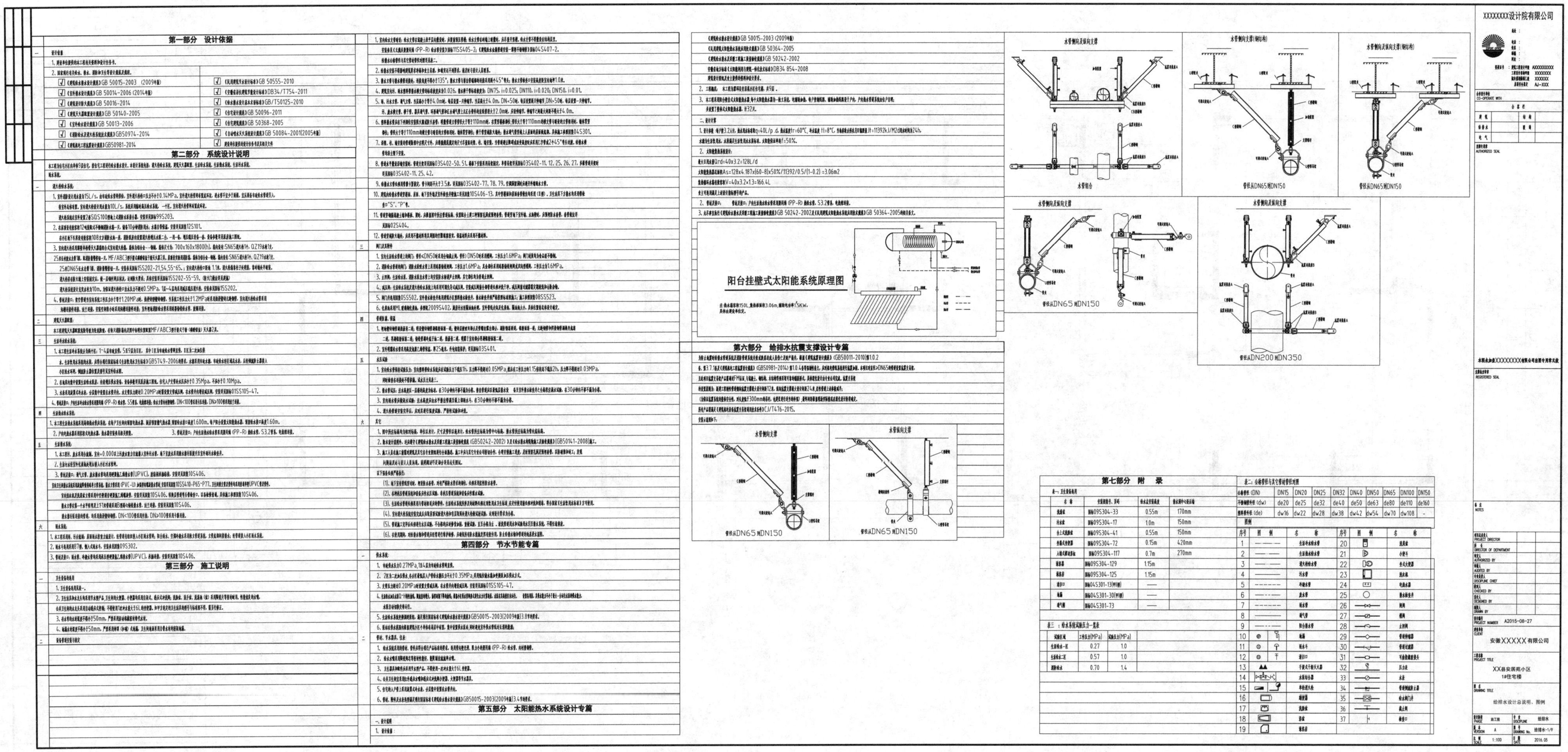

第一部分 设计依据
第二部分 系统设计说明
第三部分 施工说明
第四部分 节水节能专篇
第五部分 太阳能热水系统设计专篇
阳台挂壁式太阳能系统原理图
第六部分 给排水抗震支撑设计专篇
第七部分 附 录
XXXXXXXX设计院有限公司
合作设计单位
CO-OPERATE WITH
会签栏
建筑
结构
给排水
暖通
电气
出图专用章
AUTHORIZED SEAL
项目总负责人
PROJECT DIRECTOR
所长
DIRECTOR OF DEPARTMENT
审定人
AUTHORIZED BY
审核人
AUDITED BY
专业负责人
DISCIPLINE CHIEF
校对人
CHECKED BY
设计人
DESIGNED BY
制图人
DRAWN BY
设计编号
PROJECT NUMBER
A2015-08-27
建设单位
CLIENT
安徽XXXXX有限公司
工程名称
PROJECT TITLE
XX县安居苑小区
1#住宅楼
图名
DRAWING TITLE
给排水设计总说明、图例
设计阶段
PHASE
施工图
专业
DISCIPLINE
给排水
版本
VERSION
A
图号
DRAWING No.
给排水-1/9
比例
SCALE
1:100
日期
DATE
2016.05

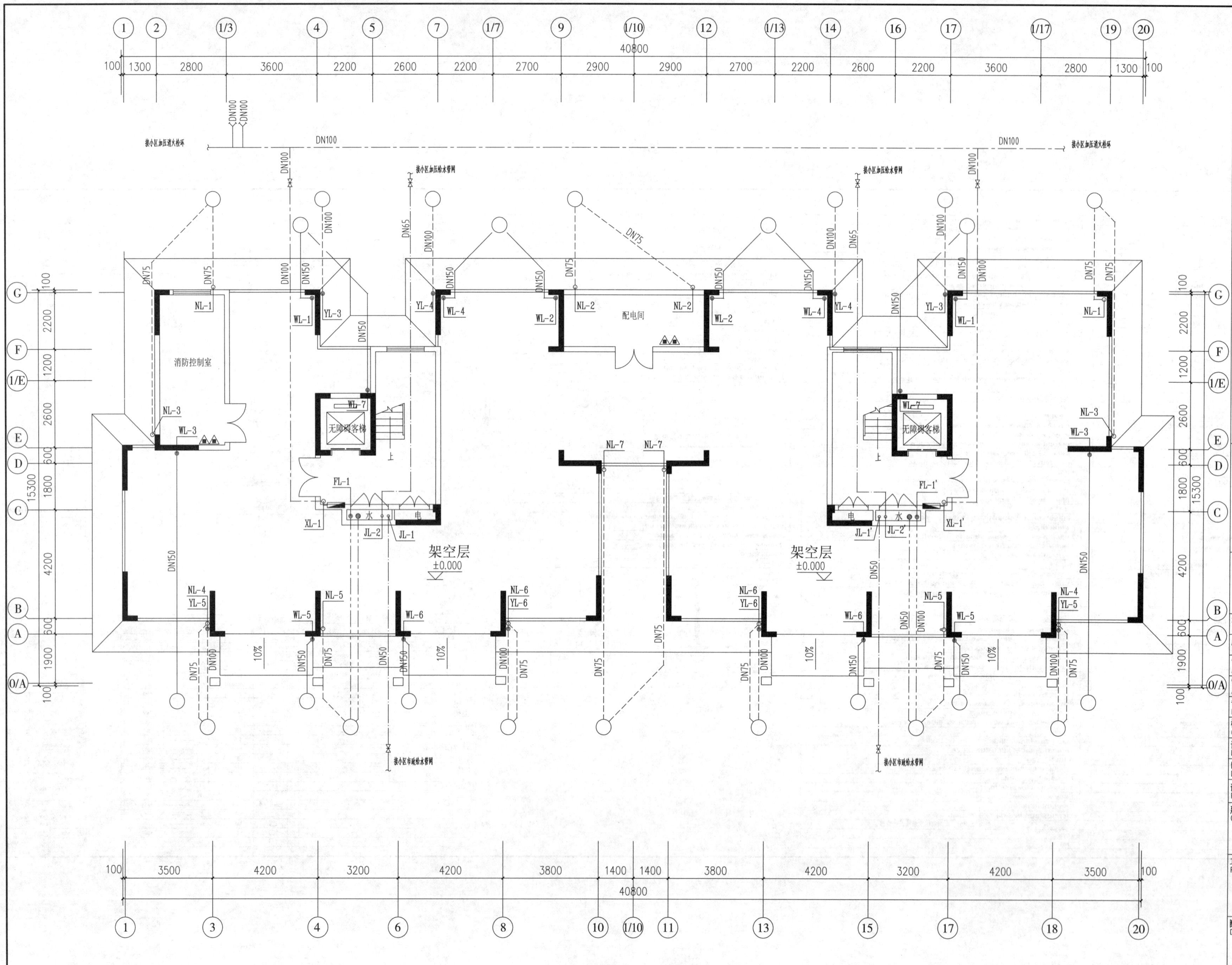

一层给排水平面图 1:100

XXXXXXXX设计院有限公司			
地址：			
电话：			
传真：			
邮编：			
网址：			
资质证书：建筑工程设计甲级 AXXXXXXXXX			
工程设计咨询甲级 XXXXXXX			
城市规划编制乙级 XXXXXX			
房屋安全鉴定 AJ-XXX			
合作设计单位 CO-OPERATE WITH			
会签栏			
建筑		结构	
给排水		暖通	
电气			
出图专用章 AUTHORIZED SEAL			
本图未加盖XXXXXXXX有限公司出图专用章无效			
注册执业印章 REGISTERED SEAL			
备注 NOTES			
项目总负责人 PROJECT DIRECTOR			
所长 DIRECTOR OF DEPARTMENT			
审定人 AUTHORIZED BY			
审核人 AUDITED BY			
专业负责人 DISCIPLINE CHIEF			
校对人 CHECKED BY			
设计人 DESIGNED BY			
制图人 DRAWN BY			
设计编号 PROJECT NUMBER	A2015-08-27		
建设单位 CLIENT	安徽XXXXX有限公司		
工程名称 PROJECT TITLE	XX县安居苑小区 1#住宅楼		
图名 DRAWING TITLE	一层给排水平面图		
设计阶段 PHASE	施工图	专业 DISCIPLINE	给排水
版本 VERSION	A	图号 DRAWING No.	给排水-2/9
比例 SCALE	1:100	日期 DATE	2016.05

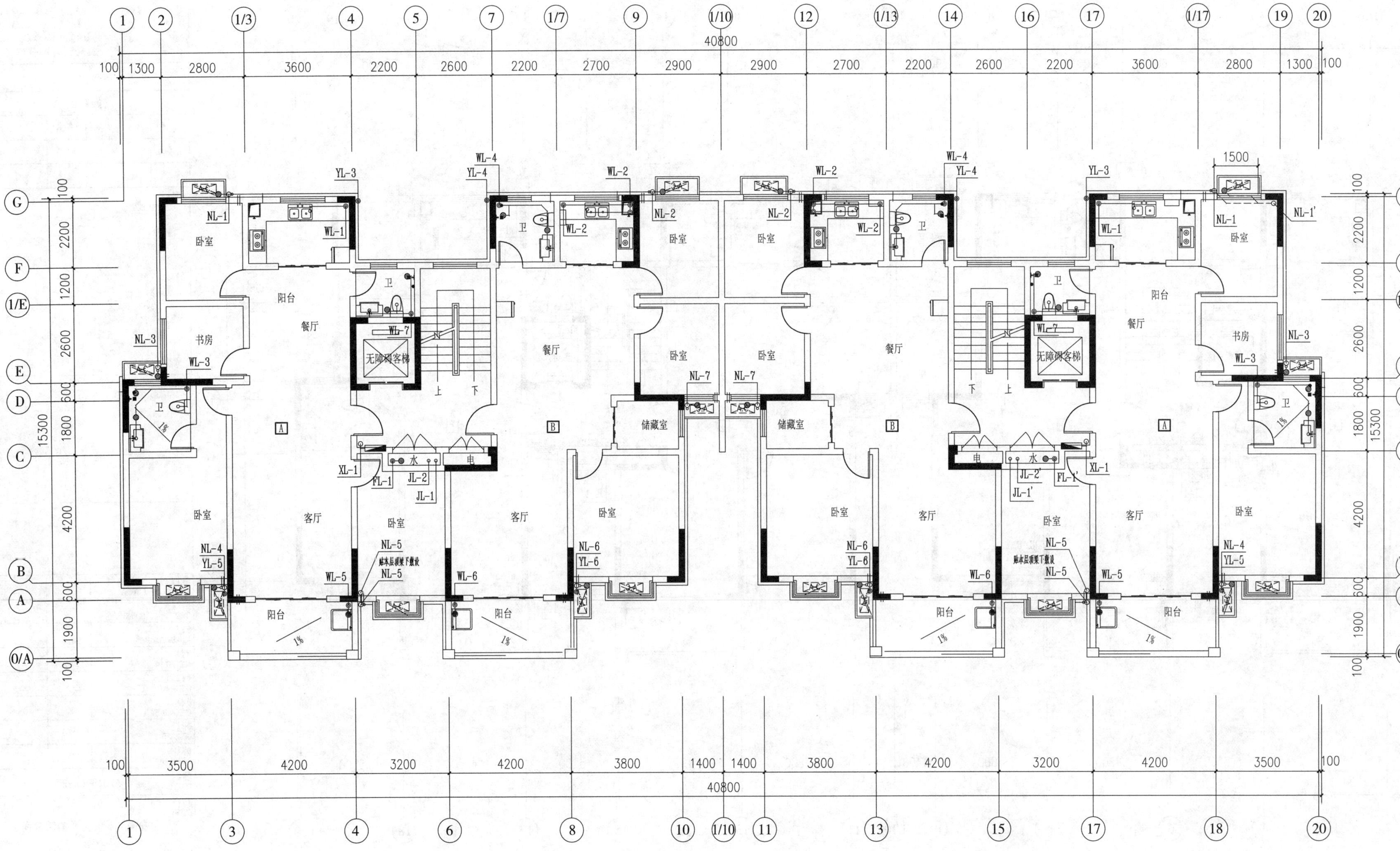

二层给排水平面图 1:100

XXXXXXXX设计院有限公司

地址 ：
电话 ：
传真 ：
邮编 ：
网址 ：

资质证书 ：建筑工程设计甲级 AXXXXXXXXX
工程设计咨询甲级 XXXXXXX
城市规划编制乙级 XXXXXX
房屋安全鉴定 AJ-XXX

合作设计单位
CO-OPERATE WITH

会签栏			
建筑		结构	
给排水		暖通	
电气			

出图专用章
AUTHORIZED SEAL

本图未加盖XXXXXXXX有限公司出图专用章无效

注册执业印章
REGISTERED SEAL

备注
NOTES

项目总负责人
PROJECT DIRECTOR

所长
DIRECTOR OF DEPARTMENT

审定人
AUTHORIZED BY

审核人
AUDITED BY

专业负责人
DISCIPLINE CHIEF

校对人
CHECKED BY

设计人
DESIGNED BY

制图人
DRAWN BY

设计编号
PROJECT NUMBER A2015-08-27

建设单位
CLIENT
安徽XXXXX有限公司

工程名称
PROJECT TITLE
XX县安居苑小区
1#住宅楼

图名
DRAWING TITLE
二层个排水平面图

设计阶段 PHASE	施工图	专业 DISCIPLINE	给排水
版本 VERSION	A	图号 DRAWING No.	给排水-3/9
比例 SCALE	1:100	日期 DATE	2016.05

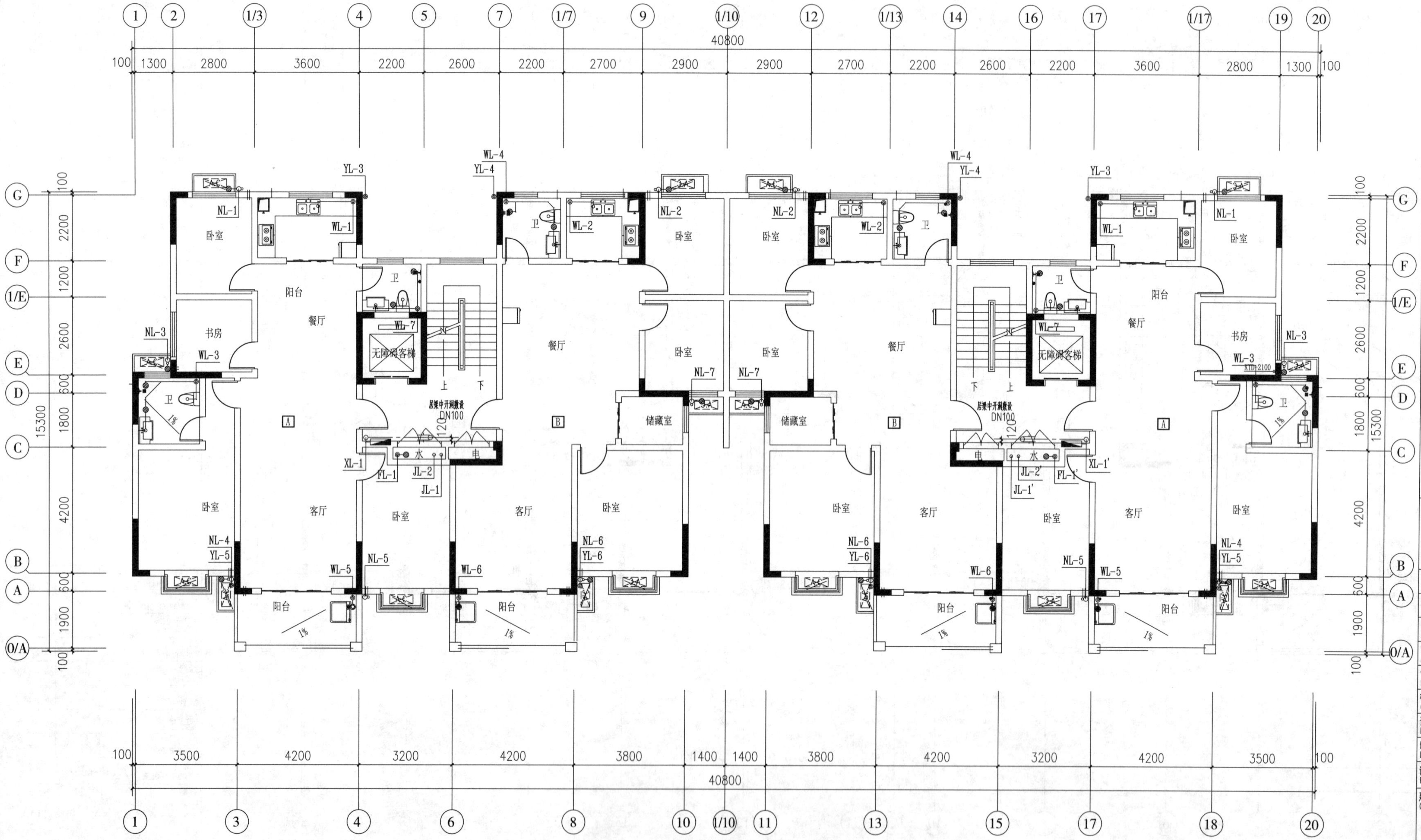

三至九层给排水平面图 1:100

XXXXXXXX设计院有限公司

地址 ：

电话 ：
传真 ：
邮编 ：
网址 ：

资质证书 ：建筑工程设计甲级 AXXXXXXXXX
工程设计咨询甲级 XXXXXXX
城市规划编制乙级 XXXXXX
房屋安全鉴定 AJ-XXX

合作设计单位
CO-OPERATE WITH

会签栏

建筑		结构	
给排水		暖通	
电气			

出图专用章
AUTHORIZED SEAL

本图未加盖XXXXXXXX有限公司出图专用章无效

注册执业印章
REGISTERED SEAL

备注
NOTES

项目总负责人 PROJECT DIRECTOR	
所长 DIRECTOR OF DEPARTMENT	
审定人 AUTHORIZED BY	
审核人 AUDITED BY	
专业负责人 DISCIPLINE CHIEF	
校对人 CHECKED BY	
设计人 DESIGNED BY	
制图人 DRAWN BY	
设计编号 PROJECT NUMBER	A2015-08-27
建设单位 CLIENT	安徽XXXXX有限公司
工程名称 PROJECT TITLE	XX县安居苑小区 1#住宅楼
图名 DRAWING TITLE	三至九层给排水平面图

设计阶段 PHASE	施工图	专业 DISCIPLINE	给排水
版本 VERSION	A	图号 DRAWING No.	给排水-4/9
比例 SCALE	1:100	日期 DATE	2016.05

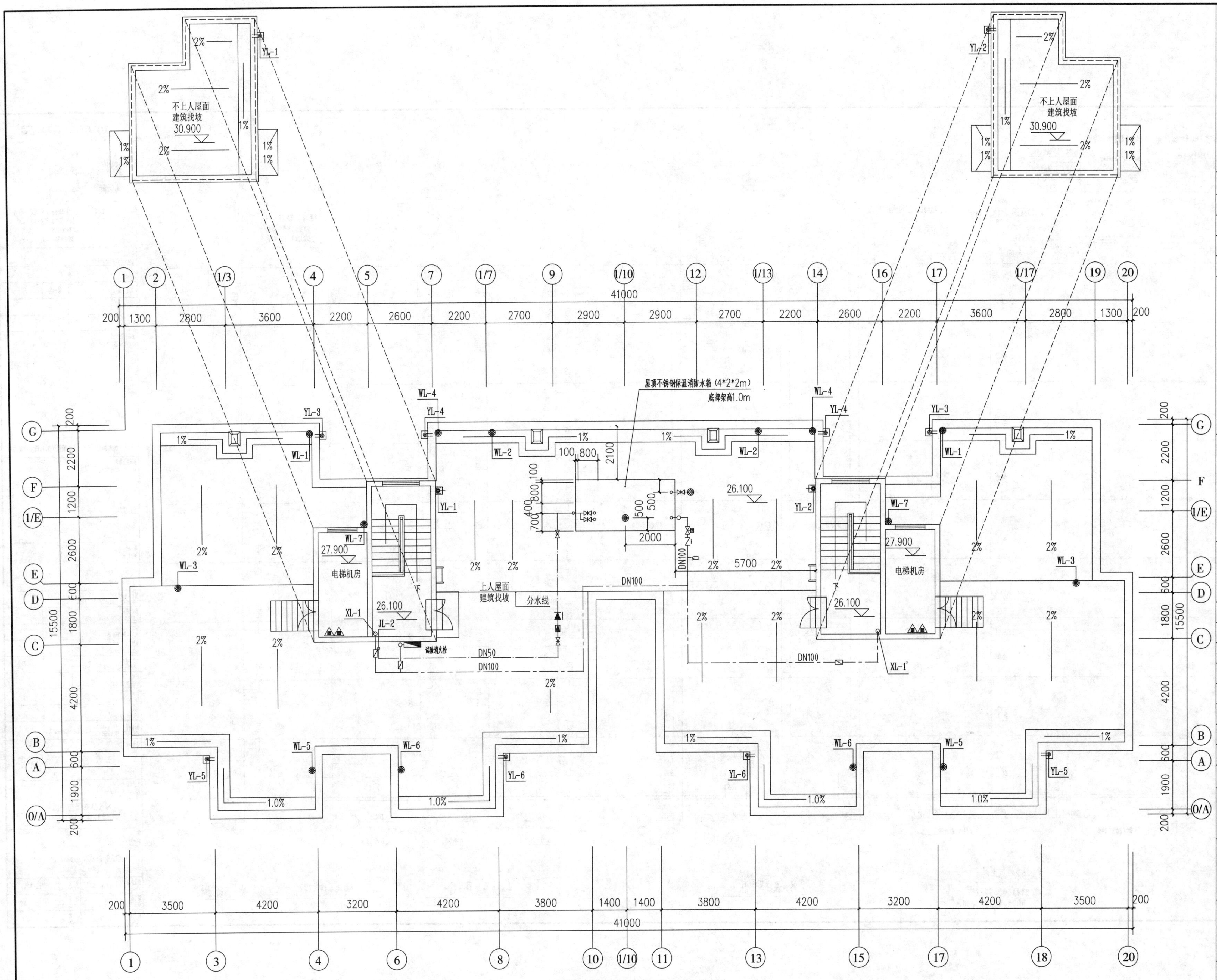

屋顶层给排水平面图 1:100 注: 2-MF/ABC3型手提式干粉灭火器

XXXXXXXX设计院有限公司	
地址：	
电话：	
传真：	
邮编：	
网址：	
资质证书：建筑工程设计甲级	AXXXXXXXXX
工程设计咨询甲级	XXXXXXX
城市规划编制乙级	XXXXXX
房屋安全鉴定	AJ-XXX
合作设计单位 CO-OPERATE WITH	
会签栏	
建 筑	结 构
给排水	暖 通
电 气	
出图专用章 AUTHORIZED SEAL	
本图未加盖XXXXXXXX有限公司出图专用章无效	
注册执业印章 REGISTERED SEAL	
备 注 NOTES	
项目总负责人 PROJECT DIRECTOR	
所 长 DIRECTOR OF DEPARTMENT	
审定人 AUTHORIZED BY	
审核人 AUDITED BY	
专业负责人 DISCIPLINE CHIEF	
校对人 CHECKED BY	
设计人 DESIGNED BY	
制图人 DRAWN BY	
设计编号 PROJECT NUMBER	A2015-08-27
建设单位 CLIENT	安徽XXXXX有限公司
工程名称 PROJECT TITLE	XX县安居苑小区 1#住宅楼
图 名 DRAWING TITLE	屋顶层给排水平面图
设计阶段 PHASE	施工图
专 业 DISCIPLINE	给排水
版 本 VERSION	A
图 号 DRAWING No.	给排水-5/9
比 例 SCALE	1:100
日 期 DATE	2016.05

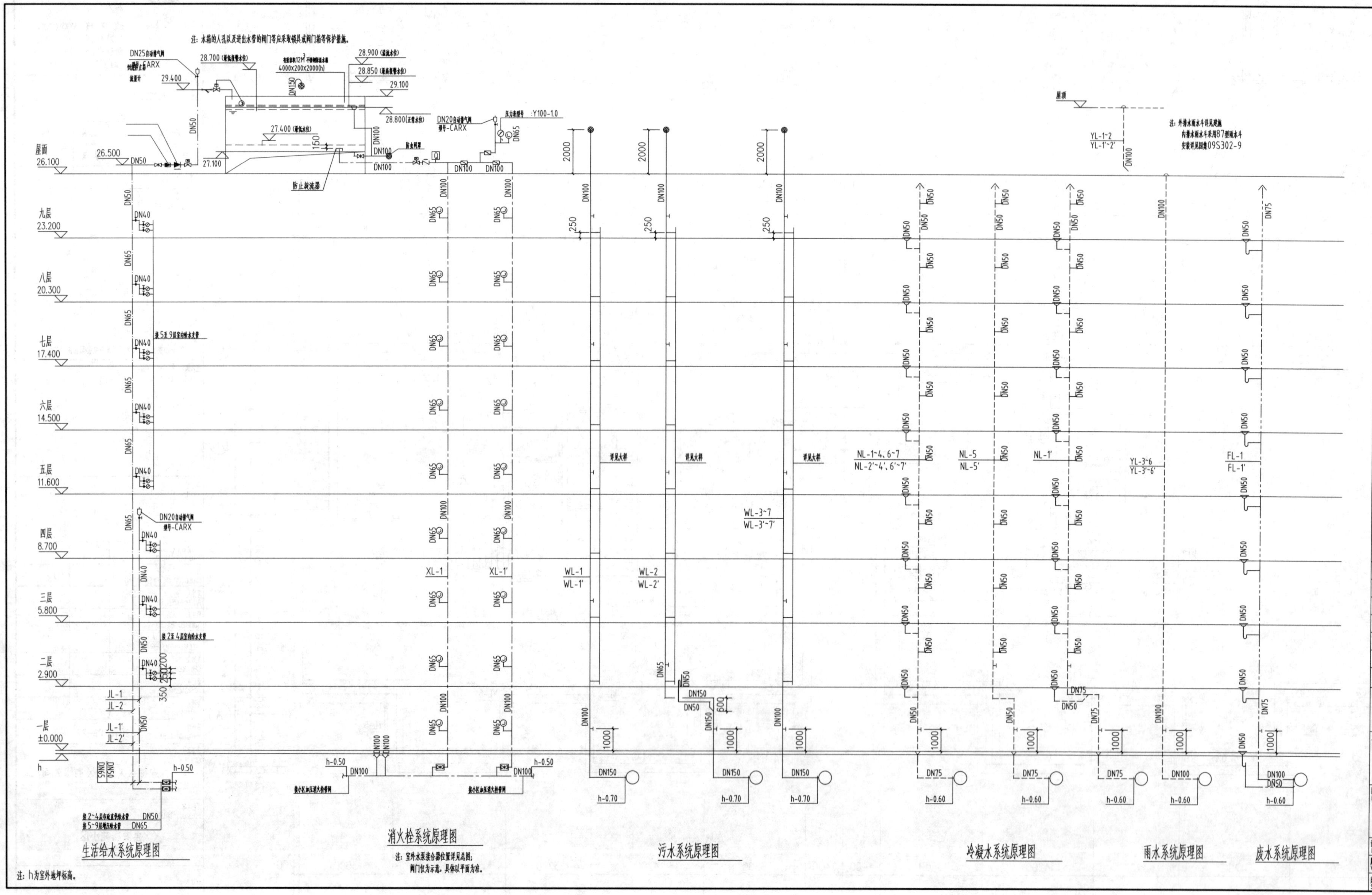

XXXXXXXX设计院有限公司

本图未加盖XXXXXXXX有限公司出图专用章无效

设计编号 PROJECT NUMBER	A2015-08-27
建设单位 CLIENT	安徽XXXXX有限公司
工程名称 PROJECT TITLE	XX县安居苑小区 1#住宅楼
图名 DRAWING TITLE	给排水系统原理图
设计阶段 PHASE	施工图
专业 DISCIPLINE	给排水
版本 VERSION	A
图号 DRAWING No.	给排水-6/9
比例 SCALE	1:100
日期 DATE	2016.05

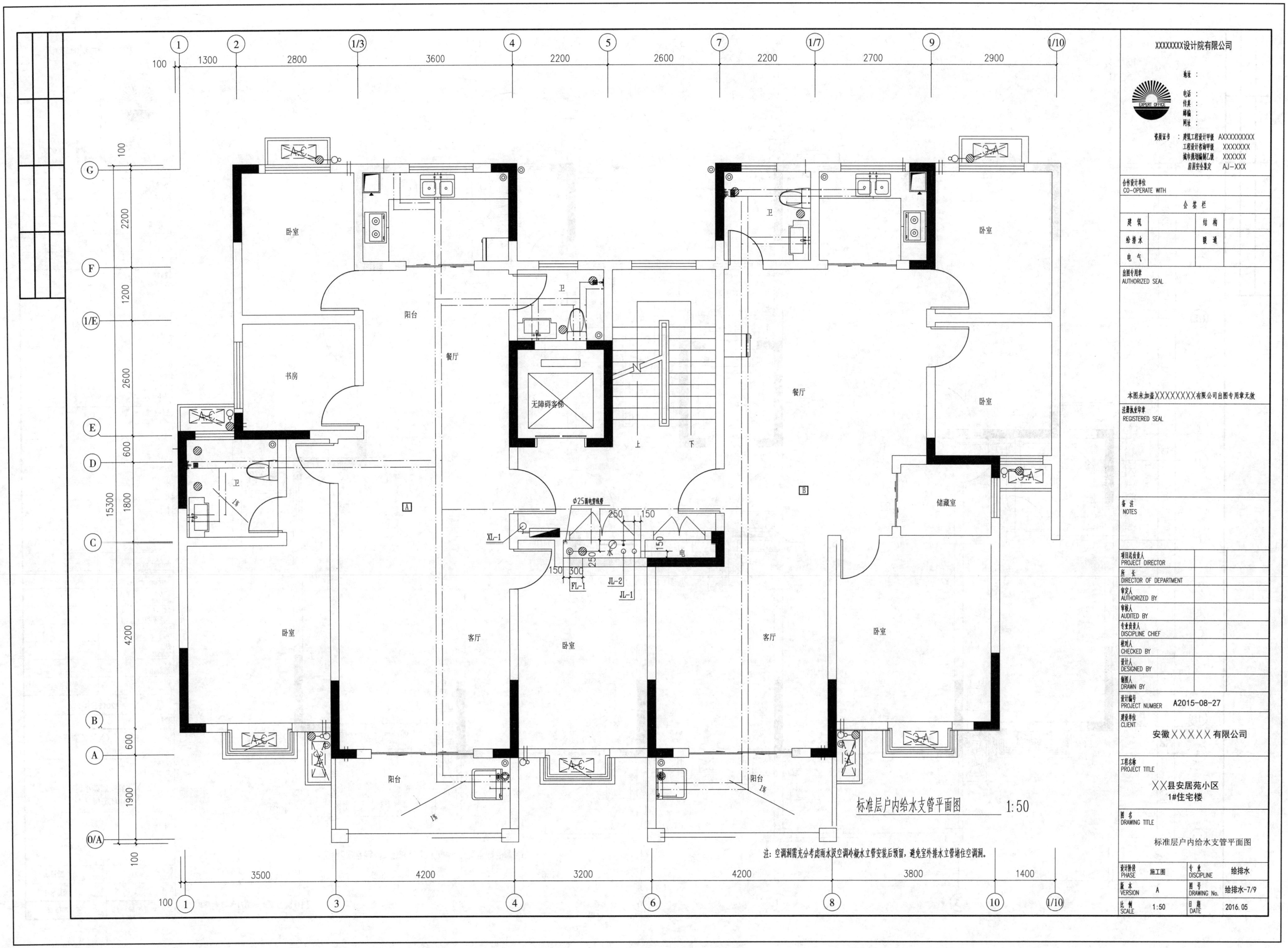
XXXXXXXX设计院有限公司
地址：
电话：
传真：
邮编：
网址：
资质证书：建筑工程设计甲级 AXXXXXXXXX
工程设计咨询甲级 XXXXXXX
城市规划编制乙级 XXXXXX
质量安全鉴定 AJ-XXX
合作设计单位 CO-OPERATE WITH
会签栏
建筑
结构
给排水
暖通
电气
出图专用章 AUTHORIZED SEAL
本图未加盖XXXXXXXX有限公司出图专用章无效
注册执业印章 REGISTERED SEAL
备注 NOTES
项目总负责人 PROJECT DIRECTOR
所长 DIRECTOR OF DEPARTMENT
审定人 AUTHORIZED BY
审核人 AUDITED BY
专业负责人 DISCIPLINE CHIEF
校对人 CHECKED BY
设计人 DESIGNED BY
制图人 DRAWN BY
设计编号 PROJECT NUMBER A2015-08-27
建设单位 CLIENT
安徽XXXXX有限公司
工程名称 PROJECT TITLE
XX县安居苑小区
1#住宅楼
图名 DRAWING TITLE
标准层户内给水支管平面图
设计阶段 PHASE 施工图
专业 DISCIPLINE 给排水
版本 VERSION A
图号 DRAWING No. 给排水-7/9
比例 SCALE 1:50
日期 DATE 2016.05
卧室
书房
阳台
餐厅
客厅
卫
无障碍客梯
储藏室
上
下
Φ25预留管线孔
XL-1
FL-1
JL-2
JL-1
标准层户内给水支管平面图 1:50
注：空调洞需充分考虑雨水或空调冷凝水立管安装后预留，避免室外排水立管堵住空调洞。

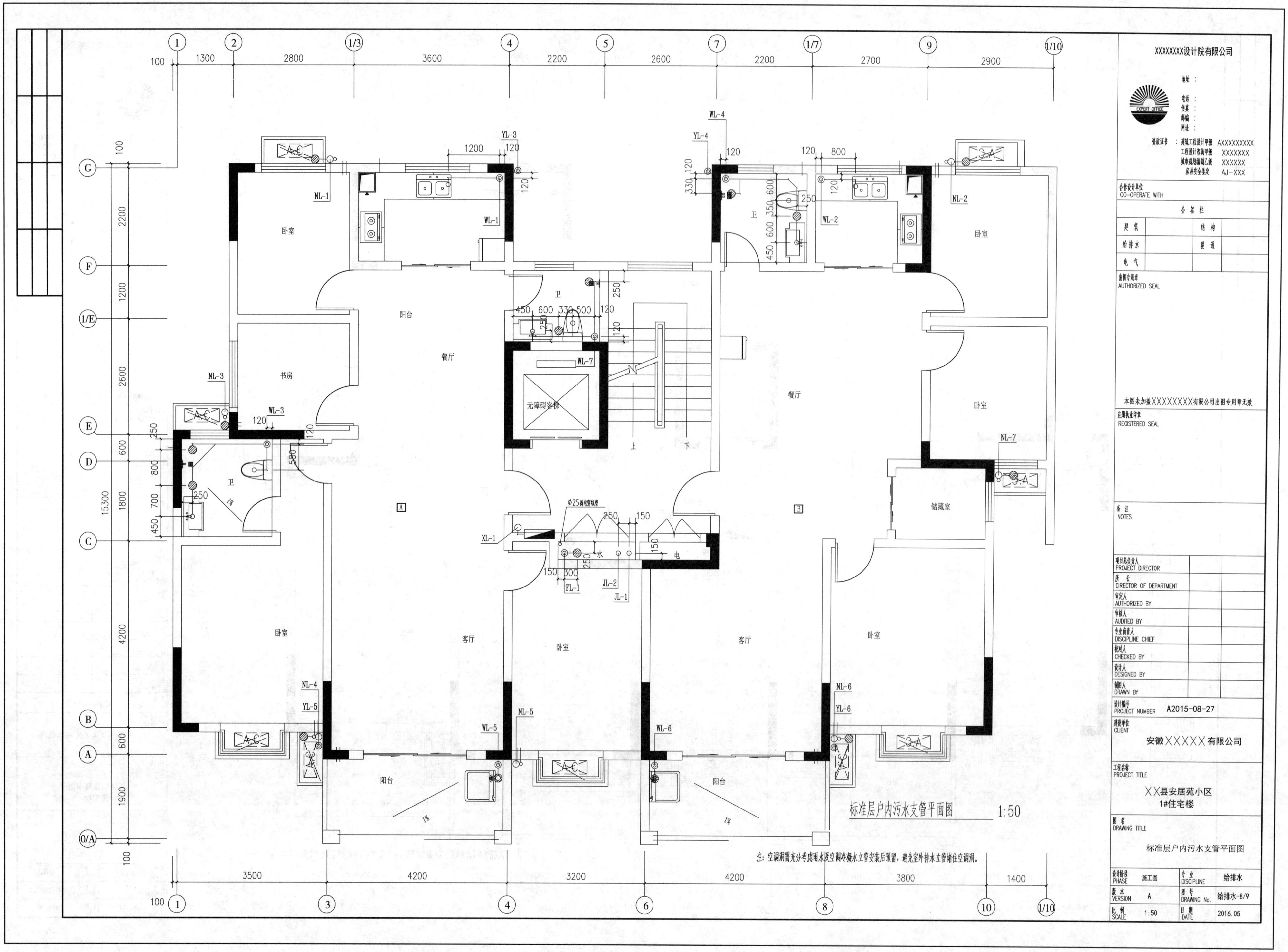
标准层户内污水支管平面图 1:50
注：空调洞需充分考虑雨水及空调冷凝水立管安装后预留，避免室外排水立管堵住空调洞。
卧室
书房
阳台
餐厅
客厅
卫
储藏室
无障碍客梯
φ25漏电穿线管
NL-1
NL-2
NL-3
NL-4
NL-5
NL-6
NL-7
WL-1
WL-2
WL-3
WL-4
WL-5
WL-6
WL-7
YL-3
YL-4
YL-5
YL-6
XL-1
FL-1
JL-1
JL-2
XXXXXXXX设计院有限公司
地址：
电话：
传真：
邮编：
网址：
资质证书：建筑工程设计甲级 AXXXXXXXXX
工程设计咨询甲级 XXXXXXX
城市规划编制乙级 XXXXXX
房屋安全鉴定 AJ-XXX
合作设计单位 CO-OPERATE WITH
会签栏
建筑 结构
给排水 暖通
电气
出图专用章 AUTHORIZED SEAL
本图未加盖XXXXXXXX有限公司出图专用章无效
注册执业印章 REGISTERED SEAL
备注 NOTES
项目总负责人 PROJECT DIRECTOR
所长 DIRECTOR OF DEPARTMENT
审定人 AUTHORIZED BY
审核人 AUDITED BY
专业负责人 DISCIPLINE CHIEF
校对人 CHECKED BY
设计人 DESIGNED BY
制图人 DRAWN BY
设计编号 PROJECT NUMBER A2015-08-27
建设单位 CLIENT
安徽XXXXX有限公司
工程名称 PROJECT TITLE
XX县安居苑小区
1#住宅楼
图名 DRAWING TITLE
标准层户内污水支管平面图
设计阶段 PHASE 施工图
专业 DISCIPLINE 给排水
版本 VERSION A
图号 DRAWING No. 给排水-8/9
比例 SCALE 1:50
日期 DATE 2016.05

注：相同及对称户型略，参照本图施工。
H为室内完成地面标高，给水点冷水管在热水管右侧。
洗衣机给水点安装高度为1.20m。
太阳能热水器给水点安装高度为1.60m。
电、燃气热水器给水点安装高度为1.60m。
其余给水点安装高度参见水施01说明。

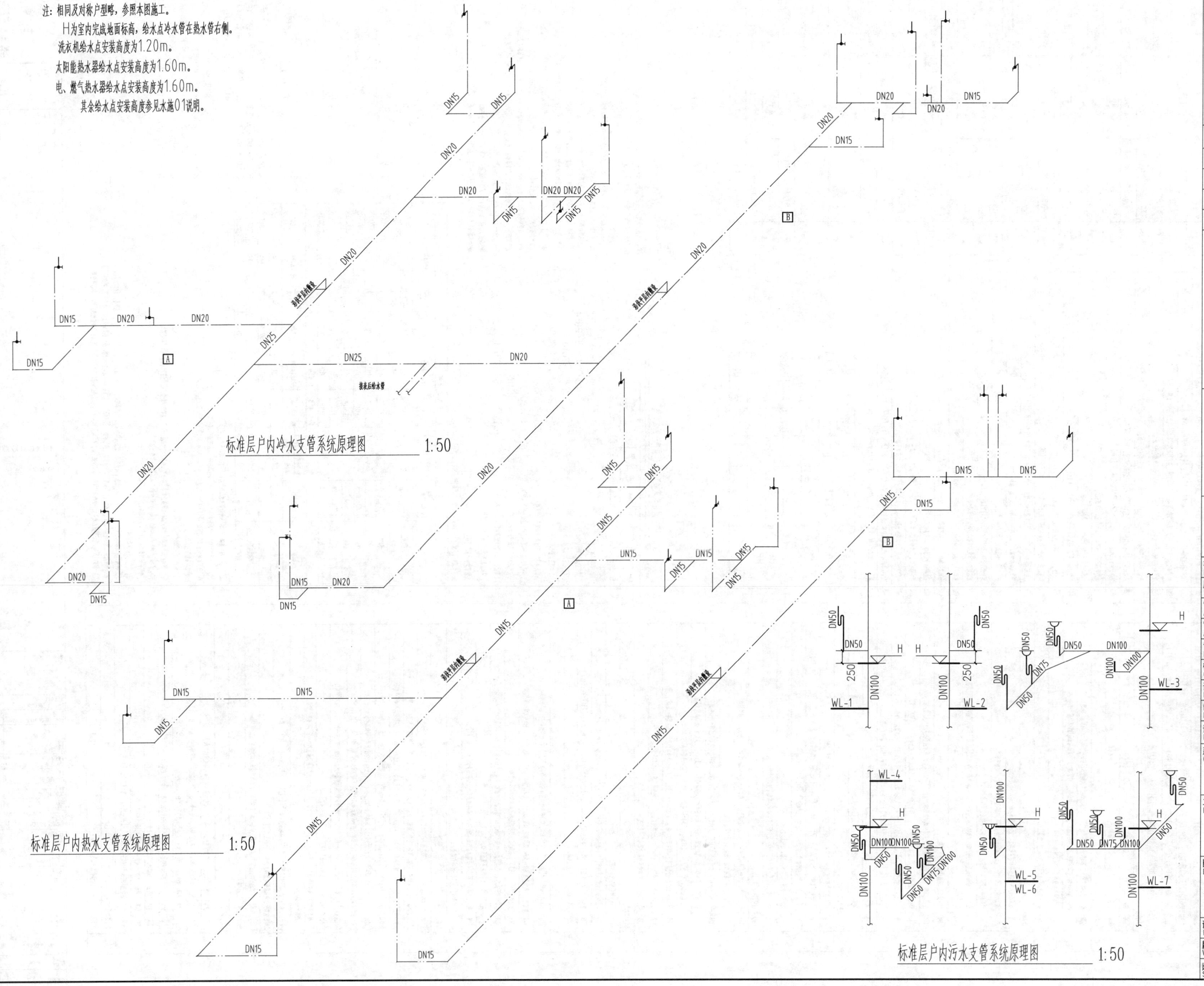

标准层户内冷水支管系统原理图 1:50

标准层户内热水支管系统原理图 1:50

标准层户内污水支管系统原理图 1:50

XXXXXXXX设计院有限公司

地址：

电话：
传真：
邮编：
网址：

资质证书：建筑工程设计甲级 AXXXXXXXXX
工程设计咨询甲级 XXXXXXX
城市规划编制乙级 XXXXXX
房屋安全鉴定 AJ-XXX

合作设计单位 CO-OPERATE WITH

会签栏

建筑		结构	
给排水		暖通	
电气			

出图专用章 AUTHORIZED SEAL

本图未加盖XXXXXXXX有限公司出图专用章无效

注册执业印章 REGISTERED SEAL

备注 NOTES

项目总负责人 PROJECT DIRECTOR		
所长 DIRECTOR OF DEPARTMENT		
审定人 AUTHORIZED BY		
审核人 AUDITED BY		
专业负责人 DISCIPLINE CHIEF		
校对人 CHECKED BY		
设计人 DESIGNED BY		
制图人 DRAWN BY		

设计编号 PROJECT NUMBER A2015-08-27

建设单位 CLIENT
安徽XXXXX有限公司

工程名称 PROJECT TITLE
XX县安居苑小区
1#住宅楼

图名 DRAWING TITLE
标准层户内给水支管系统原理图
标准层户内污水支管系统原理图

设计阶段 PHASE	施工图	专业 DISCIPLINE	给排水
版本 VERSION	A	图号 DRAWING No.	给排水-9/9
比例 SCALE	1:50	日期 DATE	2016.05

电 气 设 计 总 说 明

在本说明中 ▨符号为本设计工程采用，□符号为不采用。

一 工程概况

工程概况：本工程为多层住宅，框剪结构，建筑层数9层，地上9层，建筑功能住宅。

二 设计依据

▨ 项目批文及国家现行建筑设计规范

《民用建筑电气设计规范》JGJ16−2008　《建筑物电子信息系统防雷技术规范》GB50343−2012

《供配电系统设计规范》GB50052−2009　《低压配电系统设计规范》GB50054−2011

《建筑设计防火规范》GB50016−2014　《建筑照明设计标准》GB50034−2013

《建筑物防雷设计规范》GB50057−2010　《住宅设计规范》GB50096−2011

《住宅建筑电气设计规范》JGJ242−2011　《火灾自动报警系统设计规范》GB50116−2013

《住宅建筑规范》GB50368−2005　《居住区供配电系统技术规范》DB34 1469−2011.

《民用建筑设计通则》GB50352−2005　《安徽省居住建筑节能设计标准》DB34 1466−2011

《住宅区和住宅建筑内光纤到户通信设施工程设计规范》GB50846−2012

三 设计内容

▨ 照明配电　▨ 电话　▨ 有线电视　▨ 宽带网

▨ 楼宇对讲　▨ 防雷　▨ 火灾报警系统

四 负荷

▨ 负荷等级：本工程火灾自动报警及联动控制装置、火灾应急照明及疏散指示标志等消防用电为二级负荷，走道照明、客梯电力、安防系统电源电力为一级负荷，住宅用电负荷为三级负荷，给二级负荷供电的两路电缆要求其每根电缆应能承受100％的二级负荷。

▨ 本工程设计负荷统计详见各配电箱、柜系统图。

五 供电电源

▨ 本工程由市政不同变电所引来两路10KV高压电源，进入小区变电所。

▨ 本工程从小区变电所引来至本建筑的配电室，再由配电室向建筑内的各用电设备供电。

消防设备均满足双电源供电末端自动切换。公共用电负荷均单独计量。

低压电缆在进线处做重复接地，系统接地型式为TN−C−S系统，N线与PE线分开后应严格区分，不得混接。

六 施工要求

▨ 电气施工时，注意负荷三相分配平衡。

▨ 土电施工时，电气人员应密切配合，予埋管线或予留孔洞。如予留孔洞位置有梁柱，应适当调整孔洞位置，禁止在梁柱上开予留洞或与设计人员联系协商解决。电气应与水暖专业施工相互配合，避免相互矛盾，电气可适当调整。

▨ 消防设备供电应符合JGJ16−2008第13.9.5（2）要求，消防配电线路敷设应符合GB50016−2014第10.1.10条要求。所有消防设备电气保护装置解除过载保护，过载只报警不切断电源。

▨ 开关、电源插座距门边、墙边、转角柱边按0.20米安装。

▨ 电话、网络、电视插座与电源插座相距宜0.20米安装。

七 有线电视系统：

▨ 1.电视信号由小区弱电机房引来。前端设置在电信间内，系统采用分配—分支—分配。

▨ 2.干线电缆选用 SYWV−75−9(4P)，SC25.支线电缆选用 SYWV−75−5(4P)，SC20，穿焊接钢管暗敷。用户出线口暗装，底边距地0.3m.

▨ 3.层电电视分配分支箱明装，距地1.5米。

▨ 4.系统的深化设计由承包商负责，设计院负责审核及与其他系统的接口的协调事宜。

八 光纤入户（FTTH）系统：

▨ 1.本工程采用光纤入户配线系统，经过统一的规范设计，综合在一套标准的配线系统上。此系统为开放式网络平台，方便用户在需要时，形成各自独立的子系统。

▨ 2.本工程光纤信号由市政引来至小区弱电机房，各单体设置电信进线间，电信间内设置至少3家不同运营商柜机，预留一台开发商柜机，落地安装。从光缆配线柜至楼层光分纤箱采用G.657D光缆，光分线箱至家庭接线箱采用G.657A光缆超五类穿焊接PC暗敷，家庭接线箱至信息终端采用超五类线缆。

▨ 3.出线插座采用RJ45超五类型，暗装，底边距地0.3m.（有架空地板的房间，底边距架空地板0.3m）.

▨ 4.系统的深化设计由承包商负责，设计院负责审核及与其他系统的接口的协调事宜。

▨ 5.系统所有器件均由承包商负责成套供货、安装、调试。

九 楼宇对讲系统

▨ 采用联网型楼宇对讲系统。

▨ 单元对讲主机电源箱暗装（剪力墙处明装），距地2200mm，电源取自楼公共照明箱的电插座回路。

▨ 单元对讲主机设于首层入口处（固定在大门），距地1400mm；户内对讲分机壁挂，距地1400mm.

▨ 对应管线规格详见弱电系统图。

十 接地

▨ 本工程接地形式为TN−C−S形式。强弱电井竖向接地扁钢每隔不大于20m重复接地一次与楼板钢筋网

▨ 防雷接地与电气重复接地可共用人工接地极，接地电阻不大于1Ω。施工时实测如不满足要求，另增加人工接地体。

▨ 重复接地采用−40×4扁钢，接地极利用底板及基础内的钢筋做接地体。

▨ 所有带电设备外壳、电缆外皮及电缆（电线）的穿管均应可靠接地，其连接处应焊接牢靠，并进行总等电位联结。强、弱电联合接地电阻不大于1Ω。

▨ 金属电缆桥架每隔30米做重复接地一次；金属电缆桥架及其支架全长不少于两处与接地（PE）或接零（PEN）干线相连接。

十一 防雷：

1.本工程主楼按三类防雷进行设防，建筑物的防雷装置设置满足防直击雷、防侧击雷防雷电感应及雷电波的侵入。

2.防直击雷措施：沿建筑屋顶轮廓、屋角、屋脊、屋檐、檐角和女儿墙敷设墙敷设Ø10热镀锌圆钢接闪带作为接闪器。支架高度100mm，支撑点间距不大于1.0m，支撑点距转弯处不大于0.5m，并利用楼板结构柱内的主筋在整个屋面组成不大于20m×20m或24m×16m的接闪网格。利用钢筋混凝土柱子或剪力墙内两根大于Ø16主筋（对角二根）作引下线，引下线间距不大于25m。基础钢筋网内2根大于16mm钢筋通长可靠连接作为接地装置。（详见防雷平面图）防雷引下线上端用Ø12热镀锌圆钢与屋面接闪带焊接，下端与接地极焊接。部分外墙引下线（同平面图所示）在室外地面下1.5m处引出一根40x4热镀锌扁钢，扁钢伸出室外，距外墙皮的距离不小于1.0m，供补打接地极用；建筑物四角的外墙引下线在室外地面上0.5米处设测试卡子。

3.防雷电波侵入措施：所有引入建筑物内的金属管道、电缆金属外皮、金属保护管及屋面金属构件均应与防雷装置相连。

4.防雷电电磁脉冲措施

(1).过电压保护：在变配电所低压母线上装Ⅰ级电涌保护器（SPD），二级配电箱内装Ⅱ级电涌保护器（SPD），末端配电箱及弱电机房配电箱内装Ⅲ级电涌保护器（SPD）.

(2).由室外引入或由室内引至室外的电力线路、信号线路、控制线路、信息线路等在入口处的配电箱、控制箱、前端箱引入处装设SPD.

十二 火灾报警系统

▨ 根据有关国家规范，设置火灾报警系统。　本住宅楼火灾自动报警系统属于A类

▨ 根据工程实际情况设置感烟探头、声光报警器、手动报警按钮（带电话插孔）、消火栓按钮、消防广播、隔离模块及各种控制模块，后期总体通过此区域报警器与消防控制中心联网。

▨ 报警系统与单体建筑内消防设备联动，消防时切断非消防电源，控制电梯迫降，启动正压风机＼排烟风机。

▨ 单元门锁与报警系统联动，火警时释放电磁锁。

▨ 弱电桥架刷防火涂料，并将弱电线路与消防控制线用防火隔板隔开。

▨ 火灾报警系统的接地应符合GB50116−2013第10.2.1要求。

十三 设计参考采用的电气标准图集：

▨ 《住宅智能化电气设计施工图集》　国标　12DX603

▨ 《建筑物、构筑物防雷设施安装》　国标　99D501−1*

▨ 《利用建筑物金属构件防雷及接地装置安装》　国标　03D501−3*

▨ 《接地装置安装》　国标　03D501−4*

▨ 《建筑电气工程设计常用图形和文字符号》　国标　09DX001

▨ 《智能建筑弱电工程设计施工图集》　国标　97X700（上下）

▨ 《等电位联结安装》　国标　02D501−2*

其它

▨ 施工时，如遇到图纸不详时，请立即与设计人员联系，协商确定。

▨ 插座、开关的位置在施工时，如明显设计不合理时，可作适当调整或通知设计人员。

▨ 根据GB50096−2011《住宅设计规范》第6.5.2条，卫生间作局部等电位联接。并进行总等电位联结。

▨ 住宅内卧室的翘板开关安装，宜考虑装饰包门距离外尽可能靠边安装，且相连面板宜并排安装。

▨ 照明配电箱（PZ30）内应装N排和PE排。空气开关之间连接宜采用XAH绝缘汇流排。

▨ 电井内预留洞，待桥架安装完毕后，采用防火二次封堵，不可采用混凝土封堵。

▨ 凡埋于砼板内的电管，施工时尽量不与相邻砼梁过近的平行布置，间距应不小于0.5米，以避免砼板根部出现裂缝。

▨ 应急灯具及疏散指示灯应符合GB50016−2014第10.3.7条。

▨ 电缆桥架布线应符合JGJ16−2008第8.10.8要求。

▨ 消防电梯距离撤离基站和撤离层设置消防按钮。

▨ 电梯、水泵应采取节电措施。

▨ 消防控制、通信、报警线路敷设应符合GB50116−2013第11.2.3要求。

▨ 1.8m及以下的插座均采用安全型插座。

▨ 开关、插座和照明灯具靠近可燃物时，采取隔热、散热等防火保护措施。

▨ 消防用电设备的配电线路当采用暗敷设时，敷设在不燃烧体结构内，且保护层厚度不宜小于30mm；当采用明敷设时，采用金属管或封闭式金属线槽上涂防火涂料保护。

▨ 应急灯设玻璃或其他不燃材料制作的保护罩。

▨ 厨房插座与煤气管相距宜在600mm左右。

▨ 应急灯设玻璃或其他不燃材料制作的保护罩。

▨ 当发生火警时，疏散通道上和出入口处的门禁应从内部手动解锁。

▨ 电源进线箱电源进线漏电断路器标明漏电动作时间为0.02秒。

▨ 卫生间插座安装时必须要求设在2区以外。

▨ 在主卧室的紧急报警按钮，距地0.5米，采用RV−2*1.0−PC16−FC.WC与户内可视对讲主机连接。

▨ 一层电动门的所有金属构件及附属电气设备的外露可导电部分，均应可靠接地。

▨ 绝缘导体应符合工作电压要求，室内敷设塑料绝缘电线工作电压不低于0.45/0.75kV，电力电缆不低于0.6/1kV

本设计导线敷设方式统一采用中型PVC穿管暗敷，导线根数与电线管或PVC的配合如下：

导线型号 0.45/0.75KV	单芯导线穿管根数	导线穿PC管 2.5	4	6	10
BV NHBV	2	DN16	DN16	DN20	DN25
	3		DN20		DN32
	4	DN20		DN25	
	5		DN25		DN40
	6	DN25		DN32	

安徽省居住建筑施工图绿色设计专篇（电气）

一.项目概况：

[illegible]	[illegible]	[illegible]	[illegible]	[illegible]	[illegible]	[illegible]	[illegible]	[illegible]
[illegible]	[illegible]		27.6	9	-1	[illegible]	65%	[illegible]

二.设计依据

1.《住宅设计规范》 GB50096-2011

2.《绿色建筑评价标准》 GB/T50378−2014

3.《民用建筑绿色设计规范》 JGJ/T229−2010

4.《建筑照明设计标准》 GB50034-2013

5.《民用建筑太阳能热水系统应用技术规范》 GB50364-2005（第5.6节）

6.《建筑太阳能热水系统设计、安装与验收规范》 DGJ32/J 08-2008

7.《民用建筑电气设计规范》 JGJ16-2008

8.《安徽省居住建筑节能设计标准》 (DB34/1466−2011)

9.国家，省，市现行的其他建筑节能相关的法律，法规

三.照明节能设计要求及措施

1.居住建筑每户照明宜采用高效节能光源，住户装修时其功率密度值不大于下表规定。

房间或场所		参考平面及其高度	照明功率密度(W/M2) 现行值	目标值	照明标准值(LX)	一般显色指数Ra	灯具效率	照明功率因数补偿情况	镇流器形式	色温
住宅建筑户内部分										
起居室	一般活动	0.75m水平面	6.0	5.0	100	80	>70%	>0.95	--	2700K
	书写、阅读				300*	80	>70%	>0.95	--	2700K
卧室	一般活动	0.75m水平面			75	80	>70%	>0.95	--	2700K
	床头、阅读				150*	80	>70%	>0.95	--	2700K
厨房	一般活动	0.75m水平面			100	80	>70%	>0.95	--	2700K
	操作台	台面			150*	80	>70%	>0.95	--	2700K
餐厅		0.75m餐桌面			150	80	>70%	>0.95	--	2700K
卫生间		0.75m水平面			100	80	>70%	>0.95	--	2700K
住宅建筑公共部分										
走道、楼梯间		地面	2.5	2.0	50	60	>70%	>0.95	电子式	3000K
电梯前厅		地面	4.0	3.5	100	60	>70%	>0.95	电子式	3000K
消防控制室		地面	10.0	9.0	300	80	>70%	>0.95	电子式	3000K
非机动车库		地面	2.5	2.0	50	60	>70%	>0.95	电子式	3000K

2. 本工程公共部位的照明采用高效光源、高效灯具。室内用灯具效率>70%

3.本工程所采用灯具功率因数均要求大于0.9，镇流器应符合国家强制性产品认证。

4.公共楼梯间电梯前室采用LED红外感应节能灯；应急疏散照明灯具（自备蓄电池）采用LED灯。

四、供配电系统节能设计：

1.每户设置电能计量表。

2.电动机应采用高效节能产品，其能效应符合《中小型三相异步电动机能效限定值及节能评价值》GB18613节能评价值的规定。

3.非消防电梯采用变频调压调速（VVVF）拖动系统等节能控制方式。

五、与绿色建筑设计有关的其它设计要求：

1.电气竖井设置在负荷中心。

2.本项目变压器选用SCB10型环氧树脂浇注干式变压器，设强制风冷系统，变压器绕组接线型式 D，yn11，其长期工作负载率不大于85%，所选变压器满足现行国家标准《三相配电变压器能效限定值及节能评价标准》GB20052规定的节能评价值。合理选择供电形式和电力电缆，减少电压损失。

3.在变电所低压母线处采用集中无功分相功率补偿，过零投切，使功率因数大于0.9，机房及空调等谐波含量高的供配电系统设有源滤波装置，抑制谐波含量。

图 例

图例	名称	型号	安装高度
⊗/⊗	裸灯头	1x11W 节能灯 卫生间灯为防水型	吸顶
⊙	平圆罩吸顶灯	JXD5-1 11W 节能灯	吸顶安装
Ⓐ	LED红外感应节能灯	YTGT8600- 6W	吸顶 / 壁灯距地2400
	疏散指示灯	1x4W LED 应急时间>90min	距地300（暗装）剪力墙处明装 室内吊装式：距地2500 自带蓄电池
	安全出口灯	1x4W LED 应急时间>90min	门上200（明装）（自带蓄电池）
	双头应急灯	2x8W LED 应急时间>90min	距地2500（明装）（自带蓄电池）
	单管应急荧光灯	1x28W，电子镇流器 COSΦ>0.9 自带蓄电池应急时间不小于180分钟	梁下200吊装
	排风扇插座	S-A9/10-10A	吸顶 预留接线盒
	电梯井道灯		见机房层照明平面标注
	单相二孔加三孔暗插座	S-A9/06-10A 带安全门	普通插座：距地300 电井插座：距地1000
	单相二孔加三孔暗插座（带开关）	IP54型 带安全门	距地1300（厨房）
	单相二孔加三孔暗插座（带防水盖）	IP54型 带安全门	距地1300（卫生间）
	电梯基坑插座	单相三孔电源插座（IP54型）带安全门	见机房层照明平面标注
	单相三孔带开关防溅插座 燃气探测器插座	S-A9/10-16A 带安全门	距地2400 电热水器:(2.2KW)
	单相三孔带开关插座	S-A9/10-10A 带安全门 S-A9/SH	距地300 洗衣机:IP54型,带防溅盖,距地1300
	单相三孔插座	S-A9/09-10A	油烟机:距地2000 燃气热水器:距地2000
	单相三孔插座	S-A9/09-16A 带安全门 S-A9/09-20A	空调机:距地2000 /距地300
	单/双/三联单控暗开关	S-A9/010 S-A9/020 S-A9/030	距地1400
	单/双/三控防水暗开关	220V 6A	距地1400
	声光控延时开关	220V 6A	距地1400
	户内配电箱	AL：PZ-30型	距地1800
	多媒体终端箱	尺寸由当地电信部门定	下口距地1500 明装
	电表箱		见系统图标注
	家庭多媒体箱		距地300 暗装
	电视放大器箱	尺寸由当地电信部门定	由当地电信部门定
	暗装电话插座		距地300
	暗装电视插座		距地300
	单口网络插座		距地300
	户内对讲机		距地1400
LEB	局部等电位接地端子板		距地300（暗装）
MEB	总等电位接地端子箱		距地300（暗装）
	动力配电箱 / 动力柜		见系统图标注
	双电源配电箱/柜		见系统图标注
	煤气探测器		门上200 明装
	管井内灯具	节能灯 1*11W 电井内灯具自带蓄电池 应急时间不小于180分钟	门头上方200安装
	太阳能热水器插座	S-A9/09-16A	距地1400
	单联单控暗开关(残疾人使用)	S-A9/010	距地500

注：应急灯管线保护层厚度不应小于30mm.

电气抗震设计说明

工程概况：

本工程抗震设防烈度大于6度，本工程需进行抗震设计。

设计依据：

《建筑抗震设计规范》（GB50011-2010）《建筑机电工程抗震设计规范》（GB50981-2014）

《建筑机电设备抗震支吊架通用技术条件》CJ/T476-2015

设计说明：

1：柴油机及变压器应满足抗震要求，基础安装后应焊接牢固，螺栓应能承受水平和垂直地震力。

2：配电柜（箱）的安装应满足抗震要求（螺栓连接或者焊接强度）。

3：所有箱柜内电气设备元件间均应考虑与支撑结构间的相互作用。

4：导体选择及线路敷设应满足抗震要求，须考虑配电装置至用电设备连接的过渡处理。

5：抗震支吊架的设计：机电管线系统进行抗震加固。本项目重力超过1.8kN的设备；内径大于等于DN60mm的电气配管；15Kg/m或以上的电缆桥架、电缆梯架、电缆线盒、母线槽都应设置抗震支吊架，且此项目抗震支吊架产品需通过FM认证，与混凝土钢结构、木结构等须采取可靠的锚固形式。抗震支吊架的设置原则为：刚性电力线管侧向支撑最大间距为12m，非刚性电力线管侧向支撑最大间距为6m，刚性电力线管纵向支撑最大间距为24m，非刚性电力线管纵向支撑最大间距为12m.（为保证抗震系统的整体安全性，对长度低于300mm的吊杆，也建议进行适当的补强）

6：具体深化设计由专业公司完成，最终间距根据现场实际情况在深化设计阶段确定。所有产品需满足《建筑机电设备抗震支吊架通用技术条件》CJ/T476-2015

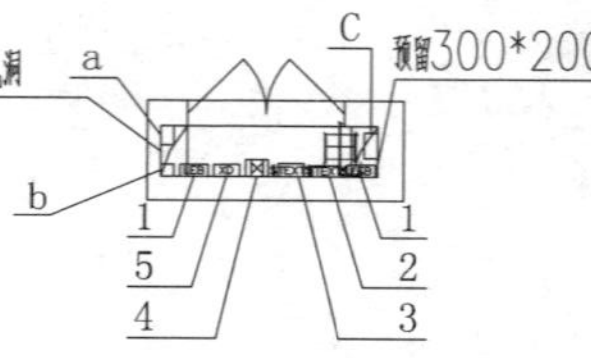

电井布置大样图

a.200*100弱电金属桥架，垂直敷设，1F~9F

b.100*100火灾报警金属桥架，垂直敷设，1F~9F

c.200*150非消防干线金属桥架，垂直敷设，1F~9F

注：待桥架安装完毕后，采用防火材料封堵。

1.电井局部等电位，距地300明装。

2.门禁对讲接线盒，距地1400明装。

3.电视放大器，距地1400明装。安装层数2F，6F

4.光纤配线架，距地1400明装。安装层数1F。

5.消防端子箱，距地1400明装。

XXXXXXXX设计院有限公司

合作设计单位 CO-OPERATE WITH

会签栏

出图专用章 AUTHORIZED SEAL

本图未加盖XXXXXXXXX有限公司出图专用章无效

注册执业印章 REGISTERED SEAL

备注 NOTES

项目总负责人 PROJECT DIRECTOR

所长 DIRECTOR OF DEPARTMENT

审定人 AUTHORIZED BY

审核人 AUDITED BY

专业负责人 DISCIPLINE CHIEF

校对人 CHECKED BY

设计人 DESIGNED BY

制图人 DRAWN BY

设计编号 PROJECT NUMBER　A2015-08-27

建设单位 CLIENT　安徽XXXXX有限公司

工程名称 PROJECT TITLE　XX县安居苑小区 1#住宅楼

图名 DRAWING TITLE　电气设计说明、图例 绿色设计专篇、电气抗震设计说明

设计阶段 PHASE　施工图　专业 DISCIPLINE　电气

版本 VERSION　A　图号 DRAWING No.　电气-1/12

比例 SCALE　1:100　日期 DATE　2016年05月

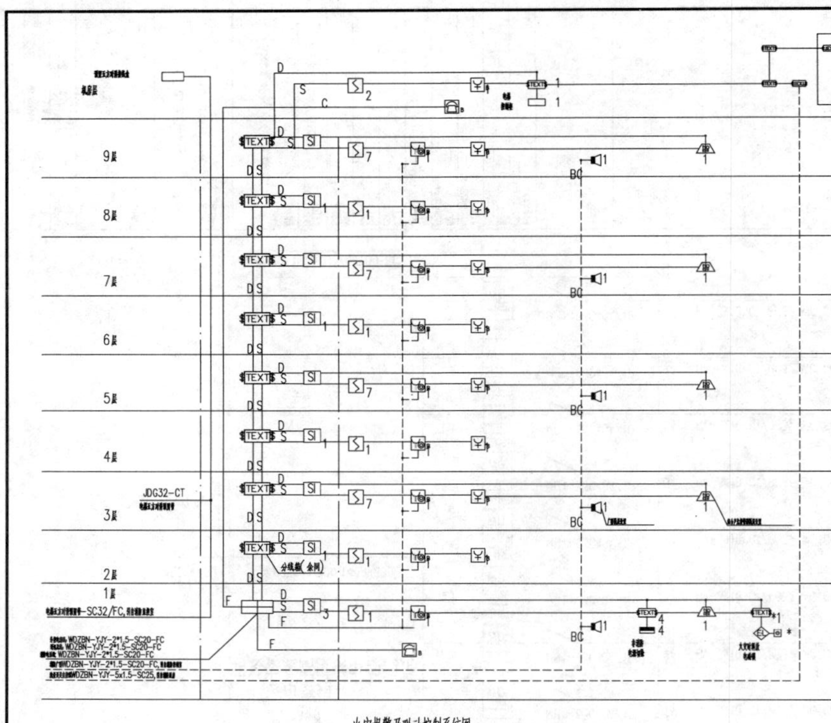

火灾报警及联动控制系统图

注：本弱电系统供甲方招标使用，具体需弱电集成商根据自身产品的特点深化设计。

左单元

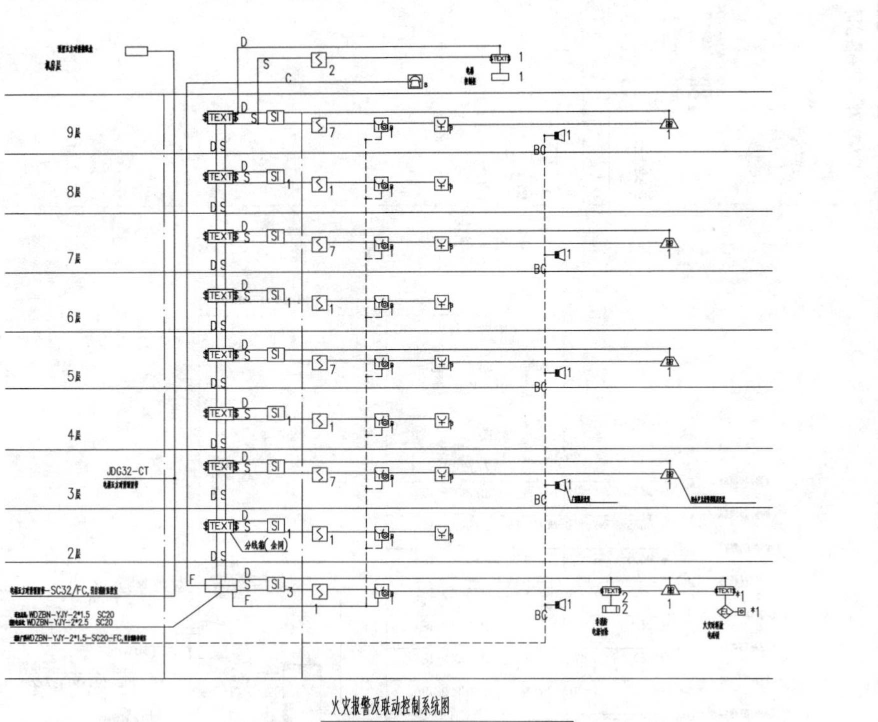

火灾报警及联动控制系统图

注：本弱电系统供甲方招标使用，具体需弱电集成商根据自身产品的特点深化设计。

右单元

注：1. 本报警区域内的模块不应控制其他报警区域的设备。
2. 模块严禁设置在配电（控制）柜（箱）内。
3. 每个报警区域内的模块宜相对集中设置在本报警区域内的金属模块箱中。
4. 未集中设置的模块附近应有尺寸不小于100mm X 100mm标识。
5. 为了使住户能听到火灾警报和语音提示，本次设计消防广播与声光报警器错层设置，具体参考火灾报警系统图。
6. 首层明显部位设置用于直接启动火灾警报器的手动按钮为人员发现火灾后即使启动火灾声警报器提供技术手段。
7. 系统总线上应设置总线短路隔离器，每只总线短路隔离器保护的火灾探测器、手动火灾报警按钮和模块等消防设备的总数不应超过32点；总线穿越防火分区时，应在穿越处设置总线短路隔离器。
8. 消防系统线路敷设要求：
(1). 本系统干线由消防控制室沿水平槽式防火桥架敷设引来，并在桥架上涂防火涂料等防火措施。在各防火分区及适当位置设消防接线端子箱。
(2). 由消防接线箱引出的导线均穿金属管敷设在不燃烧体的结构层内，且保护层厚度不宜小于30mm。嵌装在吊顶内的火灾探测器、水流指示器、监控阀等的管线均由金属软管到位，管线过长由施工单位在施工时增加过路接线盒。
(3). 若有在吊顶内明敷则需穿金属管或金属线槽且在管外及金属线槽上涂防火涂料，内径不小于20mm。具体管径及导线型号详见各消防报警平面图及系统图。
(4). 接线盒内接头，可采用压接，压接面接触需良好，保证一定压力，且对外绝缘性好。
9. 此图为火灾报警系统框图，不作为施工预结算用。具体数量详见平面点位。

图例	名称	型号	安装方式	备注
TEXTS	区域型火灾报警控制器	JB-9102（壁挂）	壁挂（底边距地1.5m）	
TEXTS	短路隔离器	HJ-9503	端子箱内	
TEXTS	输入模块	HJ-9502（可根据对象不同细分）	受控设备近旁（严禁设在受控设备内），底边距地2.0m并设有明显标识	
TEXTS	输入/输出模块	HJ-9501（可根据对象不同细分）	受控设备近旁（严禁设在受控设备内），底边距地2.0m并设有明显标识	
S	点型光电感烟探测器	JTY-GD-9002	吸顶安装	
⫰	点型感温探测器	JTY-GD-9005	吸顶安装	
Y◎	手动报警按钮（带电话插孔）	J-SAP-M-9201	墙上安装H=1.5m	
☎	消防电话分机	HY2712C	墙上安装H=1.5m	
△	组合声光报警器（带有语音功能+语音同步器）	HJ-9504	墙上安装H=2.4m	
◁	火灾警报扬声器	YB-2608/525	吸顶安装	
TEXTS	消防接线端子箱	HJ-1701	安装在竖井内	
Y	消火栓按钮	J-XAPD-9301	安装在消火栓箱内	
SFK/PYK	送风口/排烟口	见暖施图	见暖施图	
⊖	70℃防火阀	见暖施图	见暖施图	
⊖	280℃防火阀	见暖施图	见暖施图	
⌿	水流指示器	见水施图	见水施图	
⋈	信号蝶阀	见水施图	见水施图	
L	液位传感器	见水施图	见水施图	
F	流量开关	见水施图	见水施图	
D	火灾显示屏		墙上安装H=1.5m	

导线选择：	
消防电话线（插孔+电话分机）-F	2*（WDZBN-RYJS-2*1.5）JDG20
通讯总线	WDZBN-BYJ-2*1.5 JDG20
信号线-S	WDZBN-BYJ-2*1.5 JDG20
电源线-D	WDZBN-BYJ-2*2.5 JDG20
消防广播线-BC	WDZBN-BYJ-2*1.5 JDG20
消防风机直控线-C	WDZBN-BYJ-5x1.5-SC20
流量开关直控线-C	WDZBN-BYJ-5x1.5-SC25
火灾显示屏通讯总线	WDZBN-BYJ-4*1.5 JDG20

注：消防（二线+总线）电话线、消防广播线应与其它线路分管敷设，消防线槽中需加隔板
预埋管管径如下：2~5根穿JDG20；6根以上分管敷设

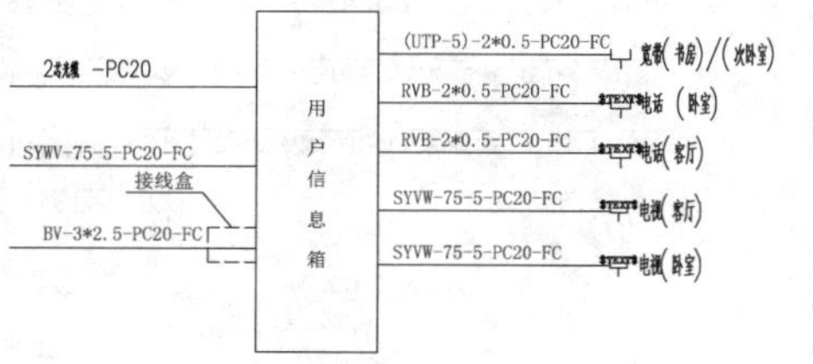

家庭信息箱系统图

注：具体出线回路以平面图为准

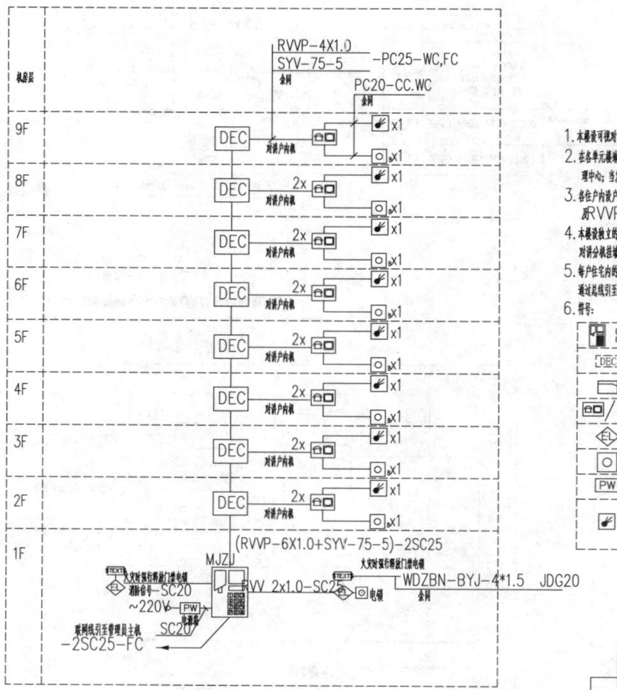

单元可视对讲系统图

注：本弱电系统供甲方招标使用，具体需弱电集成商根据自身产品的特点深化设计。

左单元参考右单元

可视对讲系统说明

1. 本楼设可视对讲系统，在每个单元门口的防盗门上设电控锁及可视对讲户外机，要求户外机有联网接口，可将信号传送至管理中心进行集中管理；
2. 在各单元楼地下一层在通往住宅电梯前室的入口设置带可视的对讲分机及电磁锁，与各楼门口机联络，信号传至小区管理中心；当发生火灾时，疏散通道上和出入口出的门禁应能集中解锁或从内部手动解锁
3. 各住户内设户内机，门口机引上至各层解码器箱预埋2根镀锌钢管SC25，层解码器箱至各户内机1根镀锌钢管SC25，内穿SYV-75-5及RVVP-4X1.0做为视频线及电源、控制总线；要求户内机带有紧急报警按钮；有报警输入接口，并有设防、撤防按键功能；
4. 本楼设独立的访客对讲系统，工作状态及报警信号送到小区管理中心。门口机嵌墙安装，底边距地1.4m，对讲分机挂墙安装在住户门厅内（兼做防入侵报警系统控制器），距地1.4m。
5. 每户住宅内的燃气泄漏报警、门磁报警、窗磁报警及紧急报警按钮等信号均引入对讲分机，再由对讲分机引出，通过总线引至小区管理中心，详见相关系统及平面图。
6. 符号：

MJZJ	可视对讲门口机 距地1.4米嵌入安装
DEC	层解码器及分配器箱，竖井内明装
▭	对讲分机，底距地1.4米嵌入安装
☎	对讲户内机 距地1.4米挂墙明装
EL	电磁锁及开门按钮
○B	紧急报警按钮，底距地0.5米嵌入安装
PW	对讲电源箱，底距地1.8米明装
⚲	可燃气体探测器，燃气管道附近吸顶安装 厨房煤气探测器直接从厨房插座引220V电源，管线敷设方式为PC20FC

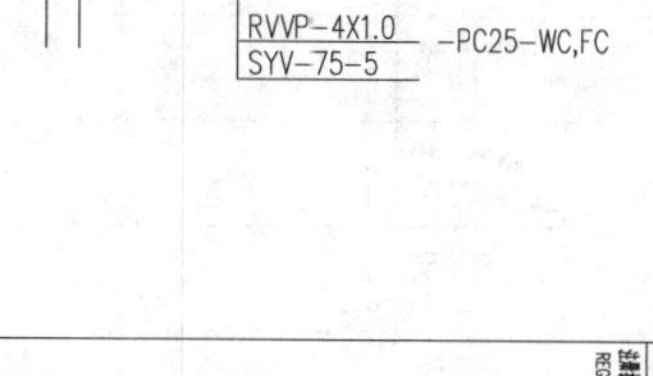

局部等电位联结示意图

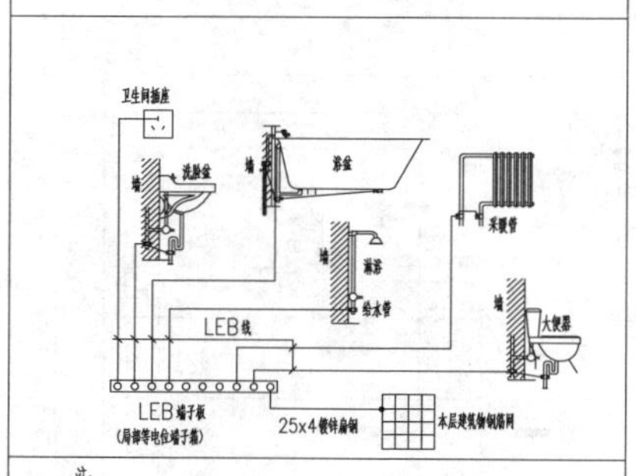

注：
1、局部等电位联结应包括卫生间内金属给、排水管、金属浴盆、金属采暖管以及建筑物钢筋网，可以不包括金属地漏、扶手、浴巾架、肥皂盒等孤立之物。
2、地面内钢筋网宜与等电位联结线连通。当墙为混凝土墙时，墙内钢筋网也宜与等电位联结线连通。
3、墙或地面预埋件见02D501-2 P47.
4、等电位联结线与浴盆、下水管等卫生设备的连接见 02D501-2 P41、P42.
5、图中 LEB线均采用 BVR-1x4mm² 铜线在地面内或墙内穿 PC16管暗敷.
6、卫生间局部等电位端子板应设置于方便检测的地方，距地0.3m，其具体做法见02D501-2 P24、P32.
7、本图仅为示意，具体需要连接的设备应根据现场设备安装情况确定。

总等电位联结示意图

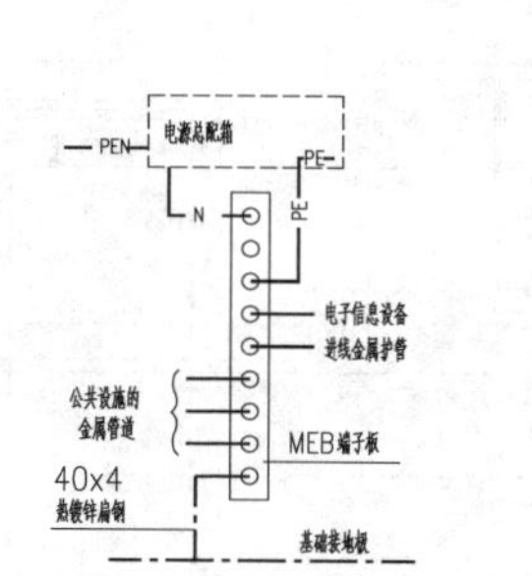

总等电位联结示意图

XXXXXXXX设计院有限公司

本图未加盖XXXXXXXX有限公司出图专用章无效

设计编号 PROJECT NUMBER	A2015-08-27
建设单位 CLIENT	安徽XXXXX有限公司
工程名称 PROJECT TITLE	XX县安居苑小区 1#住宅楼
图名 DRAWING TITLE	系统图1
设计阶段 PHASE	施工图
专业 DISCIPLINE	电气
版次 VERSION	A
图号 DRAWING No.	电气-2/12
比例 SCALE	1:100
日期 DATE	2016年05月

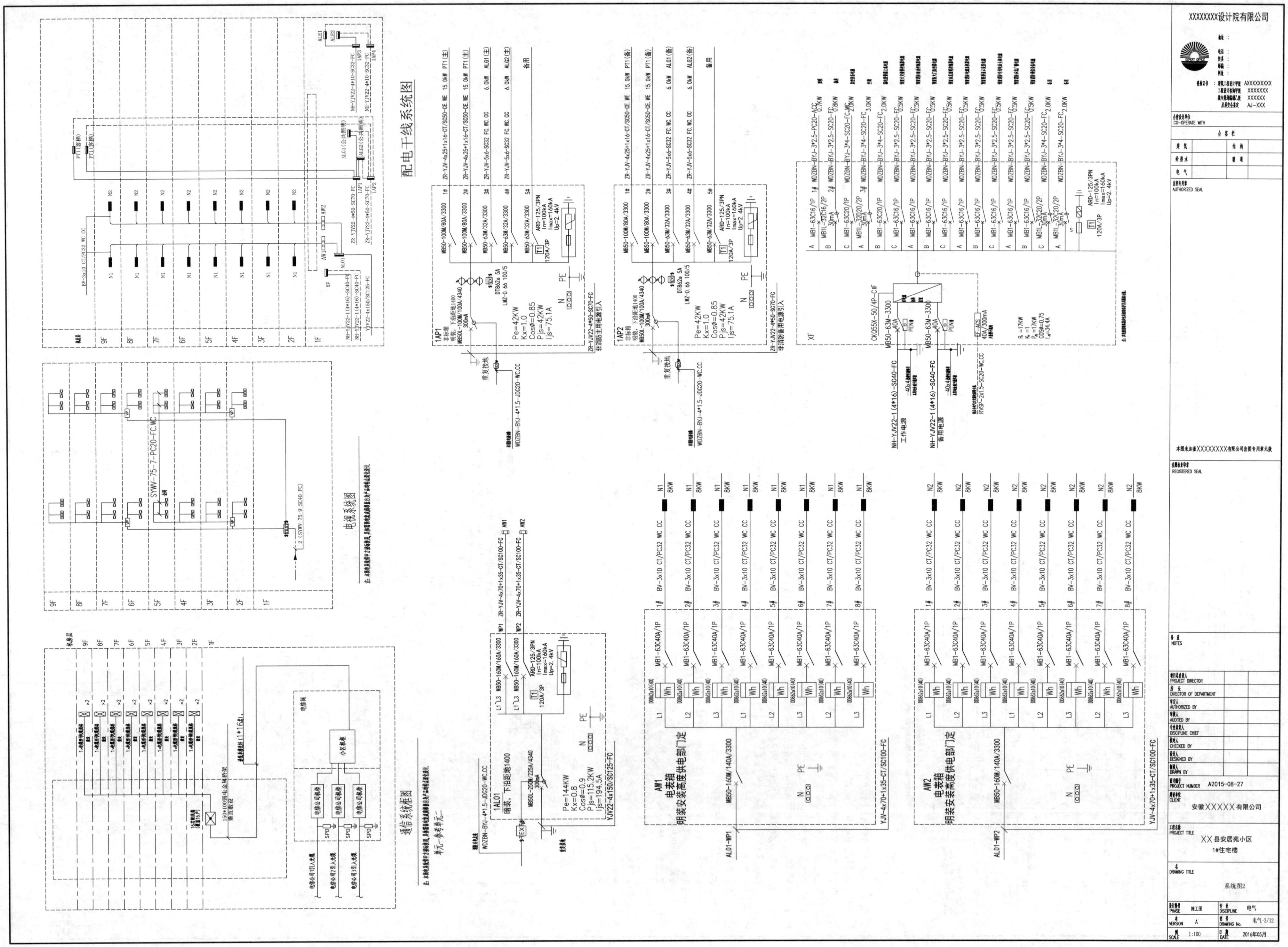
配电干线系统图
电视系统图
通信系统框图
XXXXXXXX设计院有限公司
A2015-08-27
安徽XXXXX有限公司
XX县安居苑小区
1#住宅楼
系统图2
施工图
电气
电气-3/12
1:100
2016年05月

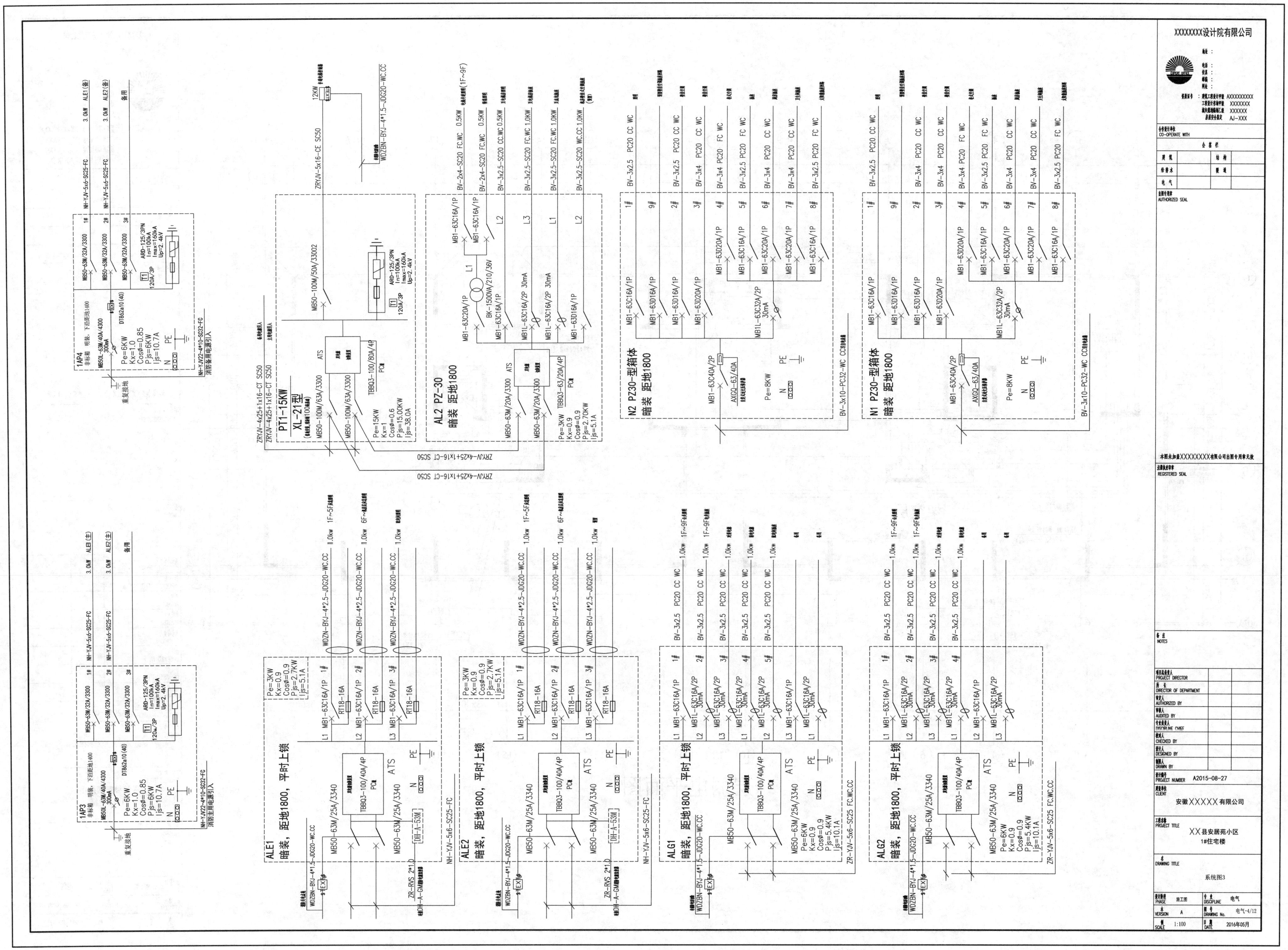
XXXXXXXX设计院有限公司
安徽XXXXX有限公司
XX县安居苑小区
1#住宅楼
系统图3
A2015-08-27
施工图
电气
电气-4/12
1:100
2016年05月

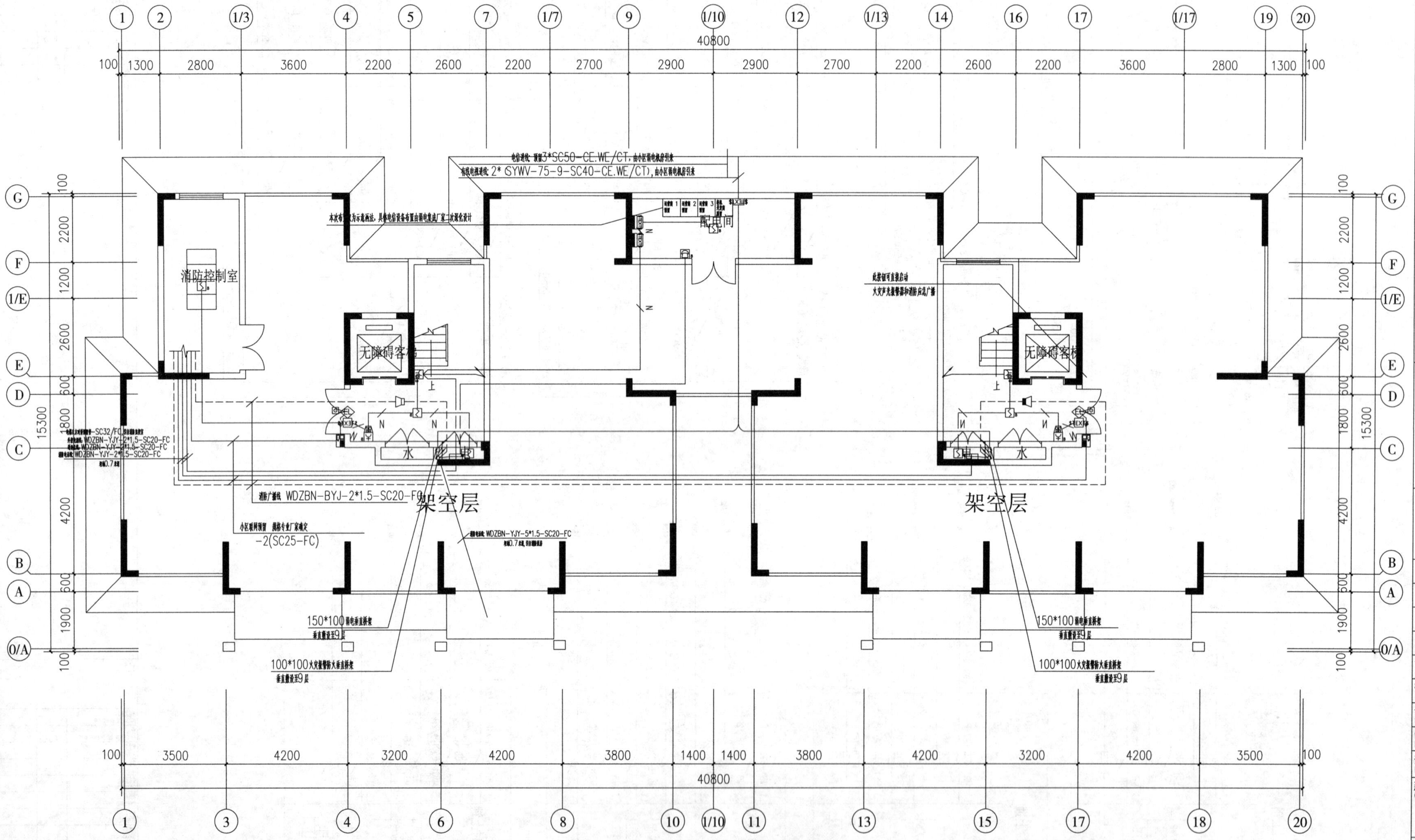

一层弱电平面图

XXXXXXXX设计院有限公司

地址：

电话：
传真：
邮编：
网址：

资质证书：建筑工程设计甲级 AXXXXXXXXX
工程设计咨询甲级 XXXXXXX
城市规划编制乙级 XXXXXX
房屋安全鉴定 AJ-XXX

合作设计单位 CO-OPERATE WITH

会签栏			
建筑		结构	
给排水		暖通	
电气			

出图专用章 AUTHORIZED SEAL

本图未加盖XXXXXXXX有限公司出图专用章无效

注册执业印章 REGISTERED SEAL

备注 NOTES

项目总负责人 PROJECT DIRECTOR		
所长 DIRECTOR OF DEPARTMENT		
审定人 AUTHORIZED BY		
审核人 AUDITED BY		
专业负责人 DISCIPLINE CHIEF		
校对人 CHECKED BY		
设计人 DESIGNED BY		
制图人 DRAWN BY		

设计编号 PROJECT NUMBER A2015-08-27

建设单位 CLIENT 安徽XXXXX有限公司

工程名称 PROJECT TITLE XX县安居苑小区 1#住宅楼

图名 DRAWING TITLE 一层弱电平面图

设计阶段 PHASE	施工图	专业 DISCIPLINE	电气
版本 VERSION	A	图号 DRAWING No.	电气-9/12
比例 SCALE	1:100	日期 DATE	2016年05月

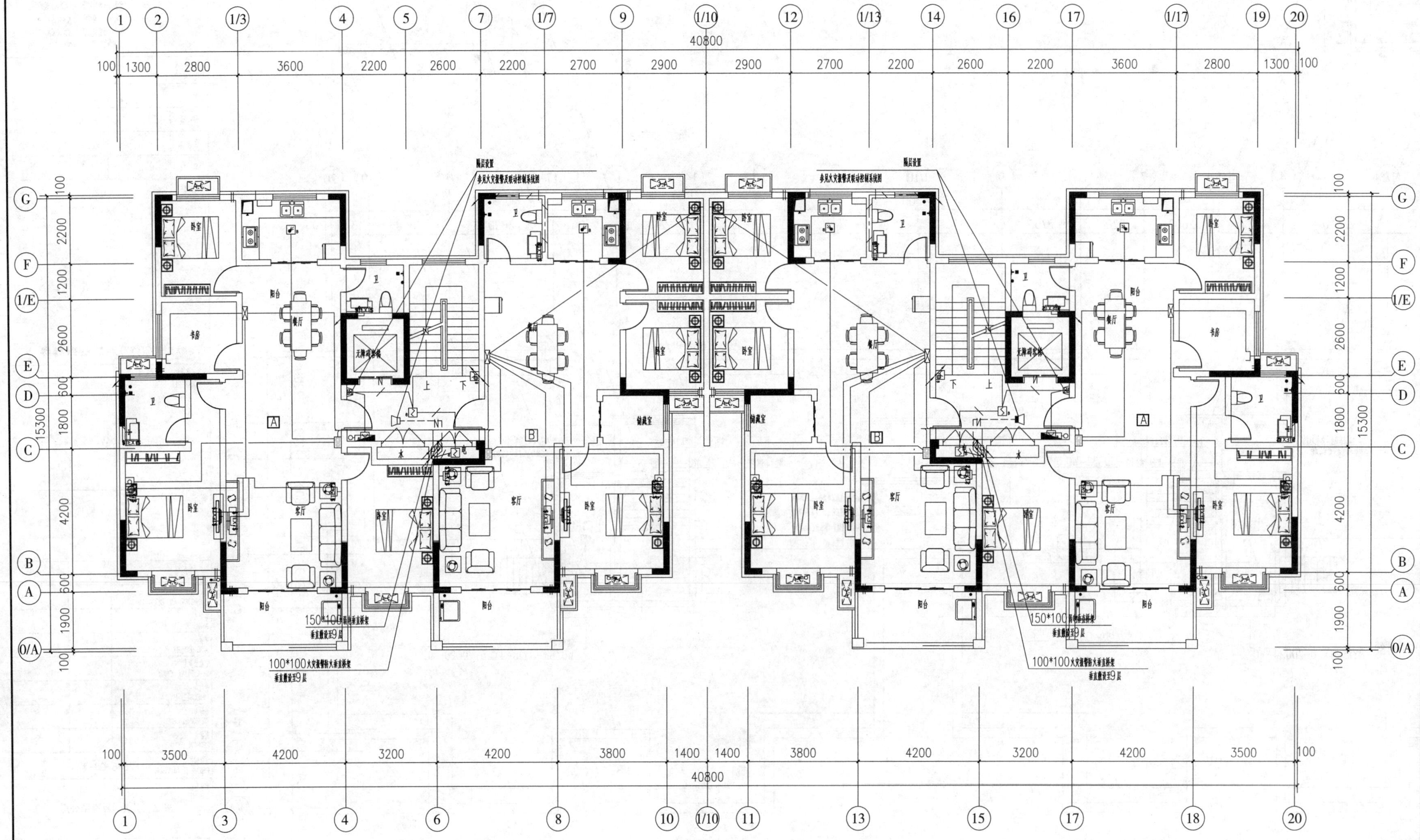

二至九层弱电平面图

XXXXXXXX设计院有限公司			
地址：			
电话：			
传真：			
邮编：			
网址：			
资质证书：建筑工程设计甲级 AXXXXXXXXX			
工程设计咨询甲级 XXXXXXX			
城市规划编制乙级 XXXXXX			
房屋安全鉴定 AJ-XXX			
合作设计单位 CO-OPERATE WITH			
会签栏			
建筑		结构	
给排水		暖通	
电气			
出图专用章 AUTHORIZED SEAL			
本图未加盖XXXXXXXX有限公司出图专用章无效			
注册执业印章 REGISTERED SEAL			
备注 NOTES			
项目总负责人 PROJECT DIRECTOR			
所长 DIRECTOR OF DEPARTMENT			
审定人 AUTHORIZED BY			
审核人 AUDITED BY			
专业负责人 DISCIPLINE CHIEF			
校对人 CHECKED BY			
设计人 DESIGNED BY			
制图人 DRAWN BY			
设计编号 PROJECT NUMBER	A2015-08-27		
建设单位 CLIENT	安徽XXXXX有限公司		
工程名称 PROJECT TITLE	XX县安居苑小区 1#住宅楼		
名 DRAWING TITLE	二至九层弱电平面图		
设计阶段 PHASE	施工图	专业 DISCIPLINE	电气
本 VERSION	A	图号 DRAWING No.	电气-10/12
例 SCALE	1:100	日期 DATE	2016年05月

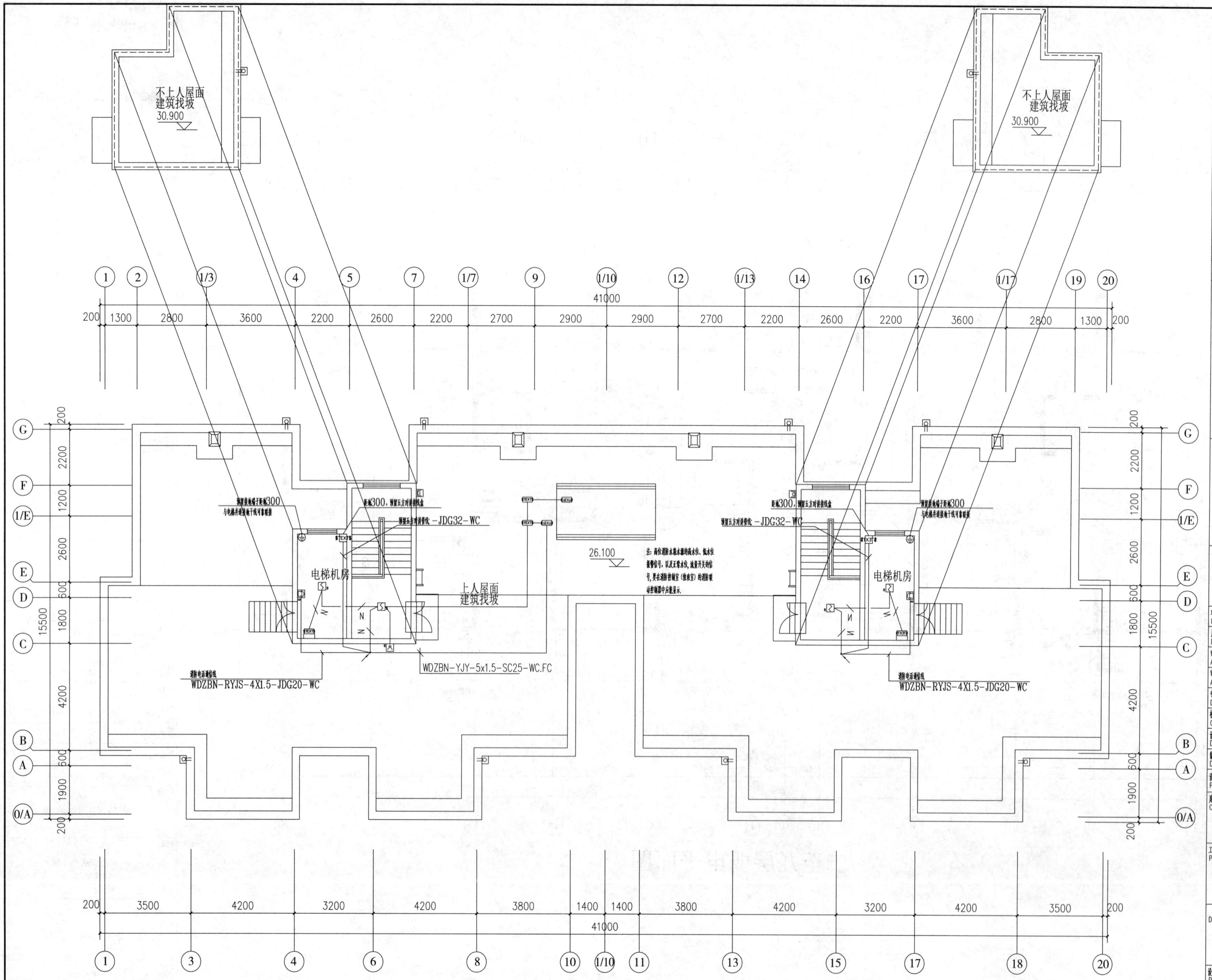

机房层弱电平面图

XXXXXXXX设计院有限公司 地址： 电话： 传真： 邮编： 网址： 资质证书：建筑工程设计甲级 AXXXXXXXXX 工程设计咨询甲级 XXXXXXX 城市规划编制乙级 XXXXXX 房屋安全鉴定 AJ-XXX			
合作设计单位 CO-OPERATE WITH			
会签栏			
建筑		结构	
给排水		暖通	
电气			
出图专用章 AUTHORIZED SEAL 本图未加盖XXXXXXXX有限公司出图专用章无效			
注册执业印章 REGISTERED SEAL			
备注 NOTES			
项目总负责人 PROJECT DIRECTOR			
所长 DIRECTOR OF DEPARTMENT			
审定人 AUTHORIZED BY			
审核人 AUDITED BY			
专业负责人 DISCIPLINE CHIEF			
校对人 CHECKED BY			
设计人 DESIGNED BY			
制图人 DRAWN BY			
设计编号 PROJECT NUMBER	A2015-08-27		
建设单位 CLIENT	安徽XXXXX有限公司		
工程名称 PROJECT TITLE	XX县安居苑小区 1#住宅楼		
名 DRAWING TITLE	二~九层弱电平面图		
设计阶段 PHASE	施工图	专业 DISCIPLINE	电气
本 VERSION	A	图号 DRAWING No.	电气-11/12
例 SCALE	1:100	日期 DATE	2016年05月

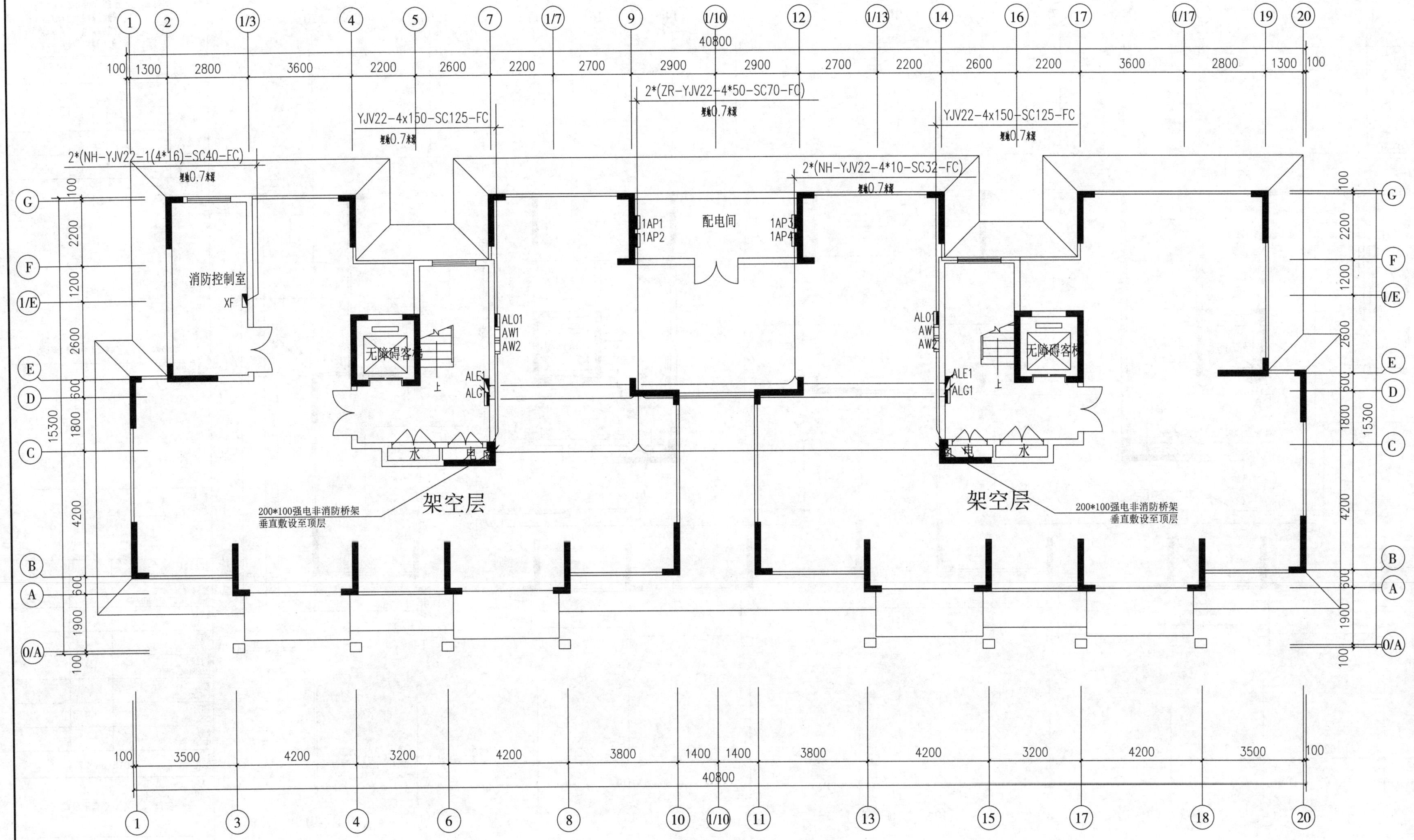

一层干线平面图

XXXXXXXX设计院有限公司

地址：
电话：
传真：
邮编：
网址：
资质证书：建筑工程设计甲级 AXXXXXXXXX
工程设计咨询甲级 XXXXXXX
城市规划编制乙级 XXXXXX
房屋安全鉴定 AJ-XXX

合作设计单位 CO-OPERATE WITH

会签栏

建筑		结构	
给排水		暖通	
电气			

出图专用章 AUTHORIZED SEAL

本图未加盖XXXXXXXX有限公司出图专用章无效

注册执业印章 REGISTERED SEAL

备注 NOTES

项目总负责人 PROJECT DIRECTOR			
所长 DIRECTOR OF DEPARTMENT			
审定人 AUTHORIZED BY			
审核人 AUDITED BY			
专业负责人 DISCIPLINE CHIEF			
校对人 CHECKED BY			
设计人 DESIGNED BY			
制图人 DRAWN BY			

设计编号 PROJECT NUMBER A2015-08-27

建设单位 CLIENT 安徽XXXXX有限公司

工程名称 PROJECT TITLE XX县安居苑小区 1#住宅楼

图名 DRAWING TITLE 一层干线平面图

设计阶段 PHASE	施工图	专业 DISCIPLINE	电气
版本 VERSION	A	图号 DRAWING No.	电气-12/12
比例 SCALE	1:100	日期 DATE	2016年05月

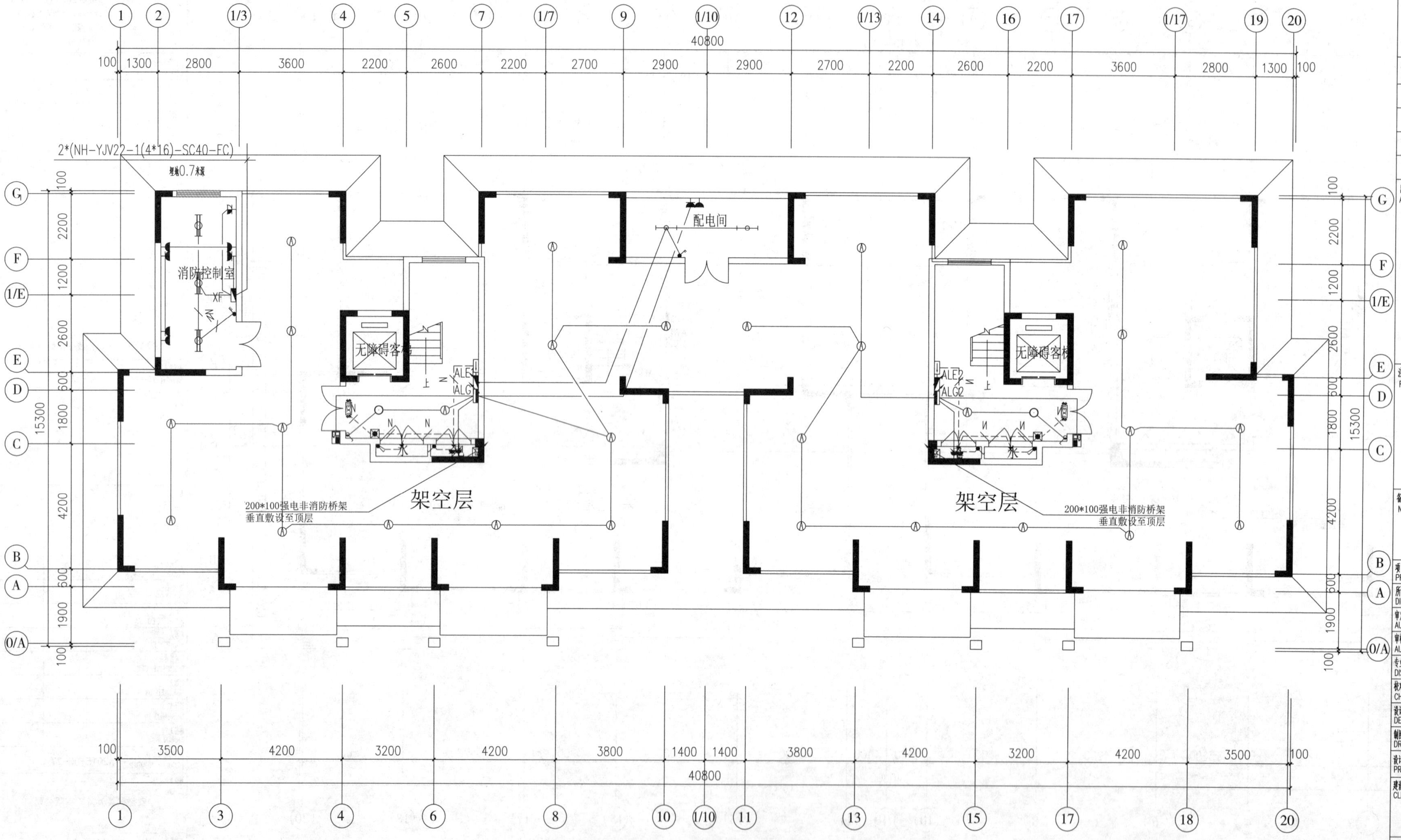

一层照明平面图 1:100

XXXXXXXX设计院有限公司

地址：
电话：
传真：
邮编：
网址：

资质证书：建筑工程设计甲级 AXXXXXXXXX
工程设计咨询甲级 XXXXXXX
城市规划编制乙级 XXXXXX
房屋安全鉴定 AJ-XXX

合作设计单位 CO-OPERATE WITH

会签栏			
建筑		结构	
给排水		暖通	
电气			

出图专用章 AUTHORIZED SEAL

本图未加盖XXXXXXXX有限公司出图专用章无效

注册执业印章 REGISTERED SEAL

备注 NOTES

项目总负责人 PROJECT DIRECTOR
所长 DIRECTOR OF DEPARTMENT
审定人 AUTHORIZED BY
审核人 AUDITED BY
专业负责人 DISCIPLINE CHIEF
校对人 CHECKED BY
设计人 DESIGNED BY
制图人 DRAWN BY
设计编号 PROJECT NUMBER A2015-08-27
建设单位 CLIENT 安徽XXXXX有限公司
工程名称 PROJECT TITLE XX县安居苑小区 1#住宅楼
图名 DRAWING TITLE 一层照明平面图

设计阶段 PHASE	施工图	专业 DISCIPLINE	电气
版本 VERSION	A	图号 DRAWING No.	电气-5/12
比例 SCALE	1:100	日期 DATE	2016年05月

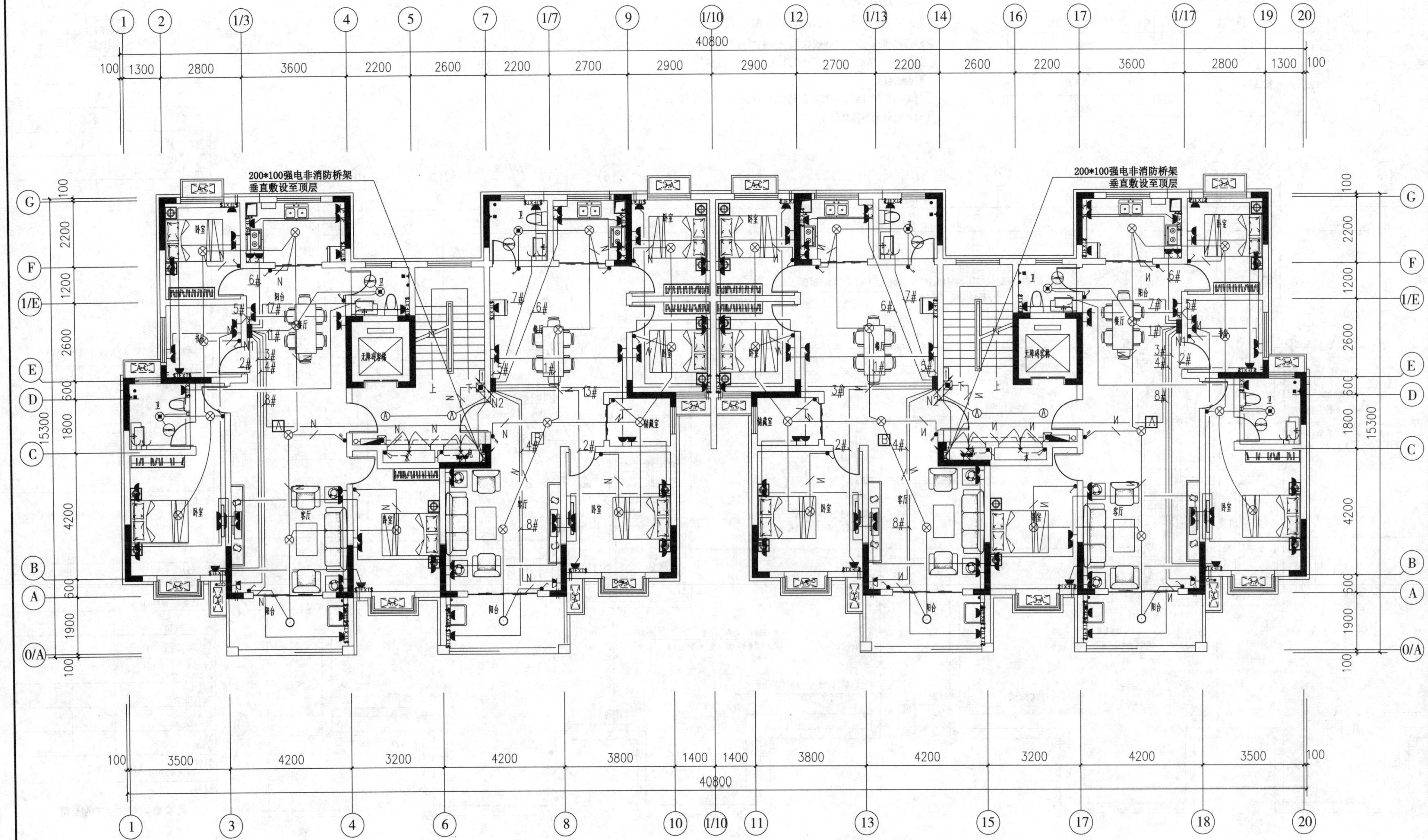

二至九层照明平面图

XXXXXXXX设计院有限公司

地址 ：

电话 ：

传真 ：

邮编 ：

网址 ：

资质证书 ：建筑工程设计甲级 AXXXXXXXXX

工程设计咨询甲级 XXXXXXX

城市规划编制乙级 XXXXXX

房屋安全鉴定 AJ-XXX

合作设计单位 CO-OPERATE WITH

会签栏

建筑		结构	
给排水		暖通	
电气			

出图专用章 AUTHORIZED SEAL

本图未加盖XXXXXXXX有限公司出图专用章无效

注册执业印章 REGISTERED SEAL

备注 NOTES

项目总负责人 PROJECT DIRECTOR

所长 DIRECTOR OF DEPARTMENT

审定人 AUTHORIZED BY

审核人 AUDITED BY

专业负责人 DISCIPLINE CHIEF

校对人 CHECKED BY

设计人 DESIGNED BY

制图人 DRAWN BY

设计编号 PROJECT NUMBER A2015-08-27

建设单位 CLIENT 安徽XXXXX有限公司

工程名称 PROJECT TITLE XX县安居苑小区 1#住宅楼

图名 DRAWING TITLE 二至九层照明平面图

设计阶段 PHASE	施工图	专业 DISCIPLINE	电气
版本 VERSION	A	图号 DRAWING No.	电气-6/12
比例 SCALE	1:100	日期 DATE	2016年05月

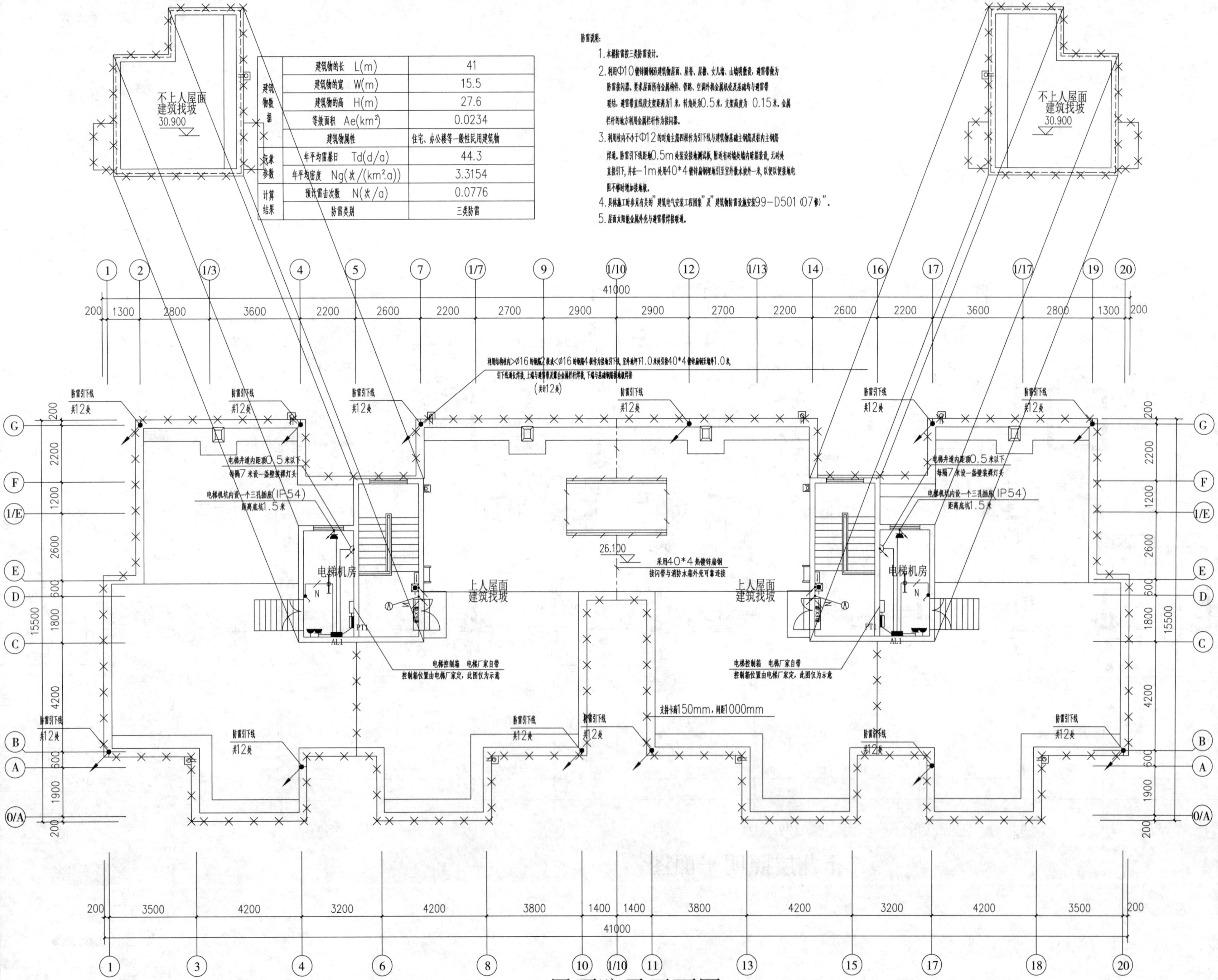

防雷说明：

1. 本楼防雷按三类防雷设计。
2. 利用Φ10镀锌圆钢沿建筑物屋面、屋脊、屋檐、女儿墙、山墙明敷设，避雷带做为防雷接闪器。要求屋面所有金属构件、管路、空调外机金属机壳及基础均与避雷带联结，避雷带直线段支架距离为1米，转角处为0.5米，支架高度为 0.15米。金属栏杆的地方利用金属栏杆作为接闪器。
3. 利用柱内不小于Φ12的对角主筋四根作为引下线与建筑物基础主钢筋及柱内主钢筋焊通。防雷引下线距地0.5m处装设接地测试板，附近有砖墙处墙内暗箱装设，无砖处直接引下，并在−1m处用40*4镀锌扁钢埋地引至室外散水坡外一米，以便以便接地电阻不够时增加接地极。
4. 具体施工时参见有关的"建筑电气安装工程图集"及"建筑物防雷设施安装99−D501 (07修)"。
5. 屋面太阳能金属外壳与避雷带焊接联通。

建筑物数据	建筑物的长 L(m)	41
	建筑物的宽 W(m)	15.5
	建筑物的高 H(m)	27.6
	等效面积 Ae(km²)	0.0234
	建筑物属性	住宅、办公楼等一般性民用建筑物
气象参数	年平均雷暴日 Td(d/a)	44.3
	年平均密度 Ng(次/(km².a))	3.3154
计算结果	预计雷击次数 N(次/a)	0.0776
	防雷类别	三类防雷

屋顶防雷平面图

XXXXXXXX设计院有限公司

地址：
电话：
传真：
邮编：
网址：

资质证书：建筑工程设计甲级 AXXXXXXXXX
工程设计咨询甲级 XXXXXXX
城市规划编制乙级 XXXXXX
房屋安全鉴定 AJ−XXX

合作设计单位 CO-OPERATE WITH

会签栏			
建筑		结构	
给排水		暖通	
电气			

出图专用章 AUTHORIZED SEAL

本图未加盖XXXXXXXX有限公司出图专用章无效

注册执业印章 REGISTERED SEAL

备注 NOTES

项目总负责人 PROJECT DIRECTOR		
所长 DIRECTOR OF DEPARTMENT		
审定人 AUTHORIZED BY		
审核人 AUDITED BY		
专业负责人 DISCIPLINE CHIEF		
校对人 CHECKED BY		
设计人 DESIGNED BY		
制图人 DRAWN BY		
设计编号 PROJECT NUMBER	A2015-08-27	
建设单位 CLIENT	安徽XXXXX有限公司	

工程名称 PROJECT TITLE：XX县安居苑小区 1#住宅楼

图名 DRAWING TITLE：屋顶防雷平面图

设计阶段 PHASE	施工图	专业 DISCIPLINE	电气
版本 VERSION	A	图号 DRAWING No.	电气-7/12
比例 SCALE	1:100	日期 DATE	2016年05月

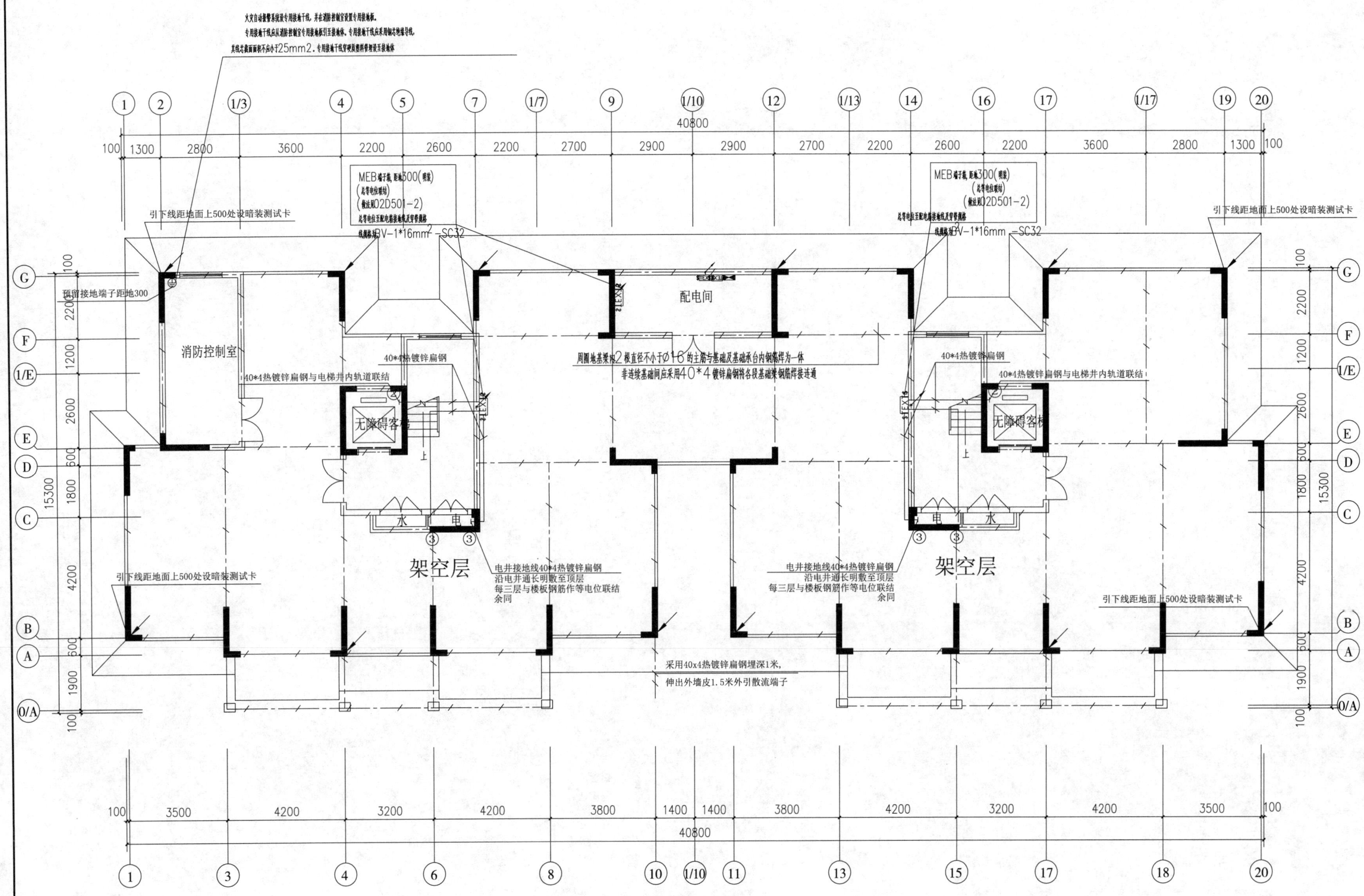

接地平面图

接地说明：

1. 周圈地基梁内2根直径不小于Ø16的主筋与基础及基础承台内钢筋焊为一体（采用Ø12圆钢联结）。利用基础内钢筋作为电话、网络及有线电视接地极。防雷接地、重复接地、弱电保护接地及总等电位联结均共用此接地极。接地电阻不大于1欧姆。
2. 基础地圈梁内的二根主筋通长焊接连通。
3. 非连续基础间应采用40*4镀锌扁钢将各段基础梁钢筋焊接连通。
4. 电气竖井内的接地干线每三层与楼板钢筋作等电位联结。
5. 金属电缆桥架全长不少于2处与PE干线相连。
6. 本建筑物内的水管、煤气管、采暖和空调管道等金属管道与MEB箱可靠连接。

编号	名 称	与基础底板钢筋联结方式
①	防雷接地	柱内不小于Ø16主筋两根
②	电梯接地	40*4镀锌扁钢通长敷设至电梯机房
③	电井接地干线	40*4镀锌扁钢（电井内通长明敷）

XXXXXXXX设计院有限公司

地址：
电话：
传真：
邮编：
网址：
资质证书：建筑工程设计甲级 AXXXXXXXXX
工程设计咨询甲级 XXXXXXX
城市规划编制乙级 XXXXXX
房屋安全鉴定 AJ-XXX

合作设计单位 CO-OPERATE WITH

会签栏

建 筑		结 构	
给排水		暖 通	
电 气			

出图专用章 AUTHORIZED SEAL

本图未加盖XXXXXXXX有限公司出图专用章无效

注册执业印章 REGISTERED SEAL

备注 NOTES

项目总负责人 PROJECT DIRECTOR
所长 DIRECTOR OF DEPARTMENT
审定人 AUTHORIZED BY
审核人 AUDITED BY
专业负责人 DISCIPLINE CHIEF
校对人 CHECKED BY
设计人 DESIGNED BY
制图人 DRAWN BY

设计编号 PROJECT NUMBER A2015-08-27

建设单位 CLIENT 安徽XXXXX有限公司

工程名称 PROJECT TITLE XX县安居苑小区 1#住宅楼

图名 DRAWING TITLE 接地平面图

设计阶段 PHASE	施工图	专业 DISCIPLINE	电气
版本 VERSION	A	图号 DRAWING No.	电气-8/12
比例 SCALE	1:100	日期 DATE	2016年05月